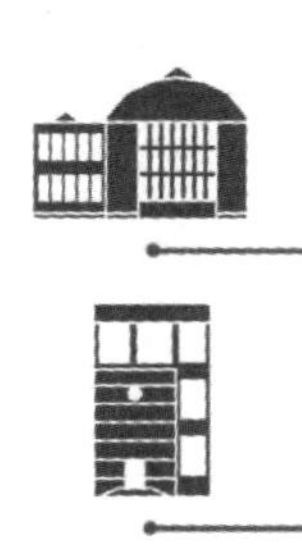

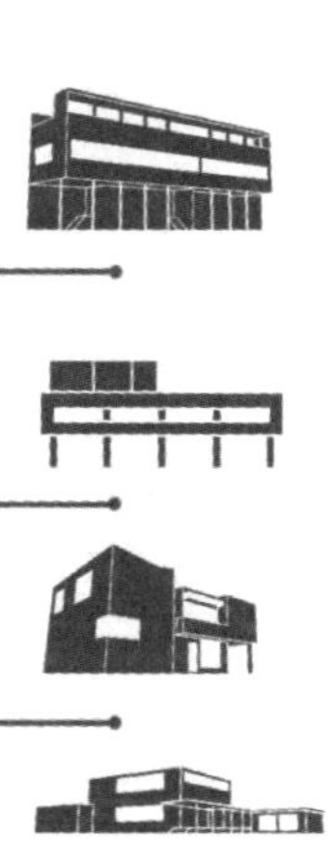

欧洲现代主义建筑解读

The Interpretation of European Modernism Architecture

高博　著

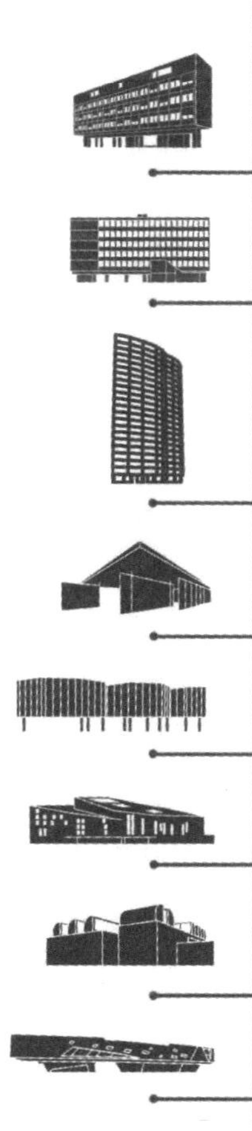

中国建筑工业出版社

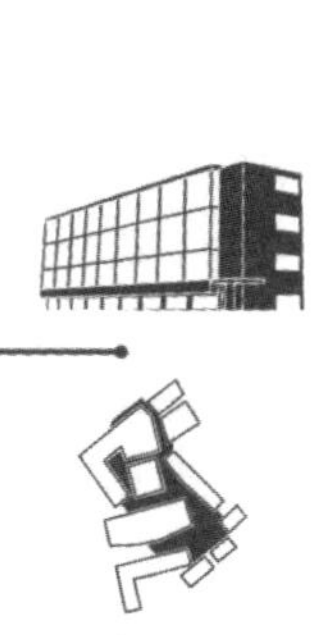

图书在版编目（CIP）数据

欧洲现代主义建筑解读 / 高博著．— 北京：中国建筑工业出版社，2018.1
ISBN 978-7-112-21514-0

Ⅰ．①欧…　Ⅱ．①高…Ⅲ．①欧洲－现代主义－建筑艺术—研究—欧洲　Ⅳ．① TU-865

中国版本图书馆 CIP 数据核字（2017）第 275324 号

本书主要以作者于德国汉诺威大学访问学习期间对欧洲诸多现代主义建筑的实地踏访，与作者十载有余的从教积累为素材，选取的 16 个建筑涵盖了工业建筑、独立式住宅、展览馆、文化中心、公寓、剧院、城市空间七种类型，并且多是建筑史中举足轻重、教科书式的现代主义建筑案例进行解读和剖析，选择解读的建筑集中体现了现代主义时期的建筑思想、设计理论以及建筑技术、材料、工艺的应用和发展。本书适用于建筑学、城市设计、环境设计等专业领域从业者以及热爱旅游的人士及相关爱好者阅读。

责任编辑：张　华　唐　旭
责任校对：芦欣甜
书籍设计：席佳斌

欧洲现代主义建筑解读
高博　著

*

中国建筑工业出版社出版、发行（北京海淀三里河路9号）
各地新华书店、建筑书店经销
北京富诚彩色印刷有限公司印刷

*

开本：787×1092毫米　1/16　印张：16　字数：369千字
2018年3月第一版　2018年3月第一次印刷
定价：98.00元
ISBN 978-7-112-21514-0
（31169）

序一

“现代”是相对于当时当地之时间性而言，当一种建筑被赋予其标签，便是一股强有力的世界力量。西方现代建筑起于19～20世纪之交，新旧势力、文化与思想的激烈碰撞；承于工业革命，新材料、新技术与新事物对人们固有观念的猛烈冲击；转于两次世界大战，欧洲大陆满目疮痍、百废待兴、亟需重建；合于现代建筑师们前赴后继的努力与实践，终将“Modern”一词冠于建筑之上。

这是一本认识和了解西方现代建筑作品的有益参考书。其特点是作者以第一视角、亲历亲为的方式对所选建筑实例进行了详实的调研。不仅介绍了现代主义重要历史建筑的主体，而且对其周边的附属建筑及环境予以同等的关注。这种“拓扑学”的研究方法让读者的眼光不再局限于某个单体建筑，而是产生连续不间断的认知，进而把握整个空间环境。我们甚至可以将图底互换，单从促成主体产生的环境与背景着手展开阅读，也会获益匪浅。例如，众所周知的法古斯工厂办公楼（格罗皮乌斯设计），在过去是否只是其生产车间的一块陪衬？时过境迁，主从之间产生的这种置换恰恰说明了其具备“拓扑”研究的可能性。正如一块弹性较好的橡皮，无论你如何将它扭曲变形也无法脱离其本质属性——“万变不离其宗”。

能够从其诞生至100余年后仍值得世界为之学习的事物必然有其可贵之精髓所在。法国诗人夏尔·皮埃尔·波德莱尔（Charles Pierre Baudelaire）对现代性做出的描述即是“从短暂中抽取出永恒”。现代性作为一个社会学概念总是和现代化分不开，工业化、城市化、世俗化和民族化，又牵扯到各个国家不同的政治、经济、社会和文化。因此，其自身并非是一个一成不变的结果，反之它充满了各种矛盾与对抗。从这个意义上来说，成为现代就是成为这个世界的一部分，了解现代也就是了解我们整个世界这块巨大的“橡皮”。思考现代性，不仅仅是思考现在，也是在回顾历史，展望未来。

本书立足于现代主义建筑，深度解析其每个作品背后的历史，带领读者从更加多元的角度来理解这些建筑名作，理解整个现代建筑史的变迁。在解读的现代主义建筑中，以阿尔托为主也不乏对地域化、自然化的关注，这是对差异性和特殊性的忠实捍卫。波兰建筑师阿莫斯·拉普普在《住屋形式与文化（House Form and Culture）》中写到，“在很多传统文化里，新奇既不被讴歌，也不引起欲望”。纵观我国当下，许多新奇建筑不断标新立异的同时，我们是否应该更加深入分析国外现代建筑的产生历史及缘由，及其所要解决的社会问题，再立足于我们当下自身的发展，探索出适合自己的中国式现代建筑发展模式。在此，阅读本书便是我们学习如何建造适宜的现代建筑，与更好的开发自己的本土建筑形式的必然之路。唯有深入探索欧洲现代建筑发展历程，体会其独有的阿尔托式乡土化情怀，我们才能更好地立足于自身实际发展需要，走好更加稳健的建筑发展之路。

回想起来，从其读书到留校任教我们相识已20余年，高博给我的印象一直是踏实而又勤奋，认真而又执着。平常话虽不多，但一说起建筑便滔滔不绝，可看出其善于留心与建筑相关的一切事物，能感觉到他对建筑的那份执着与热爱，更能感觉到他在热爱的领域反复思考、持续打磨、最终归纳成集过程中所体会到的那种快乐。

十年磨一剑，从其2007年赴德国访学时对欧洲现代主义建筑产生总结的冲动，直至2017年此书的出版，这期间，结合多年教学感悟与实际工程经验，他凭借着自己对建筑的执着和热爱，终有此书的正式出版。要了解欧洲现代建筑必先了解其历史、文化，本书正提供给我们难得的契机去了解那些经典建筑的前世今生，其不仅展示了大量精美的建筑图片，更有每个建筑背后鲜为人知的故事及作者对此的独到见解。

笔者为此书付出的勤奋与努力，相信读者读完本书后便可见一斑。此书必会带给广大建筑学子与建筑从业者们一次美妙的建筑再探索之旅。

刘加平

2017年夏于西安建筑科技大学

序二

现代主义建筑思潮与文化，从19世纪末20世纪初源于欧洲的思想孕育与成熟，历经两次世界大战战后重建的历史契机，到20世纪五六十年代已成为西方主流建筑文化。在其半个多世纪的发展中，现代主义建筑的理论与实践不仅引发了当时当地人类生存和生活方式的深刻变革，其巨大的思想光辉和影响力也一直延续至今。

中国虽未能亲身参与到这一重大的思想与实践变革中，但仍然深受其影响。而当我们早先从现代主义建筑思想中学习并获得镜鉴的同时，也或多或少会有一些认识上的偏颇。例如，比较多地关注现代主义建筑普适性的价值观念，而相对忽略其本身也是有着诸如北欧这样富于地域色彩的多样性的发展；比较多地关注现代主义建筑成熟后的理论实践，而对其早期发展的研究相对不足；以及比较多地崇尚现代主义建筑大师们理想主义和英雄主义色彩，而弱化了其精英意识下建筑的人文情怀……而这些偏颇，与Kangaroo式的误读不同，如不加以反思，则危害不小。值得称道的是，国内越来越多年轻一代的建筑师和学者们，已经更加自觉地以一种批判性的态度，去不断反思和拓展当代建筑理论的研究与设计实践。高博老师的《欧洲现代主义建筑解读》，就是这样一部带有反思和批判视角的著作。

本书既为“解读”，所以并未如威廉·柯提斯《1900年以来的现代建筑》那般对现代建筑做系统性的阐述，而是在大量考察和研究的基础上，以“点”的方式，有选择性地提取了16个建筑作品加以剖析，并以一个中国学者和建筑师的“他者”和“个人”视角，来重新审视和思考现代主义建筑的价值和意义。这种个人的选择性是饶有价值和趣味的：既然无法也不必做到罗兰·巴特所谓的“中性阅读”，则这种带有解释学意义的选择性诠释，使得本书得以脱离所谓的“宏大叙事”，而以一种小写的方式去阅读历史。书中所呈现的现代主义建筑作品，由于著者思想的介入和再阐释，而变得更为鲜活和充满魅力。

本书中所呈现的现代主义建筑思想与实践，都离不开“当时当地”的时代与社会文化背景。事实上，中国当代的城市与建筑发展，不是要宣扬现代主义建筑大师们“签名建筑”式的精英色彩，而是要契合中国特有的社会经济和文化背景，在社会转型的时代变革中，立足本土，走出属于自己“此时此地”的中国式现代建筑之路。我想，这才是现代主义建筑留给我们最宝贵的思想遗产。

我与高博老师在清华园相处一年多，他对建筑的执着和钻研令我印象深刻，而他学术研究中的诸多真知灼见，也令我颇受启发。本书是他多年来厚积薄发的成果，相信建筑学人在品读之余，能畅享其中的思想和启迪。

2017 年夏于清华园

序三

本书作者高博以亲力亲为的态度向我们诉说了他一路上对现代建筑的体验与感悟。翔实的文字与丰富的图片再现了作者的“朝圣”之旅，其执着与热情促成了本书的编写与出版。

本书以历史发展为主干，建筑类型演变为分支向我们娓娓道来这些建筑历史长河中泛起的朵朵涟漪。开篇迎来的是一种工业文明的气息，战后的欧洲讲求经济、简洁、多用途空间，而这恰恰是现代主义发展繁荣的历史条件。沃尔特·格罗皮乌斯的法古斯鞋楦厂与老师彼得·贝伦斯的作品——AEG透平机工厂打响了现代主义建筑登上历史舞台的第一枪。接下来的一系列居住建筑实践，从勒·柯布西耶的萨伏伊别墅到第二次世界大战后沃尔特·格罗皮乌斯在德国设计建造的施蒂希韦住宅，彰显了大师们将“现代化”概念深入居住建筑的努力与心血。再接着笔者由私人住宅建筑延伸至学生公寓与高层公寓住宅，在这里，我们跟随笔者开始步步领略勒·柯布西耶“居住单元”的空间构想和阿尔瓦·阿尔托的地域、人性、有机及建筑多样性思想，欣赏其“社区乌托邦”居住模式的情怀。在工厂与住宅建筑之外，与人们日常接触最多的便是各种文教展览类公共建筑，本书的第三大块涵盖了展览馆、文化中心、歌剧院、博物馆、科技馆以及大学、城市空间等建筑范畴。广为人知的Bauhaus校舍，笔者在本书中以别开生面的另类视角——Bauhaus的前世今生和不同大师于此的希冀与教学理念，为我们解读建筑历史与其多面、多义性提供新的角度。在这里尤为一提的是最后一篇瑞士圣加仑的城市Lounge，则是一次突破室内空间、突破传统理念且成功的外部空间设计。在这里，城市街区的功能再次作为主导，场地在设计师笔下产生独特的场所感，对建筑学专业的学生及爱好者来说，启发大家从广义建筑的视角去重新看待、认识建筑，这篇虽是本书最后一篇，合上它，并不是我们阅览的结束，而是一个新的启迪思考方式的开始。

教育的根本理念在于引导和激发而非灌输。本书当中一个个具有划时代意义的、鲜活有生气的建筑作品，虽然历经了近百年的动荡与变迁，但仍有着鼓舞人心向上的力量。“他山之石，可以攻玉”，“子云相如，同工异曲”。

2017年夏于西安建筑科技大学

目录

01

差强人意的进化

德国柏林通用电气公司透平机工厂

AEG Turbine Factory

30

01 德国柏林通用电气公司透平机工厂
AEG Turbine Factory

建筑名称：
德国通用电气公司（AEG Turbine Factory）透平机工厂
造访时间：
2015年1月18日
建造地点：
德国柏林（Berlin）市胡腾大街（Huttenstrasse）12-16号
设计时间：
1908年
建造时间：
1908~1909年
建 筑 师：
彼得·贝伦斯（Peter Behrens）

历史成就：一座歌颂工业文明的“庙宇”；现代主义历史的丰碑，奠定功能主义的基础，被誉为第一座真正的“现代建筑”。

交通方式：在柏林市中心乘坐U9地铁至图尔姆大街（Turm Strasse）站下车，然后向西步行15分钟即可到达。

彼得·贝伦斯[1]（Peter Behrens）

德国现代设计之父，德国现代主义设计重要奠基人之一，德国工业同盟最著名设计师，工业产品设计的先驱，被誉为“大师之师”；密斯·凡德罗、沃尔特·格鲁皮乌斯与勒·柯布西耶均是他的学生。

建筑师大事记和作品列表：

1868年	4月14日生于德国汉堡一个货物主家庭；
1889年	在汉堡职业学校以及卡尔斯鲁厄艺术学院学习艺术专业；
1890年	移居德国艺术之都慕尼黑，采用工业方法进行印象派及现实主义的绘画和表达；
1892年	成为慕尼黑“青春风格”组织的成员，接受当时激进艺术的影响；
1899年	在达姆施塔特玛赛德赫加入艺术家组织，从此转向了建筑艺术；

1.彼得·贝伦斯图片来源：http://www.jiajumi.com/know/culture/8033.html?jump

1901年　　位于玛赛德赫街区自宅参与了达姆施塔特“德国艺术文献”展；
1903年　　被任命为杜塞尔多夫应用艺术学校校长，开始在从事设计教育改革；
1907年　　成为德国通用电气公司 AEG艺术顾问；成为德国工厂联合会（一个介于设计、生产、艺术以及工业的统一组织）的合作创立者；
1911~1912年　设计圣彼得堡的德国大使馆与杜塞尔多夫市曼内斯曼重工业公司总部主行政楼；
1920年　　设计德国世界级化学公司赫斯特公司在法兰克福总部；
1922年　　继奥托·瓦格纳（Otto Wagners）出任维也纳美术学院教授；
1926年　　参加斯图加特维森豪夫白院聚落住宅展；
1931年　　一直从事厂房、住宅和办公楼的设计工作；
1936年　　返回柏林，任普鲁士美术学院建筑系主任；
1940年　　2月27日于柏林逝世。

建筑理念：

1.主张造型规律进行数学分析，坚持理性主义美学原则：设计应该是在满足使用需求下，对艺术的追求。
2.倡导新时代的设计必须将工业生产技术和材料工艺紧密结合才能拥有活力。

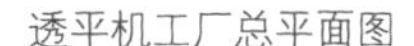
透平机工厂总平面图

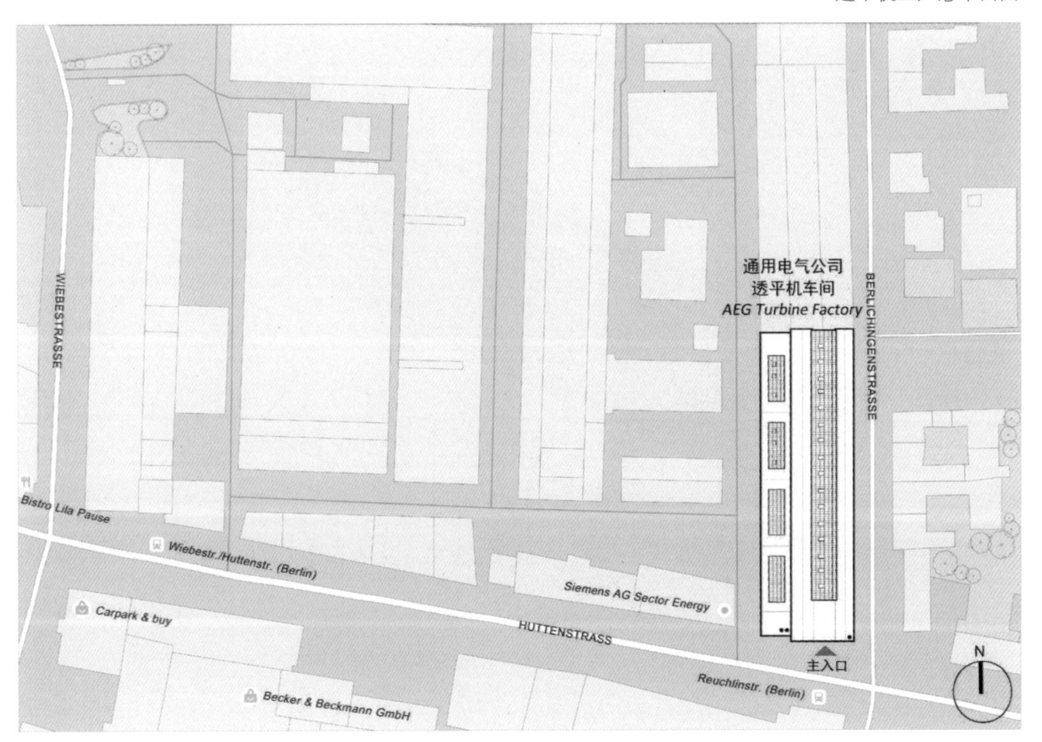

一、百年“动力工厂”现状梗概

德国柏林通用电气公司（AEG）透平机工厂自1909年3~11月建成，迄今已走过107个春秋，历经时代变迁中的热闹与寂寞、浮华与荒凉。当我怀着顶礼膜拜之情面对“现代主义之父”彼得·贝伦斯在现代主义中最具影响力的这一作品时，感触良多。其注重设计与制造，艺术与工业间的密切结合，发展符合功能与结构特征的建筑思想，以致这一工厂建筑被誉为第一座真正的“现代建筑”。1956年该厂房第一个被列入柏林工业建筑遗产，时至今日我们仍能看到该建筑的原貌。

透平机工厂鸟瞰图

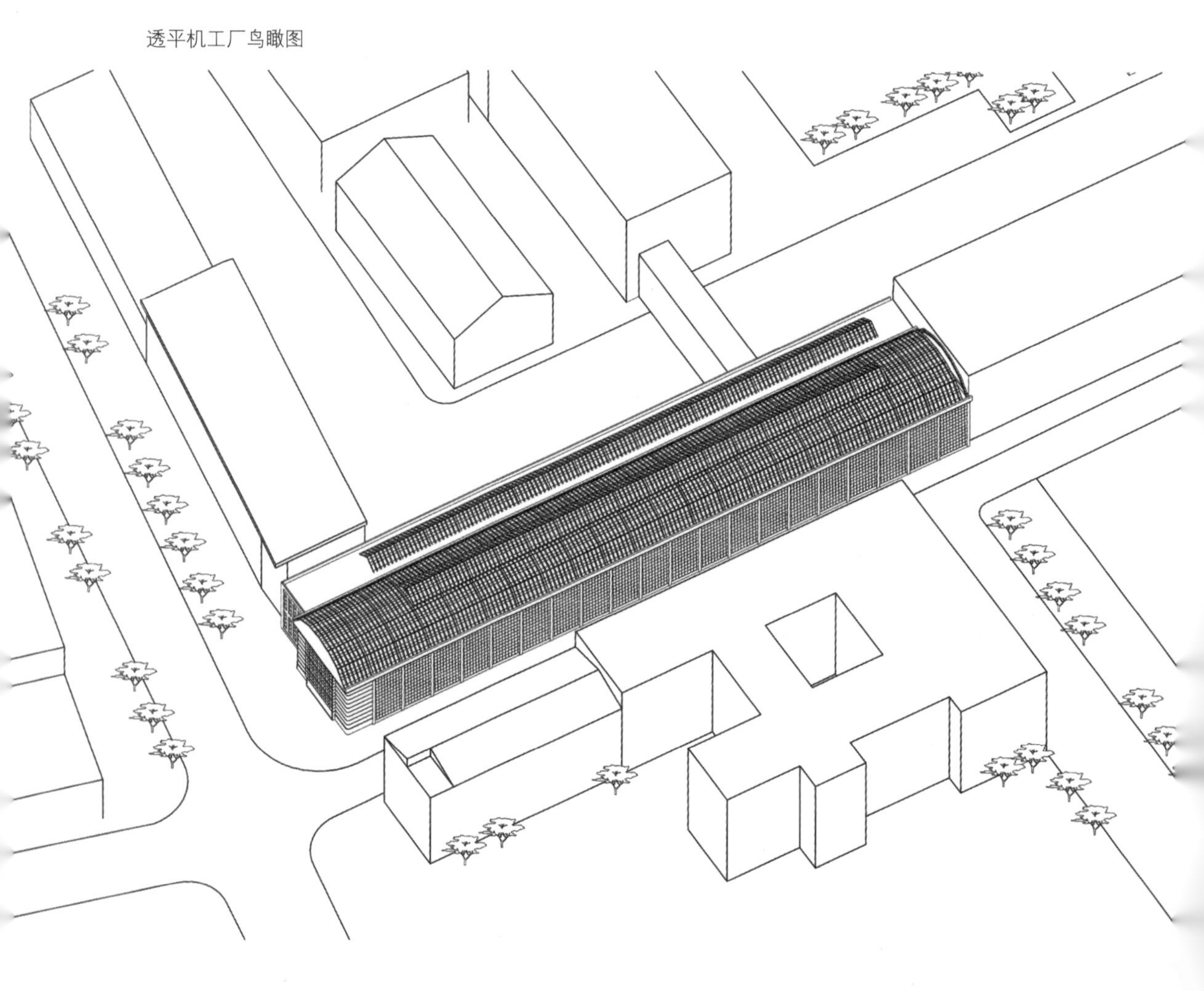

目前，厂区作为西门子公司柏林燃气透平机工厂所在，总面积达13000平方米，包括多个生产和行政管理用房以及一个测试新一代燃气透平机和组件的校验场地。整个工厂雇佣约3000名高素质人员，代理超过30个国家的产品供给，凸显出这一德国世界级企业的雄厚实力（图2、图3）。其中最具现代主义影响力的当属位于胡腾大街（Huttenstrasse）与贝利欣根大街（Berlichingen）转角处由钢、玻璃、混凝土构建起来的透平机组装车间（图4、图5），其空间由一个大跨度的单层主体车间和一个空间较小的附属车间组成（图6），功能涵盖配件生产、安装、修理等工艺流程。随着科技的发展，该车间能将8000~10000个零部件以钟表精度般生产出来，并被使用在50~60赫兹，113~375兆瓦功率的燃气透平机当中。

2	4
3	5

图 2 厂区内景透视一　图 4 透平机组装车间沿胡腾大街街景
图 3 厂区内景透视二　图 5 透平机组装车间沿贝利欣根大街街景

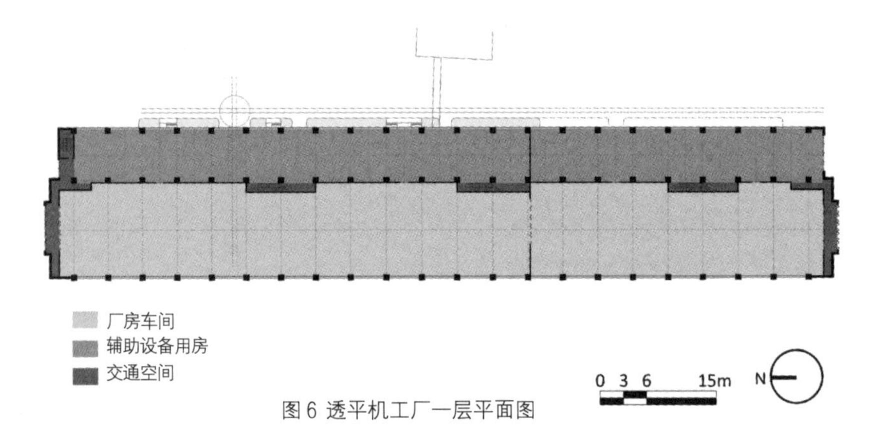

图 6 透平机工厂一层平面图

二、功能与结构；“真实”与“虚假”

今日，当我们梳理回顾建筑发展历程时，总会发现——世界建筑史相当于房屋结构技术的进步史，该工厂的建造就是这样一次有历史意义的大事件。连续的钢框架，大型门式刚架屋顶，无柱的室内大空间，使其成为一座既合乎功能结构逻辑又富有表现力的现代工厂建筑。

早在20世纪初叶，很少有建筑师敢于从建筑结构、空间、材料诸多方面向前人挑战，而作为现代建筑的拓荒者，贝伦斯却尝试着改变这一切。传统由石墙承重的结构体系，厚重的墙体围护划分的建筑空间，在主体车间中被14根纤细的轻钢骨架与嵌入钢柱间倾斜宽阔的落地玻璃窗所取代（图7～图9），而这一改变加之大面积的屋面天窗既保证了组装车间充足采光，也为高大宽敞的内部工艺空间创造了条件，同时轻盈的钢与玻璃也弱化了车间庞大的视觉感受。其中临街的主体车间为单层，空间设置有可移动钢桁架、天车及支撑钢桁架的轨道，以满足重型机械加工的需要（图10）。在这里，玻璃外墙从地面直至顶部钢轨道下沿呈现倾斜形态，如实表露出内部的结构逻辑；西侧较窄的两层副跨车间，每层同样设置有小型移动钢桁架与小吨位天车，满足不同工艺流程的需要（图11～图14）。

图 7 主体车间钢骨架与玻璃外墙

图 8 略带倾斜的玻璃外墙

图 9 钢框架柱细节

身为当时公司艺术参事的贝伦斯，对“企业形象”塑造方面也大有贡献，包括公司全系列产品的设计，从平面设计到企业标识，从白炽灯到工厂车间以及工人住区，尤其是六角形蜂房式样的AEG公司标志，小到锅炉表面大到雄伟的主体车间随处可见，经典标志性的六边形屋顶对应着的大跨度钢桁架同样也由六边形蜂房式样所引出，而这都真实反映在了立面形式当中。

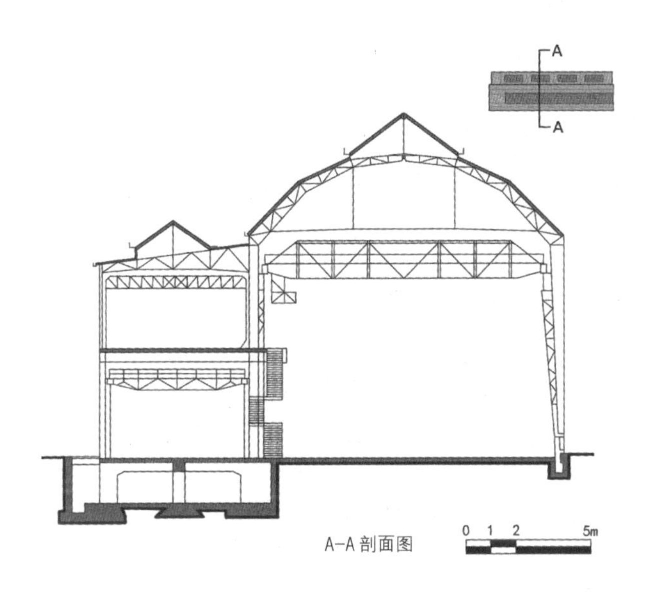

图 10 透平机工厂剖面图

11 | 12 图 11 透平机车间一 图 12 透平机车间二
13 | 14 图 13 透平机车间三 图 14 透平机车间四

15	17
16	18

图 15 外墙砖砌的柱基水平连接

图 16 柱基上连接钢柱的金属支撑件

图 17 屋顶山墙与混凝土建筑转角

图 18 被隐匿的钢结构外墙

与此同时，在这座工业建筑中我们还能发现许多变革不够彻底、纯粹，模棱两可的建筑表述。虽然贝伦斯采用了新建筑材料，但在形式上并不敢过于挑战历史传统样式，在主体车间内，附属车间沿街一侧承重的钢结构框架柱都被隐匿在了厚实的墙体中，这使得建筑结构未能真正彻底体现；细部处理上贝伦斯或多或少也在寻求新材料与旧形式的呼应，沿贝利欣根大街砖砌的柱基高高突出地面，之上锚固有双T形金属支撑件，再向上才是井然有序排列的钢柱，逻辑清晰、交接明确，这些也反映出设计在刻意模仿古典柱式的痕迹；六边形屋顶山墙的处理，由混凝土包裹的实质上却毫无结构作用的建筑角部（图15~图18），这种用重体量的转角夹持轻型的柱梁结构的反构筑模式几乎成为贝伦斯为AEG设计的工厂的普遍特征，正是这些违反结构逻辑等建筑表现使其也常被后人所诟病，其中也包括他的学生，路德维希·密斯·凡·德·罗。

今天，我们往往将工业遗存与城市记忆紧密关联，这得益于一种时代的语境，这种语境往往成了孕育新事物的记忆温床。彼得·贝伦斯在上世纪初叶将工业化视为“时代精神”、“民众精神”以及德意志民族的信仰，德国柏林通用电气公司（AEG）透平机组装车间恰如一座歌颂赞美工业文明的庙宇，它大胆抛弃传统建筑式样，极力表现新材料、新形式，探索功能与结构、艺术与工业、通向现代钢与玻璃的建筑之路，实至名归地使其成为孕育现代建筑的初期典范，其煊赫的光辉普照了整个现代建筑的历史。

（图片来源：http://3ww.verydesigner.cn/article/24806）

（图片来源：http://3ww.verydesigner.cn/article/24806）

02

乡间的百年工厂

德国阿尔菲尔德法古斯鞋楦厂

FagusWerk

建筑名称：

法古斯鞋楦厂（FagusWerk）

造访时间：

2008年2月9日

交通方式：

自汉诺威中央火车站乘坐 RE火车（区域快车）半小时左右到达阿尔菲尔德火车站，再步行10分钟可到达工厂

建造地点：

德国莱纳河畔阿尔菲尔德（Alfeld）市区内

设计时间：

1911年

建造时间：

1911~1913年（主体建筑）；1913~1925年

建 筑 师：

沃尔特·格罗皮乌斯（Walter Gropius）与阿道夫·迈耶（Adolf Meyer）

历史成就：

功能美学的最初典范；现代建筑与工业设计发展史中的里程碑；2011年入选世界文化和自然遗产。

Leine
阿尔菲尔德
Alfeld
法古斯鞋楦厂
FagusWerk
Sappi Alfeld GmbH
Hannoversche Str.
Bahnhofstraße
B3
N
Alfeld(Leine)
KARL BENSCHEIDT

02 德国阿尔菲尔德法古斯鞋楦厂

FagusWerk

沃尔特·格罗皮乌斯[1]（Walter Gropius）

德国现代建筑师和建筑教育家，现代主义建筑学派倡导人和奠基人之一

建筑师大事记和作品列表：

1883年	5月18日生于德国柏林的一个建筑师家庭。
1903~1907年	就读于慕尼黑工学院和柏林夏洛腾堡工学院。
1907~1910年	在彼得·贝伦斯（Peter Behrens）事务所工作。当时，贝伦斯被聘为德国通用电气公司（AEG）的艺术顾问，从事工业产品和公司房屋的设计工作。这件事也表明，正在蓬勃发展的德国工业需要各种设计师参与工作，以更好地为工业和市场经济服务。贝伦斯的事务所在当时是一个很先进的设计机构，格罗皮乌斯在那里接受了许多新的设计观念。他后来说："贝伦斯是第一个引导我系统地、合乎逻辑地综合处理建筑问题的人。在我积极参加贝伦斯的重要工作任务中，在同他以及德意志制造联盟的主要成员的讨论中，我变得坚信这样一种看法：在建筑中不能扼杀现代建筑技术，建筑表现要应用前所未有的形象。"
1910~1914年	与青年建筑师阿道夫·梅耶（Adolf Meyer，1881~1929）合伙在柏林开设建筑事务所，并合作设计了他的成名作——法古斯鞋楦厂。
1915年	开始在魏玛实用美术学校任教。
1919年	魏玛政府内务大臣弗里希正式任命格鲁皮乌斯为魏玛的撒克森大公艺术学院和撒克森大公艺术与工艺学校校长，后两所学校合并，成立国立建筑设计学院，即"包豪斯（BAUHAUS）"，1925年包豪斯迁至德绍市，1932年纳粹党占据德绍市，包豪斯大学被迫关闭。
1928年	同勒柯布西耶等组织国际现代建筑协会，游历美国。
1929~1959年	任国际现代建筑协会副会长。
1934~1937年	去往英国建筑实践，和英国建筑师马克斯威尔·福莱（Maxwell Fry）合作。
1937年	定居美国，应邀到美国哈佛大学任建筑系教授，主任。
1942年	获哈佛大学"名誉艺术大师"称号。
1944年	任美国艺术与科学研究院特别会员，任美国规划师与建筑师协会会员。
1946年	创建The Architects Collaborative (TAC)建筑师合作事务所。
1952年	获哈佛大学建筑系"荣誉退休教授"称号。
20世纪50~60年代	获得英国、德国、美国、巴西、澳大利亚等国建筑师组织、学术团体和大学授予的荣誉奖、荣誉会员称号和荣誉学位。
1965年	完成其代表作《新建筑与包豪斯》。
1969年	7月5日在美国波士顿马塞诸塞州逝世。

1.沃尔特·格罗皮乌斯图片来源：http://www.sohu.com/a/146323080_653784

建筑理念：

1.提倡建筑设计与工艺设计统一，艺术与技术结合，讲究功能、技术和经济效益。
2.建筑提倡采光通风，主张按空间的用途、性质、相互关系来合理组织布局，按人的生理要求及尺度来确定空间的最小极限等。

阿道夫·迈耶[2]（Adolf Meyer）

德国建筑师。1895~1897年，在德国埃菲尔市（Eifel）的Mechemich地区完成了两年木工学徒生涯，之后在科隆、克雷菲尔德、杜塞尔多夫等地的家具厂工作直到1901年；从1903年开始就读于科隆应用艺术学院，1904年就读于彼得·贝伦斯所在的杜塞尔多夫应用艺术学院，并于1907年受聘于彼得·贝伦斯在柏林的工作室；1909~1910年与德国建筑师、室内设计师布鲁诺·保罗合作，同年受聘为沃尔特·格罗皮乌斯在新巴贝斯堡（Neubabelsberg）的工作室经理，与格罗皮乌斯的合作一直持续到1914年，期间他们共同完成了一系列20世纪重要的建筑作品，如1910年的法古斯鞋楦厂、1914年德意志制造联盟科隆展会办公楼及工厂等；1919年被格罗皮乌斯聘请为魏玛包豪斯学院助教，教授制图与建造技术，直到1925年4月魏玛包豪斯学院关闭为止；之后在格罗皮乌斯的推荐下，于1926年担任法兰克福公共工程委员会建筑工程咨询顾问，同时还是法兰克福艺术学院结构工程专业的负责人。

法古斯鞋楦厂总平面图

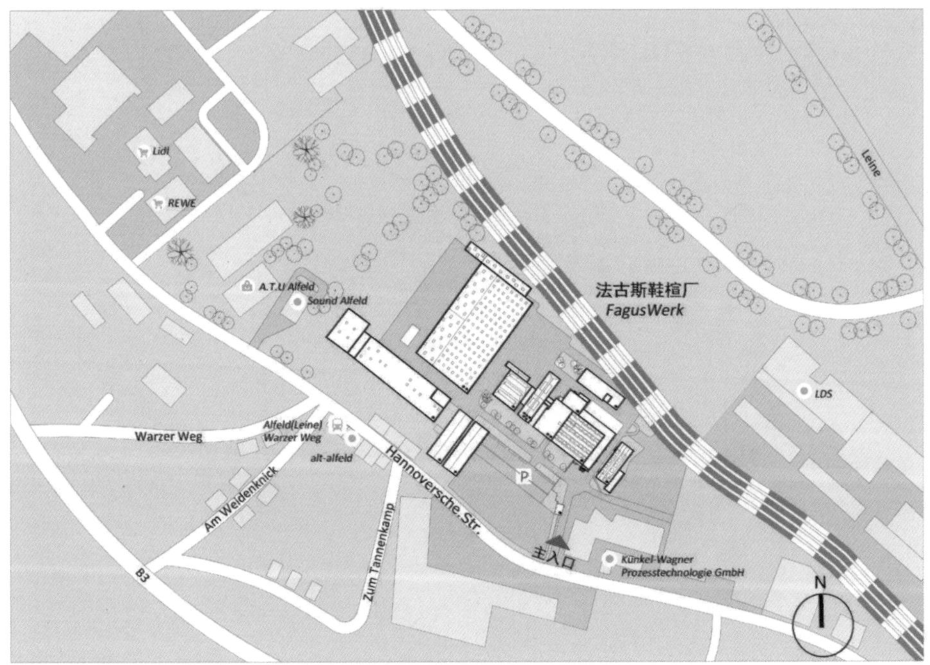

2.阿道夫·迈耶图片来源：http://architectuul.com/architect/adolf-meyer

作为沃尔特·格罗皮乌斯（以下简称格罗皮乌斯）的一个重要作品，法古斯鞋楦厂（图1）在当时的设计中大胆采用新材料、新结构和新技术，摒弃一切传统样式，在当时的技术条件下极致化地做到简洁与纯粹，充分展现出新型工业材料的新秩序，不仅为当时的城市建筑带来新的视觉革命，更让人们看到了新建筑空间的曙光。该作品一举奠定了格罗皮乌斯在现代建筑史中的崇高地位。在评价法古斯鞋楦厂时，不得不提及工厂创始人，格罗皮乌斯的实业家叔叔——卡尔·本赛特（Carl Benscheidt）注1。正是本施赛特寄予工厂更多的期望以及他对现代主义建筑新形式的认同，才有了产生这一切的可能。

[1] 卡尔·本赛特

于1910年成立法古斯公司。早先就事于医药厂的经历使得他学会了为脚部整形而制作鞋模的技术（这在当时相当稀缺），1887年他被鞋楦制造商卡尔·贝伦斯（Carl Behrens）聘请为在阿尔菲尔德（Alfeld）鞋楦厂的经理；贝伦斯逝后，本赛特担当总经理之职；1910年10月，因与贝伦斯儿子的分歧，他辞去职务立刻开始筹划建造自己的公司，并与一家美国公司建立合作关系从而获得资金与技术支持；随后本赛特在贝伦斯鞋楦厂对面购置土地并且聘请擅长设计工业建筑的专家爱德华德·温尔（Eduard Werner）为其规划设计，因为亲身经历贝伦斯工厂的一系列变革，本赛特对温尔设计的厂房外部形象始终感到不满；自己的工厂与贝伦斯工厂分处在铁路两侧沿线，本赛特认为建筑形象应充分考虑到火车上旅客的视线感受，法古斯工厂应注重面向铁路的立面效果，在高度及形态上应具有恒久的宣传性与标识性；1911年1月，本赛特联系沃尔特·格罗皮乌斯（Walter Gropius）并且授命其根据温尔的工厂平面重新调整设计，随后格罗皮乌斯接受这项长期项目，直到1925年法古斯鞋楦厂最后一个建筑建造完成。

1. 传达室　2. 展示中心　3. 办公主楼　4. 生产车间　5. 咖啡厅　6. 法古斯及格罗皮乌斯展览馆
7. 工程师中心　8. 机械制造车间　9. 电子检测中心　10. 电子研发中心　11. 电子控制中心

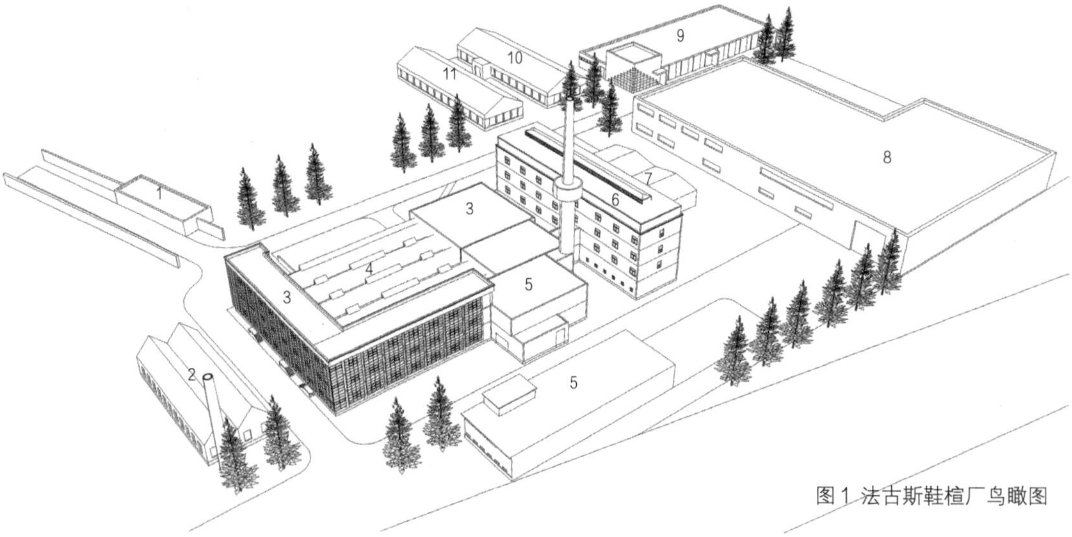

图1 法古斯鞋楦厂鸟瞰图

一、法古斯鞋楦厂的建造史及功能组成

法古斯鞋楦厂经历了一个复杂的建设周期。它始建于 1911 年 5 月，由于资金状况原因，最初的建造要比实际规划设计的尺度偏小，功能设施也不够完备。随后在 1912 年底便暴露出工厂规模不能适应生产需求等种种现象，又进行了扩建。扩建工程于 1913 年开始，主要是将生产车间与仓库向南扩大一倍。不久之后，第一次世界大战的爆发又使得扩建工程进展缓慢，这期间，厂区只加建了电力设施与烟囱。战后的建设则包括厂区的配套设施，如控制中心、门房传达室、围墙以及建筑室内与家具等细节设计。值得一提的是，这期间，格罗皮乌斯于 1919 在魏玛成立了国立建筑设计学院即包豪斯（BAUHAUS），并与包豪斯的教师、学生一起为法古斯鞋厂完成了室内、工业制品等细节设计。直到 1925 年工厂才得以完整建造，从而具备了办公、研发、生产、管理及配套服务等功能组成（图 1、图 2）。

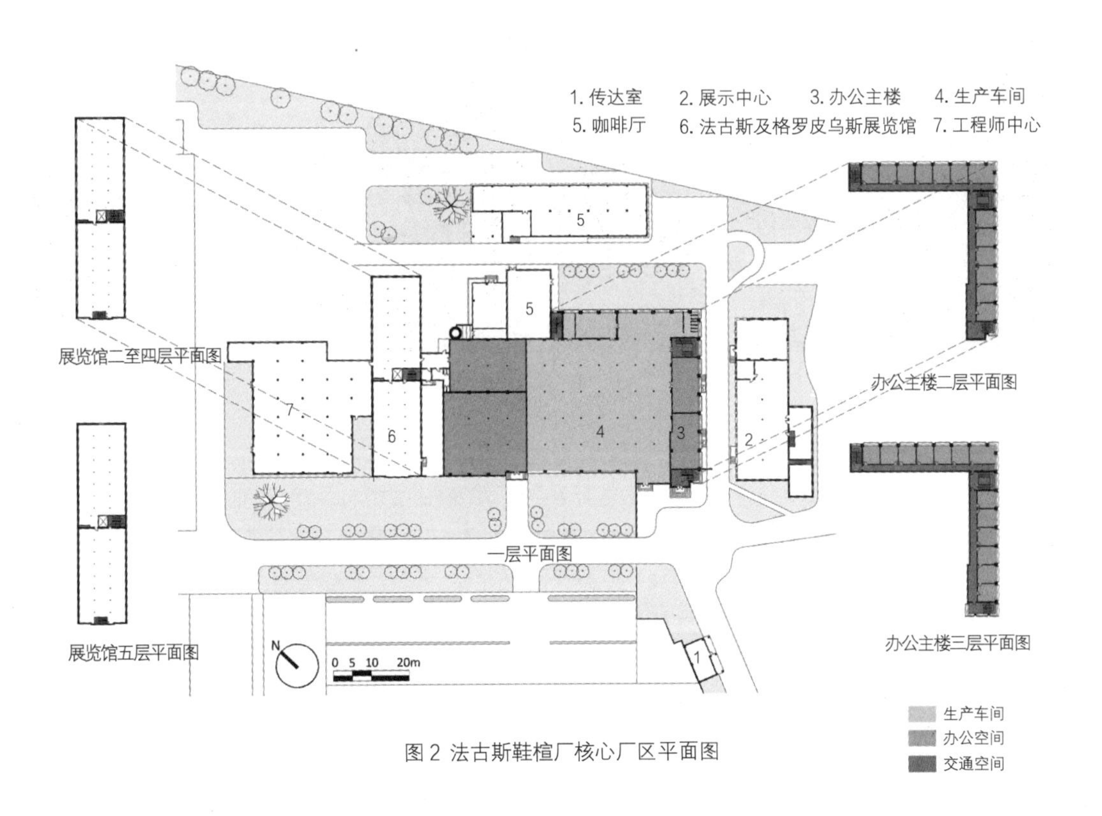

图 2 法古斯鞋楦厂核心厂区平面图

二、法古斯鞋楦厂布局及各功能用房简介

厂区建筑按照制鞋楦工业的功能需求，设计了各级生产区、仓储区以及鞋楦发送区，直至今日，这些功能区依然可以正常运转。厂区在总体布局上，依据功能需要，采取不对称构图，各功能部分以最简朴、经济的方式进行组合。为保证阳光照明和通风，摒弃了传统的周边围合式布局，采用行列式布局形式，并在建筑密度要求下，按各功能用房高度来决定它们之间的位置及合理间距，以保证充分的日照和建筑之间的绿化。

鞋楦厂的大门并没有紧邻城市道路，而是通过一个南向缓冲通道联系厂区与外界。暖黄色砖墙明确了厂区范围，围墙上白色的线脚收檐，局部铁框架的玻璃窗以及平整细腻的砖墙砌筑已展现出材料与工艺的充分结合（图 3）。入口处的传达室由一层矩形室内空间与方形砖柱支撑的单侧外廊组成，面向入口处为空透的玻璃外墙。屋顶用白色檐口收边，同时方形砖柱在与地面相接处用深棕色砖带做收脚（图 4）。

图 3 进入厂区的南向通道

图 4 入口处的传达室

厂区西侧为停车场，正对的便是法古斯鞋楦厂的核心主楼与生产车间。这个挂有钟表的标志性南向入口立面是 1913 年工厂扩建时建成的（图 5）。将大量光线引进室内的现代主义建筑观念在此也表现得坚决明了。“L”形办公主楼主体为三层框架结构，外墙均与支柱脱开，由大面积连续玻璃窗与窗下金属栏板组成，全部玻璃延伸至三层，室内光线充足，削弱了同室外的差别（图 6）；与其相接的单层生产车间则采用钢架结构与三角形折板屋面，除南向大面积横向玻璃窗外，利用折板斜屋面敷设天窗采光，以弥补大进深生产车间自然光线照度的不足。在这里，建筑的功能、内部的产品线与工人的劳作都是可视的。

6
5 | 7

图5 办公主楼入口立面

图6 办公主楼及生产车间透视

图7 不同建造时期形式上的差异

办公主楼与生产车间的东侧、南侧与北侧紧邻厂区主要交通干道，以充分体现其核心地位。办公楼东侧为一层展示中心，暖黄色砖墙与桔红色双坡屋面构造简洁明了，且与办公主楼的平屋面及其东立面连续玻璃幕墙相互映衬，也可表明建造时间的差异（图7）。办公主楼的北侧分别相邻、相接两处咖啡厅，作为鞋楦厂工作人员休闲、娱乐的主要场所：两者同为一层大空间，统一的材质与形式，只是不同建造时期形式上的差异。与主楼相接的咖啡厅空间稍小些，外墙为大片连续玻璃幕墙（图8）；另一咖啡厅靠近北侧城市铁路，空间构成由白色挑檐下的半室外空间与室内餐厅组成，提供多样化的空间选择（图9）。

图 8 与主楼相接的咖啡厅

图 9 与主楼相邻的咖啡厅

图 10 法古斯及格罗皮乌斯展览馆

办公主楼与生产车间的西侧紧邻法古斯及格罗皮乌斯展览馆，这座较少有门窗的五层加地下室的封闭空间早先为鞋楦厂的仓库所在，现今改作为追溯鞋楦厂历史及展现格罗皮乌斯的生平与作品的展示空间，是厂区内独特的文化场所（图 10）；展览馆北端与办公主楼之间耸立着高大的烟囱，除了本身功能以外也是厂区重要的标识体；展览馆西侧紧邻工程师中心，暖黄色外墙与厂区主色调和谐统一；厂区西侧是机械制造车间，也是厂区占地最大的功能用房，外墙壁板与屋面均采用金属瓦楞板；机械制造车间南侧还坐落有电子检测中心（图 11）、电子研发中心及电子控制中心等辅助功能用房，以适应现代高科技手段介入生产管理，以上三部分与机械制造车间同为一层大空间，外墙材料也同为金属板幕墙，采光、通风、构造处理细致明确，凸显出现代工业技术的特点。

针对不同建造结构系统的建筑，格罗皮乌斯在形体处理上尽可能多地使用趋同元素，使得厂区形象统一完整。首先是多次应用钢框架的落地玻璃窗，一直敷设环绕到建筑的拐角，没有任何角柱支撑，弱化掉体量并由充沛的光线消解结构支撑，表现简洁、通透、轻盈的空间效果，同时减少了建造成本；其次是砖砌体的使用，厂区主体建筑物不论其形体上的差异，外墙接地处都有一个 40 厘米厚的深棕色砖基底水平线角，横向连贯每座建筑物，水平线角以上部分均由暖黄色砖砌体组成，也加强了厂区空间感受的连贯性。整个厂区建筑群通过动态起伏的高度，横向结构与竖向节奏的交替变化，实现了多样统一。

图 11 电子检测中心

三、法古斯鞋楦厂重点建筑物的介绍

主体办公楼与生产车间

作为法古斯鞋楦厂的主体建筑物，格罗皮乌斯使用钢筋混凝土框架结构，废弃了沉重的外表皮，首次采用大片连续轻质玻璃幕墙以及转角窗，这样的设计构思在建筑史上还是第一次，被誉为新建筑的曙光，这也表明了早在密斯·凡·德·罗（Mies van der Rohe）之前，格罗皮乌斯就开始了局部采用玻璃幕墙的尝试（图 12）。

主入口处适宜的尺度仅通过大门两侧砖砌体局部的倒角变化加以强调（图 13）；入口门厅也没有过大的尺度，黑色地面与墙面上的黑色墙群、顶角线以及环绕门框、橱窗框的装饰线条协调统一，摆放着鞋模的玻璃橱窗明示着鞋楦厂的功能（图 14），竖向楼梯间精致的黄铜扶手及铸铁栏杆突出其注重加工工艺（图 15）；每层楼梯间都对应有休息展示的空间作为进入办公空间的过渡，这里通过创作手稿，照片等，传递着格罗皮乌斯的信息（图 16）；单侧内走廊通过每个方形办公空间通透的玻璃隔墙间接获得采光，整个“L”形办公层都以单侧横向连贯的玻璃幕墙为直接采光面，从而满足整个室内空间的采光需要（图 17）；办公主楼在对钢与玻璃的处理上，将现代材料与结构技术紧密联系在一起（图 18 ~ 图 20）。

为了加强光亮、通透的效果，格罗皮乌斯还使用了一系列的构造措施，如玻璃幕墙上竖向垂直窗棂间隔较小，而水平窗棂间隔较大，转角处玻璃窗竖向划分，相对其他开间处间隔加大了许多，并且顶层的窗户也要比其他层窗户相对高一些，所有这些也都表明了格罗皮乌斯对新形式、新材料以及新技术创新性的探索（图 21）；另外，整个幕墙框是由“L”形钢构件组成的框架，从地面到顶棚被固定在办公主楼的三个外墙面上，开间之间仅用纤细的砖柱进行分割，3 毫米厚的钢板在每楼层分界处的窗框之间进行封边，虚实交替，同时也加强了三

12	13	14	15
16			17
18	19	20	

图 12 主体办公楼入口
图 13 入口的特别处理
图 14 主入口门厅
图 15 楼梯间
图 16 每层公共休息空间
图 17 办公走廊空间
图 18 办公主楼的转折窗
图 19 悬挑的楼板折窗
图 20 脱离开的玻璃幕墙

个转折玻璃幕墙水平方向的连续性。法古斯鞋楦厂立面中大片反射玻璃幕墙、转角窗的采用，承重框架与围护外墙的脱离，用不对称横向运动的方式来寻求建筑整体构图的平衡性、连续性与灵活性的手法，为当时的建筑形式带来巨大的变革，也成为当代建筑创作中必不可少的形式语言。

与办公主楼紧连的生产车间，南向同样延续着连续玻璃窗的立面形式，地下室部分则利用采光壕及高窗尽可能多的保证自然光的引入（图22）；屋面五组三角形钢结构天窗架，为避免阳光直射所产生的眩光，天窗均设置在北向屋面（图23）；钢结构的内部空间，由于是以生产鞋模为主，没有超大型加工制造机器，所以车间内部从层高到流线组织和功能布局，相对人体尺度来说都是很适宜的（图24）。如此这些都是建立在以人为尺度主体，从而达到建筑实用功能的目的上，体现了人性化设计与功能主义本质上的统一。

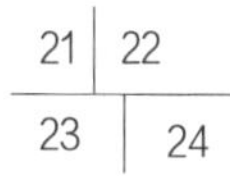

图21 立面上的划分

图22 生产车间的南向立面

图23 北向屋面的天窗采光

图24 车间内景

图 25 室内木框架结构体系

法古斯及格罗皮乌斯展览馆

该建筑从外观无论如何都很难想象其建造系统的特别之处：这座建筑基础是用未加钢筋的素混凝土构建，由于素混凝土不能支撑较大的局部荷载，所以从基础向上，室内由两列实木搭建的木框架体系支撑每层楼面荷载（图 25），并限定每层展示空间的流线与布局（图 26）。为了明确空间的流通导向性，柱与柱之间或以交叉的实木支撑构件加强限定，同时也稳固了本身木框架体系，方形实木柱子与木构件均由型钢构件固定连接（图 27）；每层地板都是由搭在间隔木檩条上的木板有序排列，板与板之间留有缝隙，木檩条在室内通过型钢固定在方柱架设的木梁上（图 28），两端则通过型钢构件固定支撑在砖砌体外墙上（图 29），由此层层搭建而起；屋顶处结合木框架体系架设天窗架，实现顶部采光及自然通风（图 30）。由于整个空间形体简洁，规整少量的开窗难免给人乏味呆板之感，因此外墙以不同色彩、材质横向划分为三段，丰富展览馆整体立面：一层底部与相邻的办公主楼同为暖黄色砖墙，二至四层为白色墙漆喷涂，顶部则由土红色陶板横向贴饰而成。

图 26 室内展示空间的布局

图 27 钢构件连接

图 28 木梁支撑的地板檩条

图 29 檩条与砖墙的搭接

图 30 屋顶的天窗架

四、法古斯鞋楦厂设计观念的现代化体现

20 世纪以前，建筑形式不仅受结构限制，也受当时的建筑拥有者的思想限制。在西方建筑的传统形式中，繁多的装饰构件和庞大的结构体是其统一的象征；只有当新的结构技术、新材料和新工艺大量使用时，建筑才能摆脱古典样式的束缚，才会发生根本性的变革，无疑，格罗皮乌斯正是走在变革前列的一位先行者。

如果将德国通用电气公司 AEG 透平机车间[注2]视为现代建筑史中的里程碑，那法古斯鞋楦厂则进一步拓展了建筑创新与工业结合的发展路线，不仅提出了新的功能和表现出新的美学观点，表达了比透平机车间更为开放的建筑美学，并且体现了功能和美观是同现代材料与结构技术密不可分的。

[2] 德国通用电气公司 AEG透平机车间

德国通用电气公司 AEG透平机车间是由彼得·贝伦斯（Peter Behrens，1868~1940）于1909年设计的钢结构工业建筑，它摒弃传统的附加装饰，形式简洁，以钢结构骨架与大玻璃窗为特点，为探求新建筑起了一定的示范作用，被视为现代建筑史中的一个里程碑，促进了德国建筑领域创新活动向与工业结合的方向发展。工厂主跨采用大型门式钢架，钢架顶部呈多边形，侧柱自上而下逐渐收缩，到地面上形成铰接点；在沿街立面上，钢柱与铰接点真实显露出来，柱间为大面积的玻璃窗，划分成简单的方格；屋顶上开有玻璃天窗，采光通风良好。

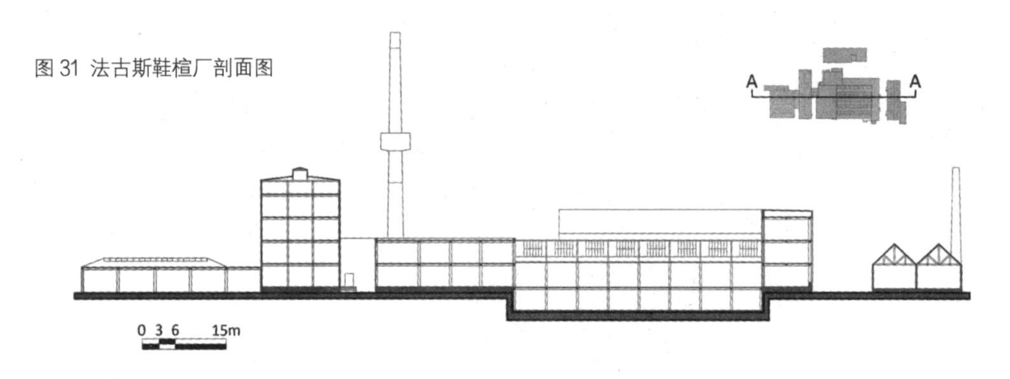

图 31 法古斯鞋楦厂剖面图

A–A 剖面图

法古斯鞋厂的平面布置和体型处理完全依据生产需要而定，提供了更加充足的采光、良好的通风与合理地使用空间，主张按空间的用途、性质、相互关系来合理组织流线布局，并按人体尺度来确定空间的最小极限。它不再使用古典横向、纵向平衡的构图形式，而通过不对称的造型来寻求整体构图的平衡并用灵活性的手法来表现严肃的几何图形（图 31），在对新材料钢与玻璃的处理上，也突破了室内外空间完全分隔的常态。古典的建筑光影是建立在封闭厚重的体量与形体变化之上的，通过石墙面的受光与阴影的明暗对比产生空间立体感，而法古斯鞋楦厂却是通过大量玻璃的映照、反射将建筑光影的概念也从一元转向了二元。这些创新性的空间探索、新形式的建筑语言，都对以后现代主义建筑的发展产生了深远的影响，为之后的建筑师指明了新建筑的方向。

作为现代主义建筑的先例，法古斯工厂是格罗皮乌斯早期的一个重要成就，也是第一次世界大战之前最先进的一座工业建筑，在世界建筑史上占有相当重要的位置。

ustr.
WEISSENHOFMUSEUM
IM HAUS LE CORBUSIER

03

看风景的盒子

德国斯图加特魏森霍夫博物馆柯布西耶之家

Weissenhof-Museum im Haus Le Corbusier

03 德国斯图加特魏森霍夫博物馆柯布西耶之家
Weissenhof-Museum im Haus LeCorbusier

建筑名称：
斯图加特魏森霍夫博物馆柯布西耶之家（Weissenhof-Museum im Haus Le Corbusie）
造访时间：
2008年2月29日
设计时间：
1926年
建造时间：
1927年
建造地点：
斯图加特城市中心区北部，弗里德里希—艾伯特大街（Friedrich-Ebert-Straße）与拉特瑙大街（Rathenaustraße）交汇处

建 筑 师：
勒·柯布西耶（Le Corbusier）& 皮埃尔·让纳雷（Pierre Jeanneret）
历史成就：
现代主义设计的经典案例；勒·柯布西耶“新建筑五点”、居住单位标准化研究的范本；1958年被列为纪念保护建筑。
交通方式：
在斯图加特市中央火车站乘地铁U5至基勒斯贝格公园站（Killesberg）下车，然后沿着弗里德里希—艾伯特大街（Friedrich-Ebert-Straße）向东步行800米左右即可到达。

勒·柯布西耶[1]（Le Corbusier）

20世纪文艺复兴式的建筑师，现代建筑运动、理性主义和有机建筑时期的旗手；
20世纪最多才多艺的大师：建筑师、规划师、家具设计师、画家、雕塑家、作家；
系统地建立了现代主义的理论体系，机器美学的重要奠基人。

建筑师大事记和作品列表：

1887年　10月6日查尔斯·爱德华·乔纳雷出生在瑞士的拉乔克斯·德·芳兹。

1900~1904年　在家乡的艺术师范学校（Ecole d' Art）学习，在老师查尔斯·伊普拉内提（Charles L' Eplattenier）的指导下完成雕刻专业学习。

1907年　赴意大利、布达佩斯与维也纳教育旅行。

1908年　在奥古斯都·佩瑞特的巴黎事务所工作，在那里学习钢筋混凝土建造技术。

1910~1911年　赴德国考察装饰艺术现状；在柏林彼得·贝伦斯事务所里工作了几个月，在那里结识了密斯·凡·德·罗和沃尔特·格罗皮乌斯。游历了希腊、小亚细亚、巴尔干国家与伊斯坦布尔等欧洲东南部地区。

1.勒·柯布西耶图片来源：http://www.sohu.com/a/147926155_188910

1914~1915年　为多米诺系列住宅编制规划。
1916年　在拉乔克斯·德·芳兹建造斯沃博别墅。
1917年　迁居巴黎，并结识法国画家奥占方。
1920~1925年　与诗人保罗·德米（Paul Dermee）合作创办《新精神》杂志，自此开始使用勒·柯布西耶这个笔名。
1923年　《走向新建筑》一书出版，设计建造拉罗歇-让纳雷别墅。
1925年　在巴黎举办装饰艺术展之际设计新精神宫。
1927年　设计建设魏森霍夫住宅，参加国际联盟在日内瓦的欧洲总部国际设计竞赛。
1928年　现代建筑国际会议（CIAM）第一次会议在La Sarraz召开。
1927~1931年　设计建设加彻斯的斯特恩别墅（Villa Stein，Garches），萨伏伊别墅（Savoye，Poissy）。
1928~1935年　设计莫斯科中央局大厦，巴黎大学城瑞士学生公寓、巴黎救世军大楼。
1929年　在巴黎秋季沙龙推出他与查尔洛特·皮瑞安（Charlotte Perriand）共同设计的家具。
1935年　出版《光辉城市》。
1947年　为联合国在纽约的秘书处规划设计。
1950年　发表《模度》一书。
1947~1952年　根据《模度》比例设计了马赛“居住单位”。
1952~1965年　被委托主持了印度昌迪加尔市规划。
1955年　在朗香山上设计修建朗香圣母教堂。
1957~1960年　在法国里昂修建拉图雷特修道院。
1965年　8月15日在法国洛克布吕讷马丁角（Roquebrune-Cap-Martin）突发心脏病去世。

建筑理念：

1.采用简单的几何形体进行设计，提出了“住宅是居住的机器”和“新建筑的五个特点”。
2.从人体尺度出发，创建了一个建筑和人的模度系统，提供了一套和谐比例关系的尺寸控制工具。
3.城市规划方面，提出了“光明城市”理论，主张用全新的规划思想改造城市，设想在城市里建造高层建筑、现代交通网和大片绿地，创造充满阳光的现代化生活环境。

图1 魏森霍夫博物馆柯布西耶之家鸟瞰图

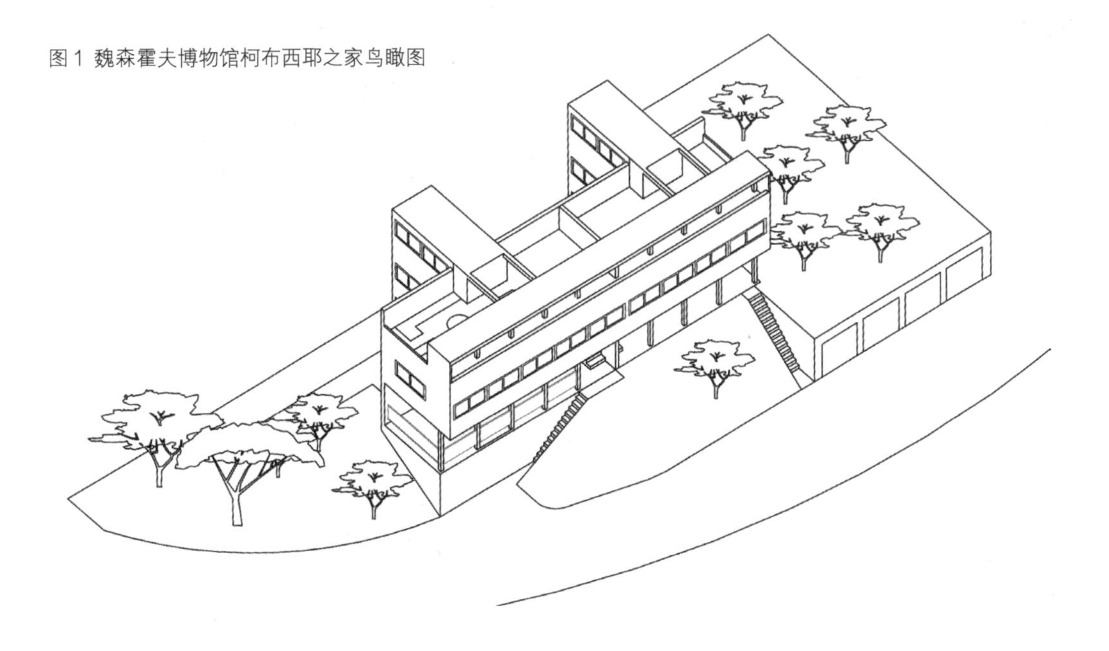

一、魏森霍夫居住区历史概况

斯图加特魏森霍夫博物馆柯布西耶之家（图 1）原为一栋双联宅（以下简称双联宅），是 1927 年魏森霍夫住宅展的第 14-15 号参展建筑。该展览由成立于 1907 年的德国第一个设计组织——德意志制造联盟于 1927 年在德国巴登 - 符腾堡州最大的城市斯图加特市举办，其中主题为“住宅”（Die Wohnung）的新住宅国际建筑展成为此次展示的重要部分。由于当时的德国经济正处于第一次世界大战后的复苏期，此次展览旨在通过推广低成本、工厂预置和标准化的建造方式，从而建立一种新的居住模式，因此备受瞩目。住区是在密斯·凡·德·罗的主持下并在其为此示范住区所做总体规划的基础上，由 17 位欧洲现代主义建筑师包括彼得·贝伦斯（Peter Behrens）、沃尔特·格罗皮乌斯（Walter Gropius）、勒·柯布西耶（Le Corbusier）、布鲁诺·陶特（Bruno Taut）、马特·斯坦（Mart Stam）、路德因·西尔贝斯爱蒙（Ludwig Hilberseimer）等共同设计的一个由 21 栋 63 户居住单位组成的平屋顶现代居住区。展览从 1927 年 7 月开放至 10 月，向 50 多万人展示这些住宅创新的平面、几何化的外观、现代的家具以及新型的建筑材料。德意志制造联盟的魏森霍夫住宅展是对第二次世界大战之前现代主义建筑的进一步推广，并为随后的“国际主义风格”的诞生奠定了基础。

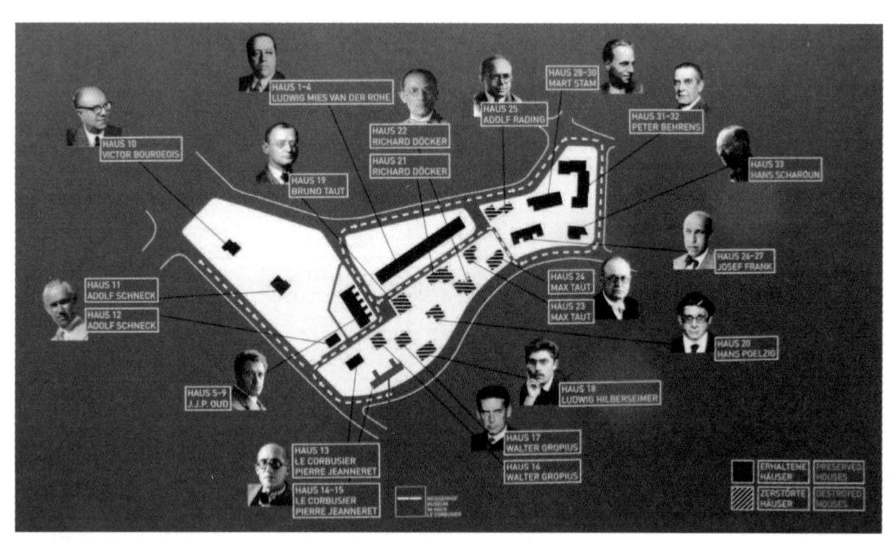

图2 魏森霍夫住区 21栋住宅区位与信息

之后，整个住区在德国法西斯主义的影响下，也曾备受指摘，面临过被拆除的危险。而更具毁灭性的是 1944 年第二次世界大战盟军的炮火致使位于整个住区中央的 8 栋住宅毁于空袭，另有两栋住宅由于损毁严重，于 1956 年、1957 年相继倒塌，其他幸存的 11 栋建筑也不同程度地受到了损坏（图 2）。1958 年整个住宅区建筑被列为纪念保护建筑，并直到 1987 年才被整修完毕（图 3 ~ 图 8）。遗憾的是，那些被摧毁的建筑虽然在战后都被重新修建，但已与 1927 年的最初设计大相径庭，尽管后来密斯做出许多协调、补救措施，但今日从整体外观看去，仍然留下了不同时代的历史烙印。

3	4
5	6
7	8

图 3 荷兰建筑师欧德设计的 5-9号住宅

图 5 德国建筑师密斯·凡·德·罗设计的1至 4号住宅

图 7 德国建筑师彼得·贝伦斯设计的 31 至 32号住宅

图 4 奥地利与瑞典籍建筑师约瑟夫·弗兰克设计的 26-27号住宅

图 6 荷兰建筑师马特·斯塔姆设计的 28-30号住宅

图 8 德国建筑师汉斯·夏隆设计的 33号住宅

勒·柯布西耶与皮埃尔·让纳雷是在密斯的极力邀请下于 1926 年10 月受邀参展，负责其中两个地块的设计——13 号独栋住宅与本篇介绍的 14-15 号双联宅，两座建筑位置相邻。该作品提供了一个普适的原型，通过标准化设计，采用预制构件组装方式，且造价低廉，符合大批量工业化生产，能够以较低的投资解决战后大量人口的居住问题。另一方面该住宅还突出表现了柯布西耶1920 年以来的“新建筑五点”与机器美学的典型特征，以白色纯净的审美、几何的严谨和形式的抽象在展览中获得高度关注。更幸运的是，柯布的这两栋建筑均躲过了战争的炮火，其中的双联宅以其极具代表性的特征成为魏森霍夫住宅展博物馆，并于 2006 年 10 月 26 日向公众开放。

二、此景与彼景的交相辉映

顾名思义，双联宅是由两个独立的居住单位联排组成，中间由分户墙加以分隔，每个户型在功能、空间、结构、形式等方面如出一辙，仅在面积上有所差异。其中左侧户型较大，130平米，长度为5跨柱距；右侧户型较小，113平方米，长度为4跨柱距（图9）。整个魏森霍夫住区位于城区北部基勒斯贝格公园（Killeberg）以东的一块地势较高的不规则坡地上（图10），而双联宅又位于整个坡地地块的东南角，四周坡地景观无所遮挡，东、北部开阔的城市风貌均为该建筑提供绝佳的景观条件（图11、图12）。

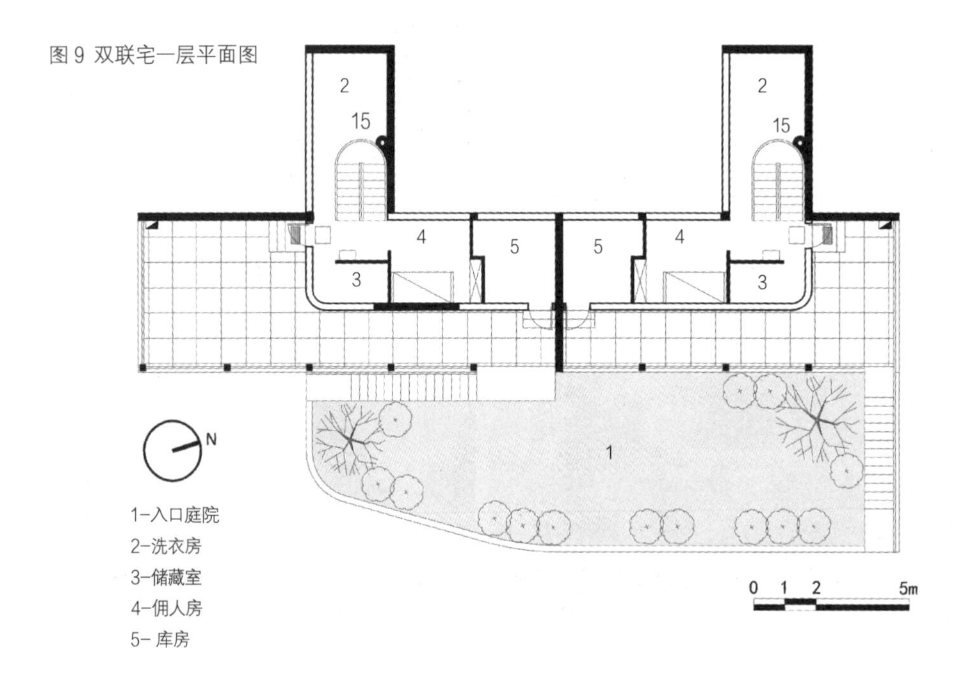

图9 双联宅一层平面图

正如雷姆·库哈斯（Rem Koolhaas）所说："亚特兰大不是一座城市，而是一片景观"，当代景观学观点认为，在大地景观的逻辑中，建筑和城市自身就是大地的凸起，是以一种独特的地景形式而存在的，并用景观—建筑—城市的关系图式替代了原有的建筑—城市关系图式，通过这一景观建筑学的理念和方法可以帮助我们重新感知建筑自身的创造。如果把此时此地的建筑视为"此景"，它强调建筑具有地点性、当代性和独特性意义，包括具体地段所体现的建筑与环境的特定关系和场所精神，将城市视为"彼景"，通过两者的对话与交融，"此景"不仅实现了自身的价值，也使"彼景"的意义更能得以凸显。双联宅虽然诞生于1927年，但它在整个建筑的高程处理、空间布局、细部构造方面彰显自身"建筑景观"独特性的同时，还紧密地与东侧低处的城市"彼景"交相辉映，共同作为"都市景观"和谐共生的一部分。与整个住区其他住宅相比，双联宅对于建筑与城市、景观的关系处理可谓最直接、密切，"新建筑五点"在此除符号化的标识功能外，其空间手法也非常契合"此景"与"彼景"的交相辉映。

图10 建筑与地形（此景）

图11 基地东北向城市景观（彼景）

图12 基地东向城市景观（彼景）

由于地形原因，整栋住宅的室外地坪被抬升到2.3米高度的平台上，为保证彼此的独立性，两户住宅都有各自直通街道的室外台阶，利用此高度与坡地地形，住宅沿东侧的拉特瑙大街还独立设置有停车库（图13～图15）。住宅的底层为出入口空间和服务性用房，以及架空的半室外空间，而这架空区成为第一个面向城市景观面水平展开的交互空间。住宅二层靠山墙处分隔设置有厨房、洗浴和卫生间，其余为横向贯通的大空间，白天可作为起居厅，晚上根据需要灵活分隔成各个卧室。通过室外平台、底层架空其位置已高于道路近6米，保证了居室的私密性，而二层面朝东侧城市的水平长窗也最大限度获取了城市的丰富景致（图16）。三层屋顶是两户连通的屋顶花园，除了屋顶绿化与休憩，还提供给人俯瞰城市的开阔体验。面向城市的水平展开面，柯布将外侧一排钢结构立柱伸出屋面与水平雨棚构建起一排1.8米宽的单柱观景长廊，更加强调了屋顶观景空间的特征与意义（图17～图19）。正如我们所知，现代主义已然关注起建筑与环境协调的问题，双联宅此景与彼景的交相辉映在建筑中通过立体化的三个层级体现得更为充分、彻底，令我们再次体会到柯布西耶仰之弥高的伟大。

图13 被抬升的主入口平台

图14 各自独立、直通街道的室外台阶

图15 利用坡地地形沿拉特瑙大街设置停车库

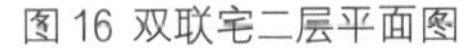
图 16 双联宅二层平面图

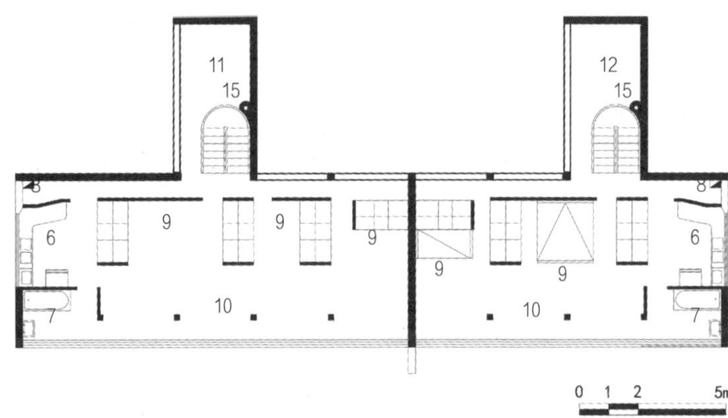

图 17 双联宅顶层平面图

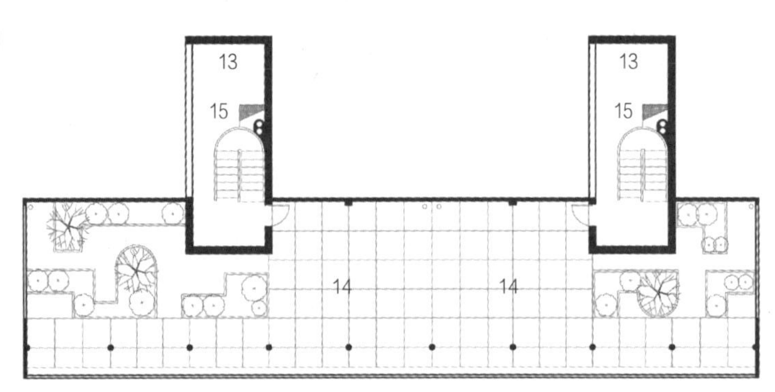

6-厨房
7-浴室
8-卫生间
9-卧室
10-起居室
11-餐厅
12-工作室
13-书房
14-屋顶花园
15-壁炉

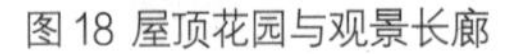
图 18 屋顶花园与观景长廊

图 19 屋顶俯瞰城市全貌

今天，双联宅被一分为二加以使用，左边较大的一户成为展示魏森霍夫住区形成和历史的博物馆。其中二层为主要展览区，陈列该住区的历史年表、整体模型、展会时的盛况以及展会后续的影响和发展；三层则展示当时柯布西耶在斯图加特时的情景资料。得益于原建筑框架结构的适应性，底层室内空间被改作博物馆接待处，二层原本可灵活划分的自由平面，在转换为展陈空间后更加灵活（图 20、图 21）。展品布置对应了原先的功能平面，令参观者在展陈空间中还能寻找到空间原有的痕迹（图 22）。由于空间有限，走道仅有 75 厘米宽。展陈空间还做了改造性设计：统一的白色墙面、水平白色纱帘、密集的展品、轻盈通透的展台设计，使得整个室内成为一个紧凑、安静而理性的展示空间（图 23 ~ 图 28）。

20	21	22
23	24	25
26	27	28

图 20 博物馆接待处　图 21 框架结构空间功能的转变　图 22 博物馆内原有住宅的空间痕迹

图 23 博物馆三层柯布西耶资料展　图 24 二层楼梯平台处的展示空间　图 25 廊道展示空间

图 26 完整住区的模型展示　图 27 玻璃隔断限定的展示空间　图 28 悬空展台

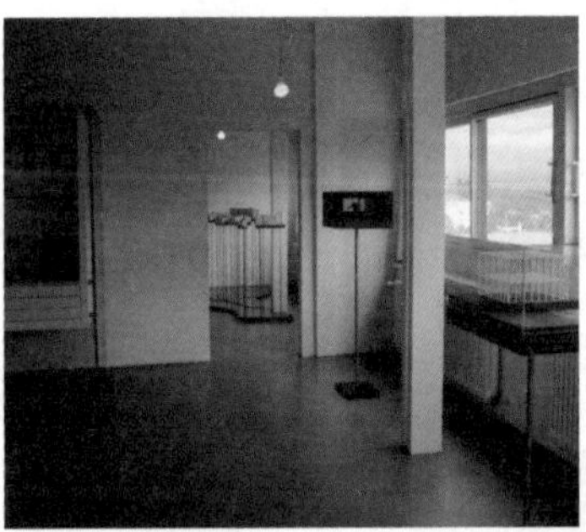

双联宅的右侧另一半，侧重还原了最初展会时的室内陈设。宽敞通透的二层主空间中内置壁柜、壁橱、推拉床和滑动壁板结构为起居厅和卧室的灵活转换提供了条件（图 29、图 30），在这里传统的“房间”被“功能区”取代，“走廊”被“水平交通元素”取代，而“家具”被“起居设备”取代，新的理念带来新的机会，提供了畅通无阻的景观和内部分隔的无限组合；另一方面，建筑存在的问题也显而易见，例如二层过于前卫的贯通式空间布局势必带来的隔音问题，狭窄的走道，陡峭的楼梯等等（图 31、图 32）。这里还真实再现了住宅原有的“面貌”——以抽象的多色涂料粉刷为主，主体外墙为白色，两部突出的楼梯间为粉绿色，室内主要是蓝色、粉红、棕色与黄色，这多彩的墙面在令人愉悦的同时也使我们感知到绘画对于柯布西耶和他建筑的影响（图 33、图 34）。

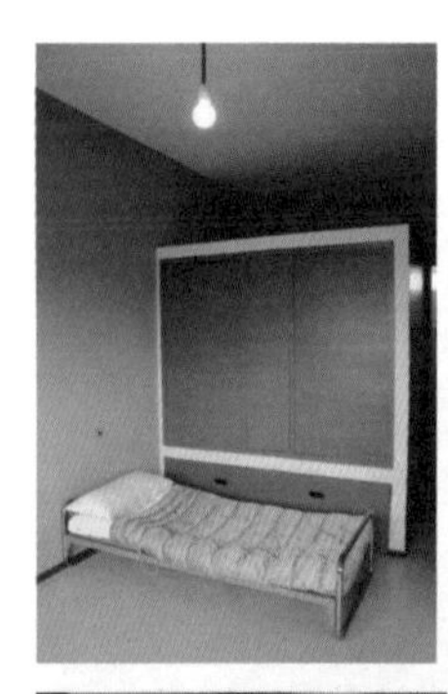

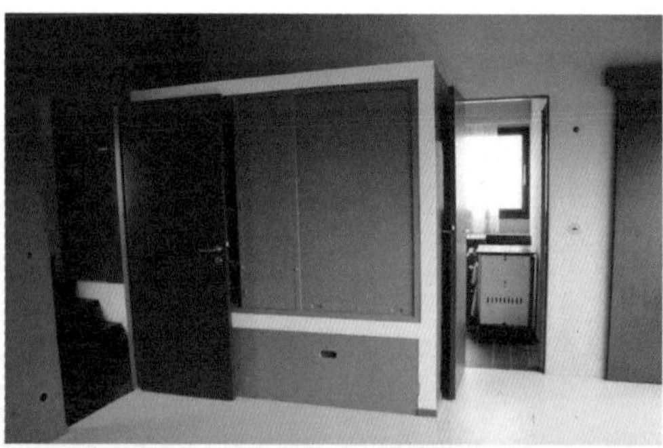

29 | 30 | 32
31 | 34
33

图 29 推拉床
图 30 内置壁柜
图 31 狭窄的走道
图 32 陡峭的楼梯
图 33 粉绿色的楼梯间
图 34 室内的色彩

三、结构体系

双联宅中，柯布采用了自己多年以来住宅结构探索的成果——“多米诺”住宅体系（Domino）：一个完全独立于住宅平面功能的骨架，它只承受楼板和楼梯，没有用来支撑的梁，柱子位于结构体的周边，但并没有达到最外边缘，立面、墙体、窗与门的开启方式均不依赖于结构体系（图35）。由于本质属于钢筋混凝土框架结构，这一体系的形成自然是受到了前人的影响，正如他所说：“1908~1909年间，奥古斯特·佩雷（Auguste Pcrret）[注1]让我认识了钢筋混凝土。”勒·柯布西耶毫不忌讳赞扬佩雷是“迄今为止唯一踏上建筑新方向之道路的人。”柯布西耶从佩雷的钢筋混凝土建筑中吸收了梁柱承重结构的精华并加以灵活简化、类型化以适应当时欧洲战后短期内所需大批住宅的现状。著名建筑评论家查尔斯·詹克斯（Charles Jencks）在其所著的《勒·柯布西耶与在建筑上的不断革命》一书中曾写道：“多米诺系列住宅是现代运动的伟大和主要的结构原理，它统治建筑学实践直到20世纪90年代被后现代派非线性结构推翻”。这一体系产生新的审美原则，例如横向长窗、自由平面和立面（即独立于支撑结构），还有平顶。该系列可以根据多种组合来拼装，是为了系列化，能够在普通居住区广泛使用而设计的。双联宅堪称这一体系标准化的范本，住宅整体为钢筋混凝土框架结构和局部钢结构（底层架空与屋顶突出暴露的柱子为钢柱）（图36~图38），屋面为用料省、造价低、自重轻的密肋屋面，室内无梁，仅有可移动的轻质隔墙和连续的大空间。空间中的结构要素也减少到极致，体现出了这种住宅体系空间的自由性和平面布局的灵活性。

[1] 奥古斯都·佩雷

奥古斯都·佩雷(Auguste Pcrret,1874~1954)，19世纪末、20世纪初法国重要建筑师。他的职业生涯始终与钢筋混凝土框架的建造技术联系在一起，关注如何清楚理性的表达矩形、圆形几何构件、横梁形式的细部处理和基本结构框架对称性等具体实践问题。其名言：“技术，被诗意的表达，就是建筑”对后世影响深远；其作品中清晰明了的建筑外表下往往蕴含着复杂和智慧的思想：一方面呈现出明显的古典主义痕迹，另一方面则是对新材料的探索和实践的过程。

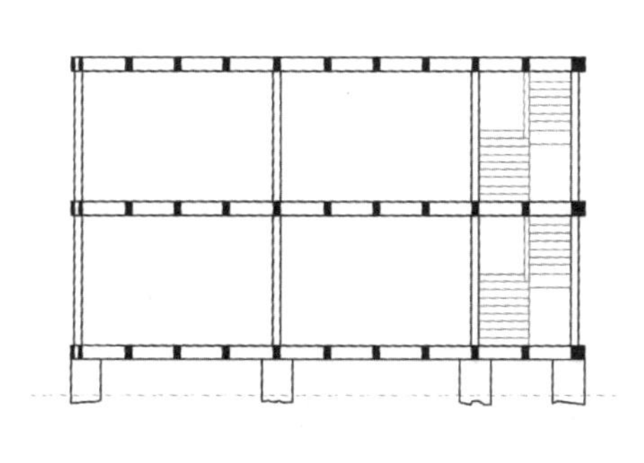

多米诺体系剖面

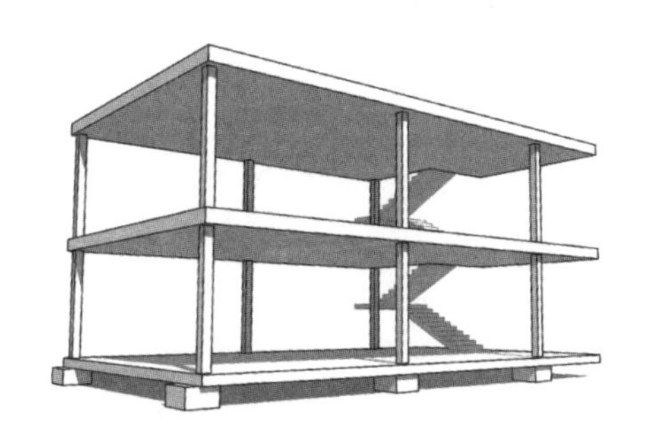

多米诺体系

图35 “多米诺体系”分析图

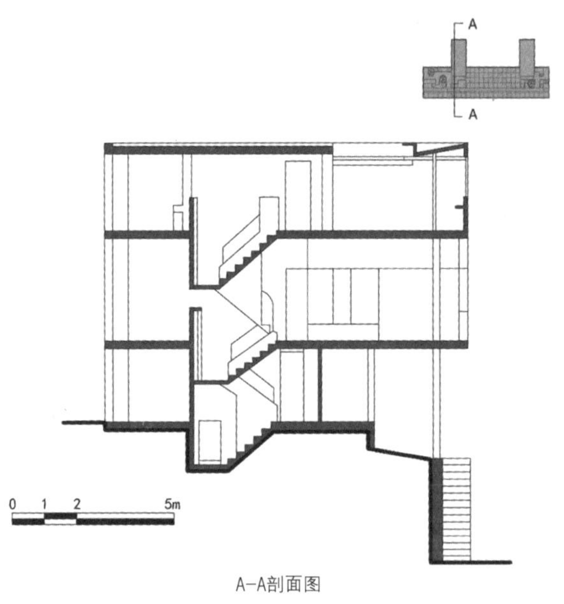

图 36 双联宅剖面图

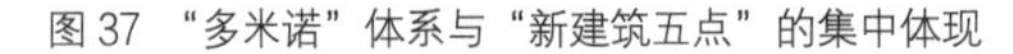

图 37 “多米诺”体系与“新建筑五点”的集中体现

图 38 暴露于外的钢柱

四、现代理性中的古典气质

双联宅建成之后在欧洲舆论界引起热烈争议，少数学院派认为它是过于激进式的“住宅机器”，乏味的方盒子，受到指责和批评。客观上讲，柯布西耶作为现代主义建筑师的职业生涯真正是从 1922 年巴黎伊始，双联宅可以说是柯布西耶早期住宅探索阶段的一个分水岭，是其早期纯粹主义现代“白色建筑”代表作品的雏形。即便在其随后的作品中机器与工业文明的影响无所不至，然而 1907 年对意大利托斯卡纳地区，1911 年对希腊雅典卫城、意大利比萨等地的游学经历，以及早年对法国 17 世纪园林的研究都带有柯布西耶古典情怀与文化印记。下文主要通过对壁炉、控制线、主要功能用房的分析来进一步厘清该住宅设计思想的来龙去脉，展现其隐含的古典精神与现代建筑形式语言间的连续关系。

1. 壁炉

壁炉或烟囱作为西方传统建筑中固有的构件形象一直是家庭生活不可或缺的元素，并始终存活在人们精神诉求的世界中。戈特弗里德·森佩尔（Gottfried Semper）[注2]在1851年发表的《建筑艺术四要素》中提出创造建筑形式的四个要素：基座（the earthwork）、壁炉(the heart)、构架/屋面（the framework）、轻质围合表膜(the lightweight enclosing membrane)，其中由壁炉的英文"heart"就可以看出其精神方面的指向。并且森佩尔进一步提出围绕壁炉的聚会空间是一种空间类型。双联宅延续了这精神元素，但柯布并没有桎梏于传统之中，这也就解释了为什么双联宅的壁炉位于不起眼的楼梯一角，而非在二层起居厅内，但从另一方面来讲移开了壁炉烟囱，住宅平面上的起居厅与其他房间的布局则更加自由，更能体现"新建筑五点"中自由平面的特征。

[2] 戈特弗里德·桑珀

戈特弗里德·桑珀（Gottfried Semper，1803～1879），德国著名建筑师、作家、画家、建筑理论家，时任苏黎世联邦理工学院建筑系主任，在其就职期间完成的著作《技术与建构艺术中的风格》（Der Stil in den technischen und tektonischen Künsten），至今仍在整个建筑理论界发挥重要作用，持续影响着一代代ETH建筑系学生。他自视为意大利文艺复兴艺术理念在欧洲的传播人，新文艺复兴建筑在德国及奥地利的代表人物，偏向于取法年代较晚的传统建筑，尤其是文艺复兴以及巴洛克建筑设计手法，以折衷主义的手法展开设计。

2. 控制线与秩序

"基准线（控制线）从建筑诞生之时就存在着，为条理所必需。基准线是反任意性的一个保证。它使智慧满意，基准线是一种手段，它不是一服药方。选择基准线和它的表现方式，是建筑创作的一个组成部分。"这是柯布西耶第一次提出控制线并明确其功能意义。从双联宅立面分析中，不难发现各部分组成、墙体划分以及开窗比例等，都有很明显的控制线制衡与强烈的秩序感体现（图39），这点柯布西耶在1923年的拉罗歇—让纳雷别墅的创作实践中就曾尝试过。

在历数西方经典的古典建筑中，不难发现控制线的存在与作用。雅典帕特农神庙的外形"控制线"为两个正方形；从罗马万神庙的穹顶到地面，恰好可以嵌入一个直径43.3米的圆球体；米兰大教堂的正立面"控制线"是一个正三角形，巴黎凯旋门的立面是一个正方形……

这种控制线和比例的关系可以追溯于古希腊时期毕达哥拉斯学派“万物皆数”的概念和古罗马时期关于人体和谐比例的理论；文艺复兴后，艺术家、建筑师们则更加崇尚唯理主义美学，强调把美的客观性用几何和数的比例关系确定下来；再从新艺术运动到柯布西耶的新建筑探索，可以说强调“数”的概念和形式比例的古典精神一直被传承。当然在双联宅的建筑探索中，控制线还可以有效地与工业生产相结合，为居住单位标准化构建和批量生产带来可能性与高效率。

南立面分析图

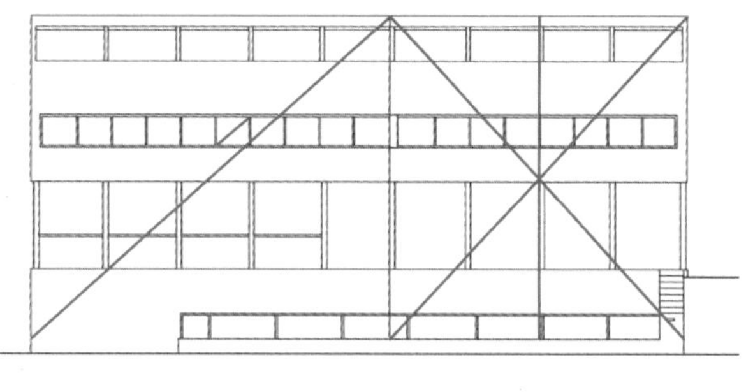

东立面分析图

图 39 立面控制线分析图

3. 起居室、卧室

双联宅主要功能用房有一个特点：连续的起居厅与弱化的房间对比，正如柯布西耶对此所说：“住宅被布置成卧铺车厢的样子，隔墙只在夜里使用，白天，住宅从一端到另一端是开放的，贯通成一个宽敞的起居室。”这种大起居与小房间反映的是两种不同尺度的空间，追溯西方建筑发展史，基本所有皇宫、府邸、别墅均采用类似手法处理：主要空间都是大尺度（甚至是上下通高空间），附属房间都是小尺度。从文艺复兴的圆厅别墅到巴洛克时期的卡里尼亚诺宫，再到艺术与工艺美术运动的红屋乃至大洋彼岸赖特的草原别墅，都会发现这一不变的规律：大起居与小房间。柯布西耶在双联宅里通过隔墙的灵活设置形成一个起居和卧室一体化的大空间，厨房、厕所甚至都是开敞非闭合的，从严格意义讲这里没有独立的卧室房间，柯布西耶在设计中延续着大起居与小房间的空间传统，并且灵活转变到了“住宅机器”——新建筑的多功能复合空间中（图 40 ~ 图 42）。

贯穿整个 20 世纪 20 年代，柯布西耶设计了一系列的住宅，尽管项目为适应不同的客户和基地而呈现出不同的结果，但他已构建起一种产自内部、又互相关联的逻辑关系，并在建筑空间中不断试验和完善。这种纯净的全新建筑类型为标准化以及在此基础上的工业化和批量生产提供了广阔的空间。斯图加特魏森霍夫博物馆柯布西耶之家是柯布西耶标准化住宅建造经验、新建筑设计原则在建筑上日臻成熟的集中体现，是为其完成巅峰之作——萨伏伊别墅所做的充分准备；个别之处诚然不足为训，但在那个时代仍有鼓舞人心的力量，更是柯布西耶在向世人昭示：一个新时代即将到来。

40 | 41
42 |

图 40 开敞式厨房 图 41 卫生间
图 42 起居厅和卧室一体化的大空间

04

踩高跷的盒子

法国普瓦西萨伏伊别墅

Villa Savoye

04 法国普瓦西萨伏伊别墅
Villa Savoye

建筑名称：
萨伏伊别墅（Villa Savoye）
造访时间：
2008年1月16日
建造地点：
巴黎西郊普瓦西市维里埃街（de Villiers）82号
设计时间：
1928年
建造时间：
1930~1931年，1963~1997年（整修）
建 筑 师：
勒·柯布西耶（Le Corbusier）
历史成就：
柯布西耶完美的功能美学作品，是其纯粹主义阶段体现现代主义理论研究与新建筑五要素成就的巅峰之作，被誉为现代主义的宣言；法国历史建筑遗产之一。
交通方式：
在巴黎市中心，在离法国国家剧院、老佛爷商场最近的奥贝（Auber）车站乘坐巴黎大区快铁A5支线（RER A5）可直达普瓦西（Poissy）站；然后从普瓦西车站出来乘50路公交车朝 La Coudraie方向站坐到 Villa Savoye站下车即可达到，凭建筑专业学生证可免费参观。

勒·柯布西耶[1]

萨伏伊别墅总平面图

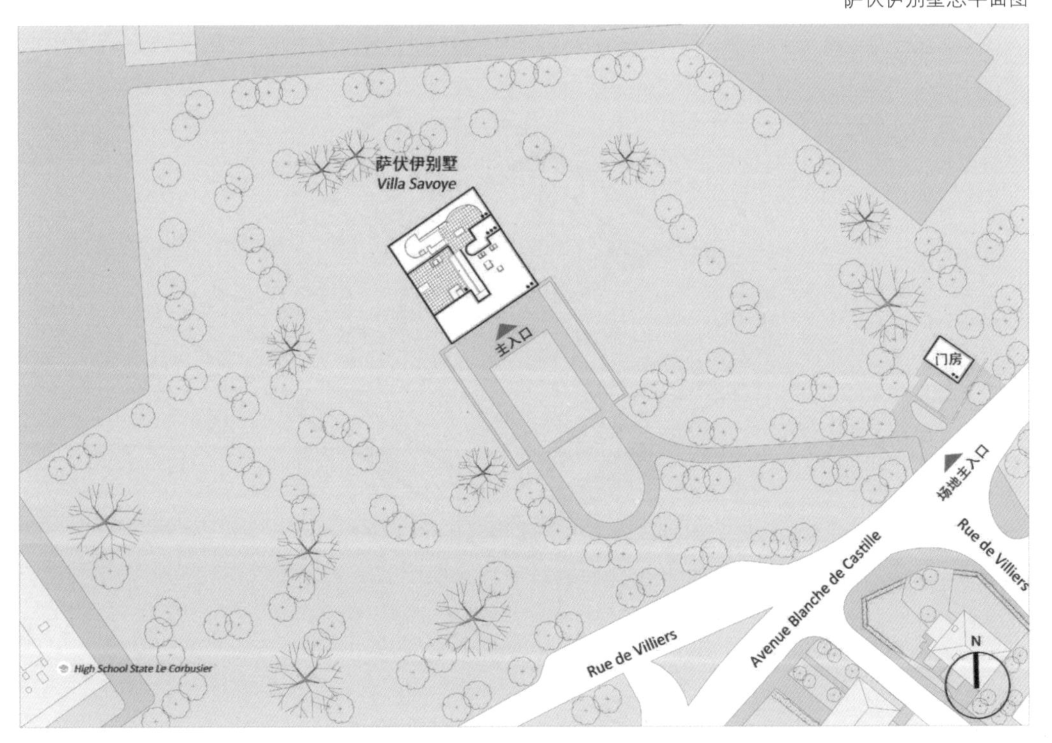

1.勒·柯布西耶图片来源：http://pietmondriaan.com/2015/02/22/le-corbusier/ https://www.pinterest.ca/pin/384917099376265678/

一、萨伏伊别墅的由来

1928年春，来自巴黎的皮埃尔·萨伏伊和艾米丽·萨伏伊夫妇找到当时41岁的瑞士建筑师勒·柯布西耶，邀请其在巴黎以西的普瓦西小镇一块能俯瞰塞纳河的林地上，为他们和年轻的儿子罗歇设计一幢乡间别墅。此时的柯布西耶已在自己的职业生涯中建造了15幢私人住宅，并以其纯粹主义的建筑观赢得了广泛的国际声望。建筑于1931年落成，体现了20世纪新时代的纯粹主义、机械美学，更是表达了现代文明与在工业时代占统治地位的技术和社会力量的自由精神。

萨伏伊别墅（图1）与四周自然的氛围形成鲜明对比，与以往的欧洲住宅也大异其趣，简单纯粹的外观犹如踏着高跷移动的白色盒子（图2），洁白的表面也拒绝任何华而不实的表象吸引，形成强烈的视觉识别；而内部却蕴含着复杂的空间，如同一个精巧镂空的几何体，又好似一台精密机器，尽显高度的功能理性；别墅采用钢筋混凝土框架结构，平面空间布局自由灵活，各空间如同机器齿轮般严密精确地组合在一起，在遵循着严谨的笛卡尔格式的同时，更是柯布西耶建筑模数和多米诺体系的最完美呈现。

图1　萨伏伊别墅鸟瞰图

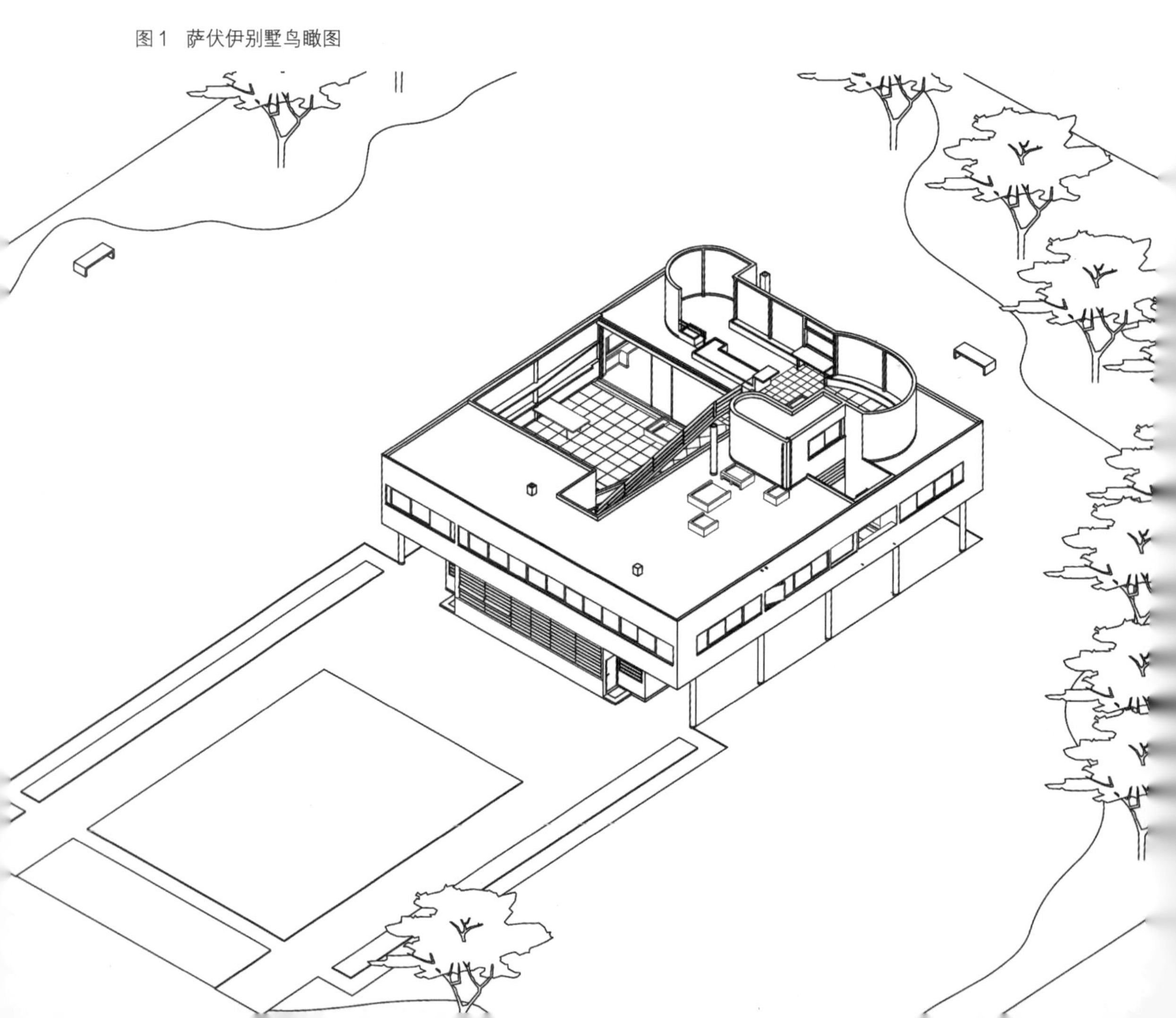

由于普瓦西于第二次世界大战中先后被德军、盟军占领过，期间萨伏伊别墅外观受到严重的损坏，1958年普瓦西市政府从萨伏伊家族收购别墅房产，并计划未来在此用地规划建设一所中学，庆幸的是该计划并未得以实施，随后市政府又于1962年将此别墅房产转交给所在的伊夫林省政府。鉴于萨伏伊别墅广泛的世界影响与建筑研究价值，政府于1963~1997年间逐渐对别墅进行了整修，并在柯布的有生之年里将其列入法国历史建筑遗产名录。

图 2 踩高跷的白色盒子

二、萨伏伊别墅的困惑与尴尬

纯粹主义时期的柯布西耶建议未来的房屋应该简朴、干净、专业、廉价，萨伏伊别墅尽管是上流贵族的郊区住所，但柯布还是使用之前研究的低成本住宅策略，对他而言真正伟大的建筑——即最能体现功效的建筑，并认为房子应像电力涡轮机或者低压通风机等体现特定功效的工业机器一般。柯布西耶定义的房子功能是："一，一个抵御冷、热、雨、贼以及喜欢窥人隐私之徒的庇护所；二，一个接受光亮和阳光的容器；三，适用于烹饪、工作和个人生活的特定数量的单间。"尽管这些追求在萨伏伊别墅中都完美实现，但其在环境和技术方面并不尽人意，别墅从设计建造到投入使用对于柯布与萨伏伊一家来讲，都有一段不愉快的经历。

此时的柯布西耶，科技信仰已成为一种宗教，工业文明重构了他的观念与生活，于是，萨伏伊别墅所采用的视觉语汇无一不源自机器、工业：平整的水泥、毫无装饰的外表、钢制的门窗、成品化的厨房与卫生间器具、厂房用的照明灯，凡此种种，不一而足（图3）。由于柯布西耶强烈建议业主将室内布置保持在最低限度，别墅当中几乎看不见家具的影子，这与充满人情味、生活气息浓郁的阿尔托式居住空间呈现出两种截然相反的基调。萨伏伊别墅几乎没有装饰线角与任何无关或装饰性的东西，没有任何炫耀或点缀，只有廉价的、在许多地方都尽其使用的嵌入式家具。期间萨伏伊夫人曾意图在起居室中布置一把手椅和两个沙发，结果遭到了柯布西耶的强烈反对，他曾抗议道："如今的家居生活正在因为我们必须要有家具这种可悲的观念而陷入瘫痪，这种家具观应该被连根拔掉而以设备取而代之……（现代人）需要的就是一个僧侣的斗室，有充足的光照供暖，还有一个可以眺望星星的角落"。由此可见，业主的趣味与柯布西耶的追求可谓南辕北辙，萨伏伊别墅一定程度上远离了"日常生活"。

图 3　萨伏伊别墅工业建构的现代生活

此外，柯布西耶所宣称的纯粹性和理性方法也并非绝对，别墅中或多或少也显露出浪漫主义的痕迹。柯布西耶对于机器美学的执着，却在艺术表现方面存在着荒诞之处，例如光洁的外墙面均由工匠们用昂贵的进口瑞士灰浆手工做成，使得建筑外墙精致得好比缎带，其做法远超出了对效能的考量。柯布西耶还曾不顾萨伏伊一家的抗议，从技术与经济的角度坚持平屋顶优于坡屋顶的观点，并向业主保证，平屋顶住宅造价更低，易于维修且夏季更凉爽，萨伏伊夫人还能在上面做体操。可当萨伏伊一家入住仅一周，儿子罗歇卧室上面的屋顶就产生了裂缝，漏进大量雨水并致使男孩胸部感染进而转成肺炎，最终男孩在疗养院住了整整一年才康复。1936年9月，别墅完工的六年之后，萨伏伊夫人还曾严重控诉："大厅里在下雨，坡道上在下雨，而且车库的墙全部遭到水浸。更有甚者，我的浴室里也在下雨，它一遇到坏天气就会被淹，因为雨水直接就能从天窗漏进来。"这使得萨伏伊一家饱受风湿之苦，萨伏伊夫人甚至即将诉诸法律："您的职业操守危如累卵，我也没必要付清账单了，请马上将其改造得可以居住。我真诚地希望我不至于必须采取法律行动。"柯布西耶执着于当时尚未成熟的技术手段，给使用者带来了灾难性后果，然而他却不以为然，正是这座四处漏水的房子开启了20世纪现代建筑的新纪元。幸运的是恰逢第二次世界大战的爆发，萨伏伊一家搬离了巴黎，这场风波才得以平息，柯布西耶也才摆脱因设计无法居住的家居机器而与他的客户对簿公堂的危机。

三、“建筑漫步”

“漫步空间”在柯布西耶1923年拉罗什·让讷雷住宅中已初现萌芽，萨伏伊别墅则是将其发展到了极致。“建筑漫步”指人可以通过室内外空间模糊的边界自由行径其中，内部动态、开放、非传统的空间句法尤其是螺旋形楼梯、折形坡道和通道走廊的空间组织方式为传统三维空间增添了人在连续位移中产生的时间性反映过程（图4）。对柯布而言，不仅是一种美学体验，更来自阿拉伯建筑的教益：“用脚、行走来体验，通过移动，一个人能看到建筑所展开的秩序。”

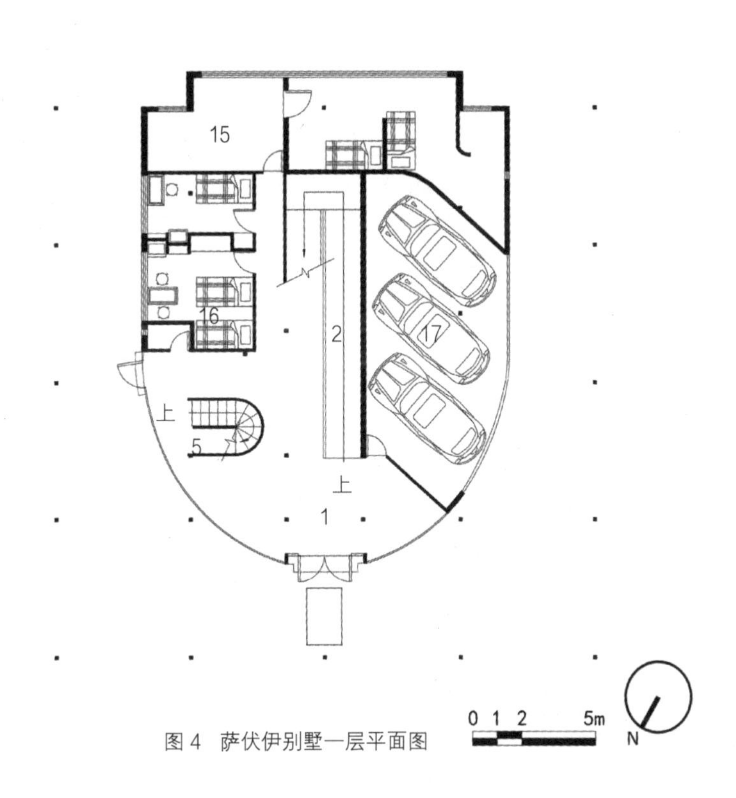

图4 萨伏伊别墅一层平面图

（一）外部空间

萨伏伊别墅宅基为矩形，长21.5米，宽19米，位于一片由草场、果园和高大树木环绕并可俯瞰塞纳河的拱形地面中央，寻访至此，颇有武陵人家桃花源的意境。步入院区大门，门房——一个同样被支柱托起的白色微型盒子架空于侧，沿着南侧一条砾石小径蜿蜒穿过茂密的树林，于道路的尽端别墅才渐次显露出来，静立于纯粹、开阔的草坪之中，给人强烈的欲扬先抑之感（图5～图7）。林荫道的尽端向北延伸出两条笔直的平行道路，直至别墅东西两侧架空的柱廊下，两条道路在架空底层的北部环绕半圆形主入口界面形成U形回路，解决住宅的动态交通，同时尽可能少的触动既有自然环境（图8～图11）。

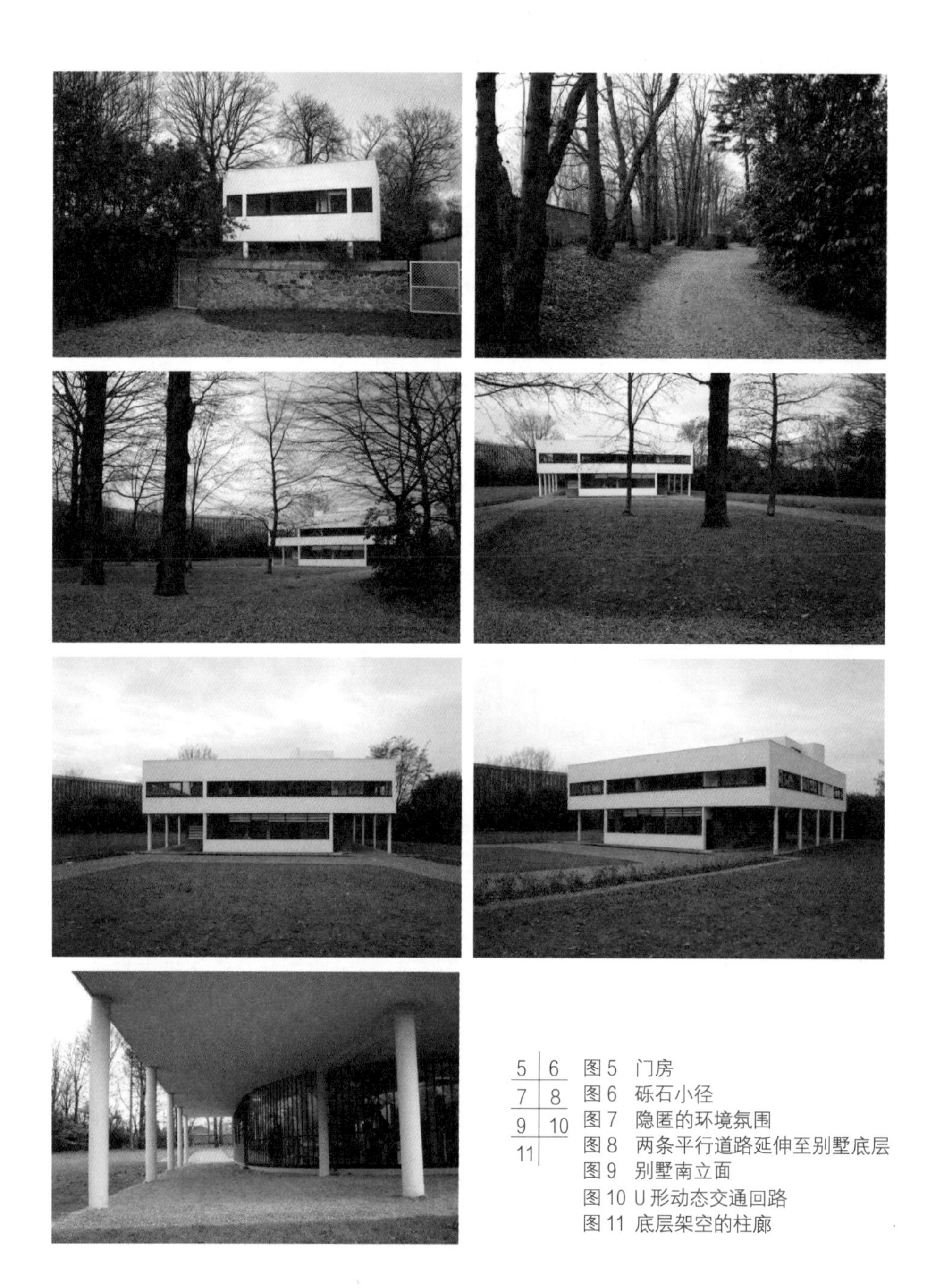

5	6
7	8
9	10
11	

图 5　门房
图 6　砾石小径
图 7　隐匿的环境氛围
图 8　两条平行道路延伸至别墅底层
图 9　别墅南立面
图 10 U 形动态交通回路
图 11　底层架空的柱廊

绕场一周，别墅虚与实的空间构成、四面开放的统一形式，已完全模糊了建筑正反、左右的界定。外观完全脱离当地和乡村的传统，极尽展现工业和技术为先导的现代雕塑的美学原则（图12、图13）。正如德国著名哲学家恩斯特·布洛赫（Ernst Bloch）在其20世纪90年代出版的名著《希望的原理》（The principle of hope）中的那段生动描述一样："现代建筑看上去总像整装待发一样，像踏着高跷移动的盒子，倘若将其比作一艘船，它有着平甲板、舷窗与舱口、舷梯、甲板轨道等，它有着阳光般的朝气与热情，仿佛出海远航的轮船"。布洛赫将现代建筑隐喻成航行于大海的轮船，代表工业时代先进的生产和科技，同时也代表人类探索未知向外扩张的野心，暗喻离开、旅途和彼岸。柯布西耶的新建筑哲学也曾从广告招贴上剪取下的远洋客轮、汽车、飞机等照片中备受教益，认为这些新科技产品的外形设计不受任何传统式样约束，完全按照新的功能要求设计，只受经济因素制约，因而更具合理性，这也引出其“住宅是供人居住的机器，书是供人们阅读的机器，在当代社会中，一件新设计出来为现代人服务的产品都是某种意义上的机器” 的革命性言论。在此，如果轮船是人们实现远航的“机器”，那么萨伏伊别墅则是柯布西耶创造的人们栖息生活的另一种“机器”。

图 12 别墅西立面

图 13 别墅东立面

（二）内部流线

1. 北向入口　钢制大门居于半圆形玻璃界面顶端，采用中心对称构图，与由坡道和结构列柱引导的序列形成空间对位，而服务卫生用房（现已改做展室与办公室）、封闭的停车库与螺旋形楼梯、通道走廊等动态交通组织与自由空间形态，又突出了中心解体的现代建筑主题（图 14 ~ 图 17）。

14	15
16	17

图 14 半圆形玻璃界面入口
图 15 居于中轴线上的坡道
图 16 多义性通道走廊
图 17 螺旋形楼梯

2. 坡道 将人直接引导至二层（图 18）与屋顶，并将整个建筑在纵向上隐性剖开（图 19），使人行走其中不断感受景致、光影与高度上的变化，并在头脑中将这些片段整合成连续图景（图 20 ~ 图 22）。坡道的自流平水泥地面上粘贴深灰色亚麻油地板，静音且富有弹性，为狭长曲折、中央主导的交通空间增添舒适性与趣味性。

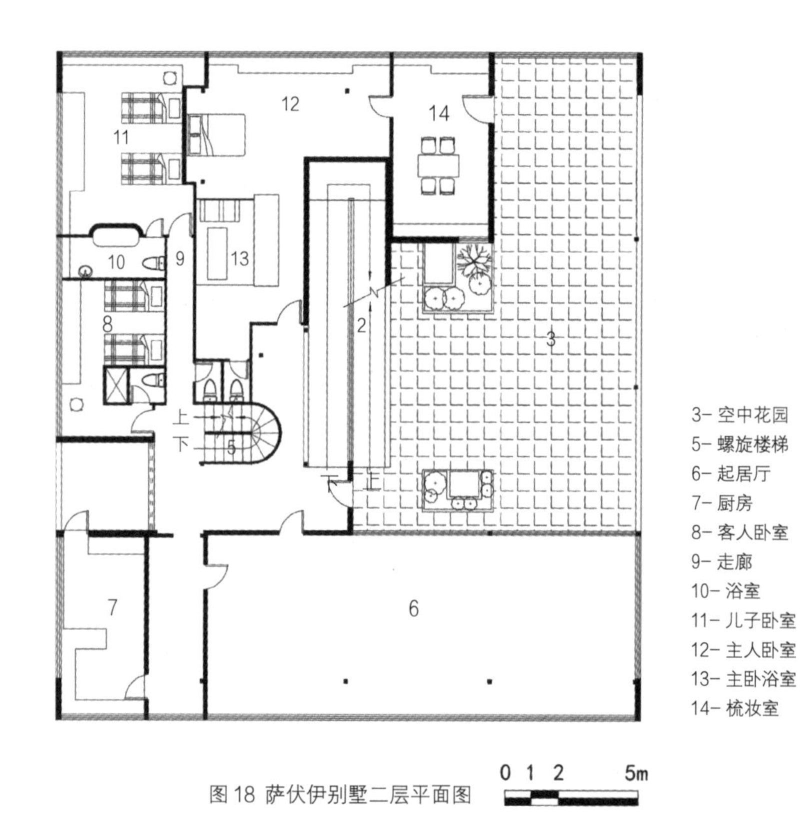

图 18 萨伏伊别墅二层平面图

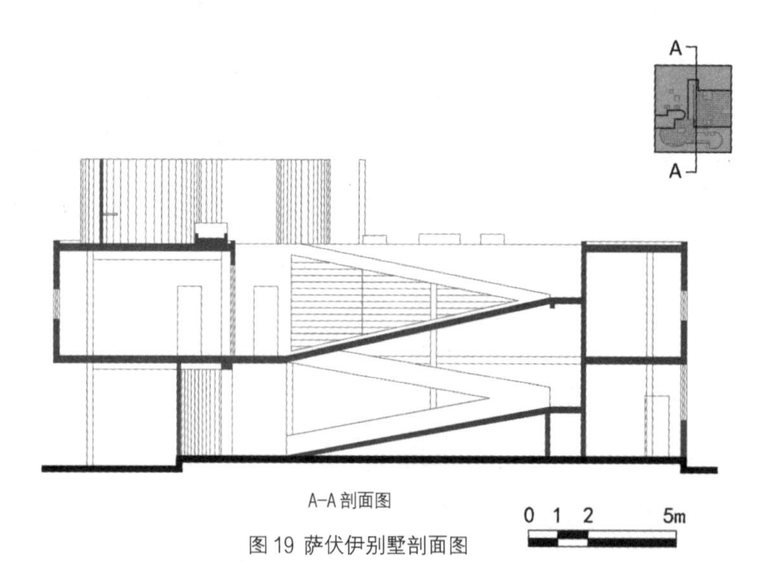

A-A 剖面图

图 19 萨伏伊别墅剖面图

图 20 明确的指向性

图 21 光影空间

图 22 室外坡道

3. 空中花园 二层室外平台使得自然光直接进入住宅中央，建筑外墙上的横向洞口，在高度与连贯性上延伸着横向长窗的要素特征，使得居住者无论室内外均可环视四周全貌（图 23 ~ 图 25）。

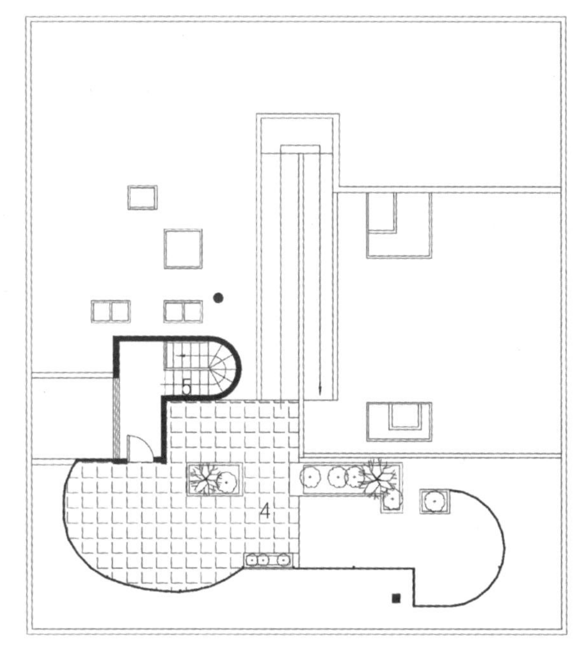

4- 室外日光浴场
5- 螺旋楼梯

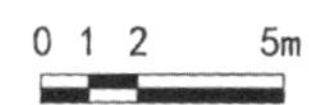

图 23 萨伏伊别墅屋顶平面图

图 24 内与外的延伸

图 25 空中花园的要素

4. 室外日光浴场 漫步于坡道，上至最高层露台，这里主要由北侧流线型墙体围合限定而成，透过正对的窗洞便可远眺塞纳河的风光。除了可视景观，柯布通过墙体、柱子、花池、卵石等元素极尽空间限定之能事，自由的曲线形式抛开笛卡尔坐标，以求得与架空底层北侧的弧形外墙上下呼应（图 26、图 27）。

图 26 框景

图 27 自由曲线的形式

5. 螺旋楼梯 整座住宅的垂直交通，除了连续的白色栏板搭配黑色金属管状扶手的构造，该要素旋转上升的曲线形式与简洁明确的直线坡道却是各行其道，两者对于空间的占有率也更凸显出中央坡道的主导性，小进深、紧凑型螺旋楼梯应该称之为没有转折平台的双跑楼梯更为恰当（图 28、图 29）。

图 28 二层螺旋楼梯

图 29 旋转上升的曲线空间

（三）起居空间

别墅的家庭空间位于二层，环绕空中花园展开布局。在各个房间中共存着几处统一的构造形式：完全分离的承重与分隔结构，贯通的横向长窗，横向连续的混凝土窗台下面整合统一的铝合金推拉储物柜、暖气散热装置以及嵌入式家具等（图 30、图 31）。

图 30 横向长窗、推拉储物柜

图 31 嵌入式家具

1. 起居厅 位于底层主入口柱廊之上，极简的长方形大厅除了中央与支柱结合的独立火炉，钢管与牛皮制作的柯布西耶躺椅、扶手椅和单人沙发，别无他物（图 32 ~ 图 34）；尤为特殊的镀镍不锈钢半开敞型日光灯，居中沿长轴线性反向吊装，为夜晚的起居厅营造柔和的漫反射光环境；南侧的全玻璃界面与空中花园的流通达到极致（图 35）。

32 | 33 | 34
35

图 32 起居厅全貌
图 33 极简的陈设
图 34 柯布西耶躺椅
图 35 具有丰富景致的外部空间

2. 厨房 紧邻起居厅，储藏前室、线性连续的操作台、生活阳台等一应俱全，较之极简净白的起居厅与卧室，这里的整体式橱柜墙、传送服务窗口与瓷砖台面等细部构造体现出功能的朴素回归（图 36 ~ 图 38）。

图 36 整体式壁橱

图 37 功能分区的厨房空间

图 38 紧邻厨房的半室外空间

3. 客人卧室 螺旋楼梯在二层正对着的卧室，正如萨伏伊夫人所要求，与其他卧室统一采用木地板；通过带有功能要素、集中统一的壁柜墙的限定，形成亦分亦合的储藏间、卫生间等附属空间。卫生间顶部的方形天窗与随后频繁出现的天窗采光，则呼应了现代建筑自然光线的主题（图 39、图 40）。

4. 走廊 可直接将人从客卧引致萨伏伊儿子的房间，走廊尽端入室空间顶部的天窗采光，廊道中一侧墙壁上的群青颜色，创造出生动、活泼的视觉感受（图 41、图 42）。

5. 浴室 设置两道门，为相邻的客人卧室与萨伏伊儿子卧室提供共享的可能。裸露的管道、完备的卫生洁具，即便是私密空间，仍是技术主导性的（图 43）。

图 39 壁柜墙

图 40 壁柜墙围合限定的卫生间

图 41 二层卧室区域廊道的自然光主题

图 42 屋顶的方形天窗

图 43 公共浴室

6. 儿子卧室 通过立于卧室当中的壁柜墙分隔成睡眠和学习两个区域，可作为收纳壁柜，也为卧室的夜间与白天生活提供更大的弹性（图 44～图 46）。

图 44 分隔空间的壁柜墙

图 45 学习区

图 46 睡眠区

7. 主人卧室 与其他卧室一样，通过一组壁柜墙将进入卧室的廊道与浴室分隔，室内两根靠墙圆柱限定出的嵌入墙面提示着床铺的摆放位置，可见柯布西耶的住宅中，结构的确定与空间限定与家具陈设密不可分（图 47、图 48）。这里与客厅、厨房一样没有追求体面的消费和无节制的物质享受，正如柯布西耶对居住空间的看法：“在你的卧室、客厅和厨房需要空白的墙面，嵌入式家具取代昂贵家具，需要隐蔽或散射光源，需要一个真空吸尘器，只需买一些实用的家具而不是装饰性的”。

图 47 通过壁柜墙分隔出的廊道与浴室

图 48 主卧室起限定空间作用的嵌入墙面

8. 主卧浴室 这里的帆布遮帘、自然光井以及躺椅般的浴缸均给人以戏剧化的体验（图 49、图 50）。

9. 梳妆室 好似过厅，成为整个私密空间序列对外联系的过渡，使得卧室由此可直通空中花园（图 51、图 52）。除门厅和交通空间以外，主要为家庭后勤服务功能，包括有车库、卫生间、洗衣房与佣人房。

49 50 51
52

图 49 主卧浴室内景
图 50 自然光井与具有躺椅功能的空间界面
图 51 梳妆室
图 52 屋顶花园的半室外空间

（四）底层

1. 洗衣房 南向充足的日照，自然光透过横条状钢框的长窗洒满整个房间，冬季还成为别墅的温室花园（图 53）。

2. 佣人房 现已成为萨伏伊别墅的历史文献展室（图 54）。

门卫与园艺师的房子，作为柯布西耶“居住机器”理论的唯一一个最小化居住单元—— 一居室住宅的建成实例，与别墅一样谨守着鲜明的现代特征且更显纯粹与原则性（图 55）。

图 53 原来的洗衣房现用作办公室

图 54 改做展室的佣人房

图 55 门房——最小化居住空间

四、新建筑“五要素”释义

1. Pilotis（托柱） 使得底层消隐于二层空间形成的阴影中，二层空间又通过托柱支撑营造出空间悬浮的效果，不仅如此，柯布西耶认为：“别墅坐落于草地之上，并未影响周围既有的任何事物”（图 56、图 57）；同时，这一符号化的底层架空模式源于柯布西耶年轻时对中世纪修道院建筑的透彻关照而获得的最细致体验，即被托起的生活空间能够远离车流噪音、街市喧哗以及近处地平线上视线的影响。

图 56 消隐了的底层空间

图 57 托住支撑后的悬浮效果

2. 自由平面 萨伏伊别墅的几何学网格里，柯布西耶利用墙体或隔断灵活地分割空间，正如之前的魏森霍夫住宅一样，他认为住户应该可以按自身需要划分自己的居住空间，现代建筑中承重结构与分隔元素的完全分离，极大程度地实现了空间划分的灵活性与适应性（图 58）。整体几何构图中近似正方形的二层矩形平面与底层的U形平面以及位于建筑南北中轴线上的坡道极具古典建筑中央向心和轴线控制的特性，然而，这种对称性和中心性又通过别墅中的空间单元分离及非对称的动态分布从内部完全分解（图59、图60）。

图58 承重结构与分隔元素的分离

图59 二层动态的交通空间

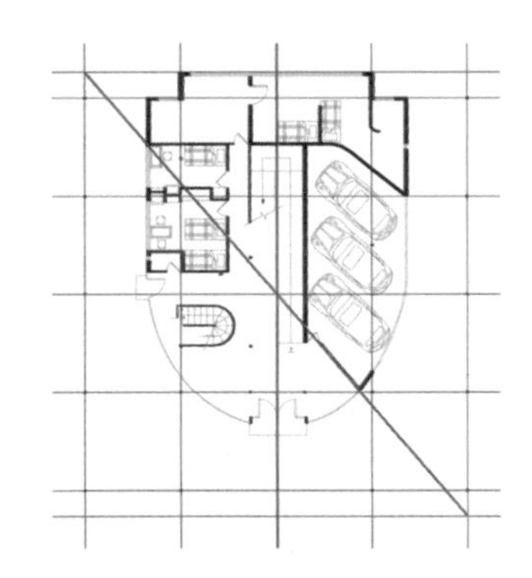
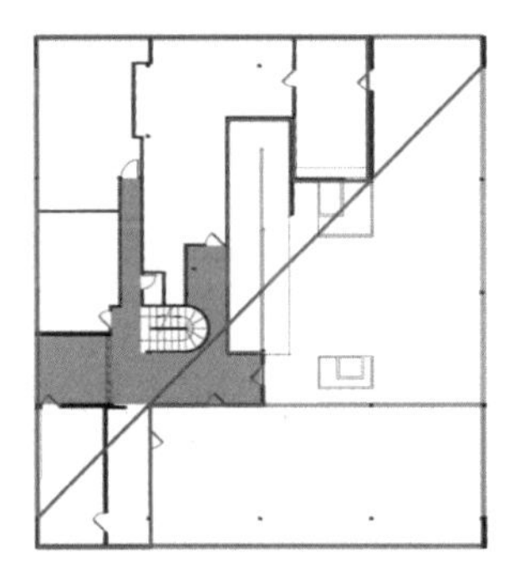
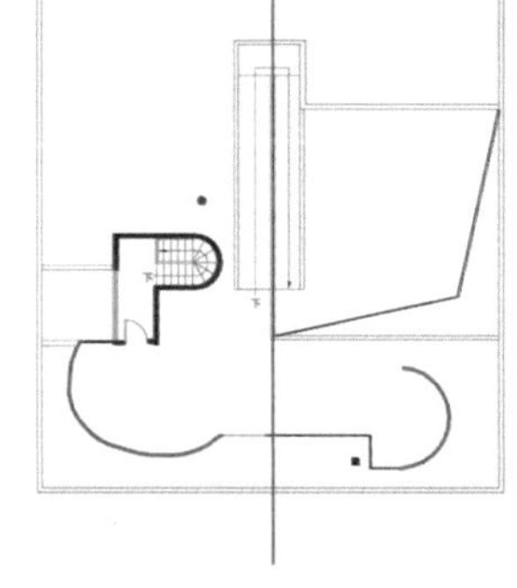
图60 萨伏伊别墅平面分析图

3. 自由立面 相当于垂直面上的自由平面，摆脱古典主义构图原则，呈现内部功能逻辑，体现了现代建筑新的美学原则。为实现建筑整体统一，柯布运用“基准线”（regulatory lines）的古典法则于住宅的立面设计上，并且认为这样“带来了可感知的数学，它带来关于规则的有益概念”（图61）。以数学和几何计算为设计出发点，以比例和基准线等理性逻辑来设计，一方面使建筑具有更高的科学性和理性特征，同时也体现出技术原则。

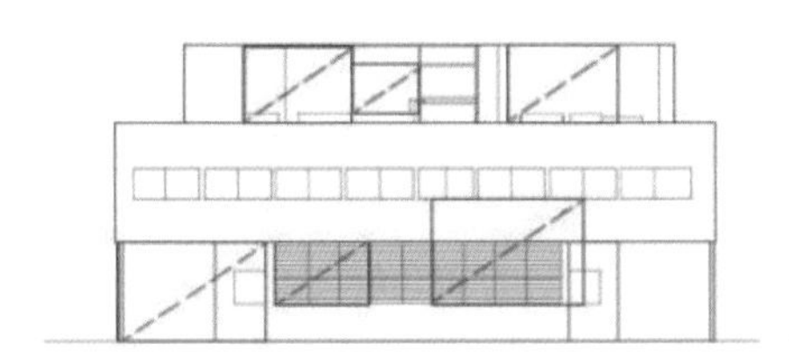
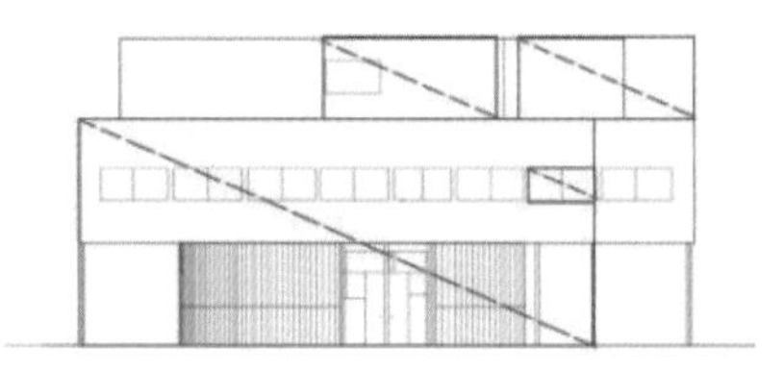
图61 萨伏伊别墅立面分析图

4. 水平条形长窗 为了让房间获得充足的光线和室外景观，其贯穿于各个方向立面，在室内营造出一种全景画的印象，将四周风景尽收眼底。正如柯布西耶所说的，具有“让人睁大双眼”的功效（图 62、图 63）。

图 62 贯穿始终的横向长窗

图 63 开眼看风景的别墅

5. 屋顶花园 是柯布西耶补偿自然的一种方法，其“意图是恢复被房屋占去的地面”。随着“漫步空间”，人的运动从粗犷的田野徜徉至屋顶花园，这里不仅可以种植，三层围墙的轮廓还使其明朗地面向天空（图 64、图 65）。因此，看似异化于自然的萨伏伊别墅，其建筑与环境的关系同样可视为传统花园与建筑在立体空间中的咬合。

图 64 屋顶花园

图 65 屋顶种植

萨伏伊别墅是柯布西耶最有创意和影响最为深远的作品，像他绝大多数作品一样，它更是作为一个“原型”而不仅是一个建筑设计，更是一次结晶，一次综合持久耕耘的升华。这一构思并非一蹴而就，它与1923年巴黎的拉罗什·让讷雷住宅、1927年嘎尔什（Garches）的斯坦住宅、1928年迦太基（Garthage）的贝泽住宅一同成了象征柯布西耶走向新建筑的四座代表住宅，它未被商业操纵，未被消费主义左右，肩负起一台“居住机器”的使命，坚定不移地制造着新的观念与生活。

20

05

SOHO盒子

芬兰赫尔辛基阿尔托自宅

The Aalto House

05 芬兰赫尔辛基阿尔托自宅
The Aalto House

建筑名称：
阿尔托自宅（The Aalto House）
造访时间：
2008年3月6日
建造地点：
芬兰赫尔辛基里希特大街（Riihitie）20号
设计时间：
1934年
建造时间：
1935~1936年
建 筑 师：
阿尔瓦·阿尔托（Alvar Aalto）、爱诺·阿尔托（Aino Aalto）

历史成就：
现代建筑史中体现功能理性与浪漫情怀的代表作品；体现阿尔瓦·阿尔托设计生涯由“纯粹的”现代主义向注重地域化、人性化的有机现代主义（Organic Modernism）转型的经典案例。

交通方式：
在赫尔辛基市内游客信息服务中心、自动售票机、中央火车站的公交服务点购买交通一日票，乘坐4、4T号有轨电车至蒙基涅米公园路站（Munkkiniemen Puistotie）下车，然后沿着基里希特大街（Riihitie）步行 5~10分钟即可到达。

阿尔瓦·阿尔托[1]（Alvar Aalto）

现代主义建筑思想奠基者之一，芬兰著名建筑师，工业与家具设计师；被称为“人民的建筑大师”，机器设计时代人性化设计的集大成者，奠定了现代斯堪的纳维亚设计风格的理论基础。

建筑师大事记和作品列表：

1898年	3月出生于芬兰库塔尼小镇，其父是一名土地测量工程师。
1916~1921年	就读于赫尔辛基理工大学建筑系，毕业后成为芬兰建筑师协会成员。
1923年	在于韦斯屈莱开办建筑设计事务所。
1927年	迁往芬兰图尔库。
1927~1928年	设计建造图尔库日报总部。

1.阿尔瓦·阿尔托图片来源：http://m.dooland.com/index.php?s=/article/id/504812/from/faxian.html

1929~1933年　设计建造帕米奥结核病疗养院、阿尔托夫妇迁居至赫尔辛基。
1935年　芬兰维堡图书馆落成。
1938年　设计位于芬兰诺玛库的玛利亚别墅，首次在美国旅游。
1939年　主持设计美国纽约世界博览会芬兰馆。
1943~1958年　被选为芬兰建筑师行业协会主席。
1946~1948年　设计美国麻省理工学院学生之家，作品进入由红砖砌筑的红色时期。
1949~1974年　负责赫尔辛基奥塔涅米校区校园总体规划和单体建筑设计。
1952年　设计芬兰珊纳特赛罗市政中心。
从 1955年始　当选芬兰科学院院士，并在 1963~1968年期间担任院长。
1959年　设计德国埃森歌剧院。
从 1959年始　设计芬兰塞伊奈约基市图书馆。
1961~1972年　规划设计赫尔辛基市政中心、音乐厅与会议中心。
1976年　5月 11日在赫尔辛基病逝。

建筑理念：

1. 探索民族化和人情化的现代建筑道路，他认为工业化和标准化必须为人的生活服务，适应人的精神要求。
2. 在强调功能、现代化同时，探索了一条更具有人文色彩、更加重视人的心理需求满足的设计方向；他的建筑融理性和浪漫为一体，将芬兰当地的地理和文化特点融入建筑中，作品有明显的崇尚人性和自然的理性主义。

阿尔托自宅总平面图

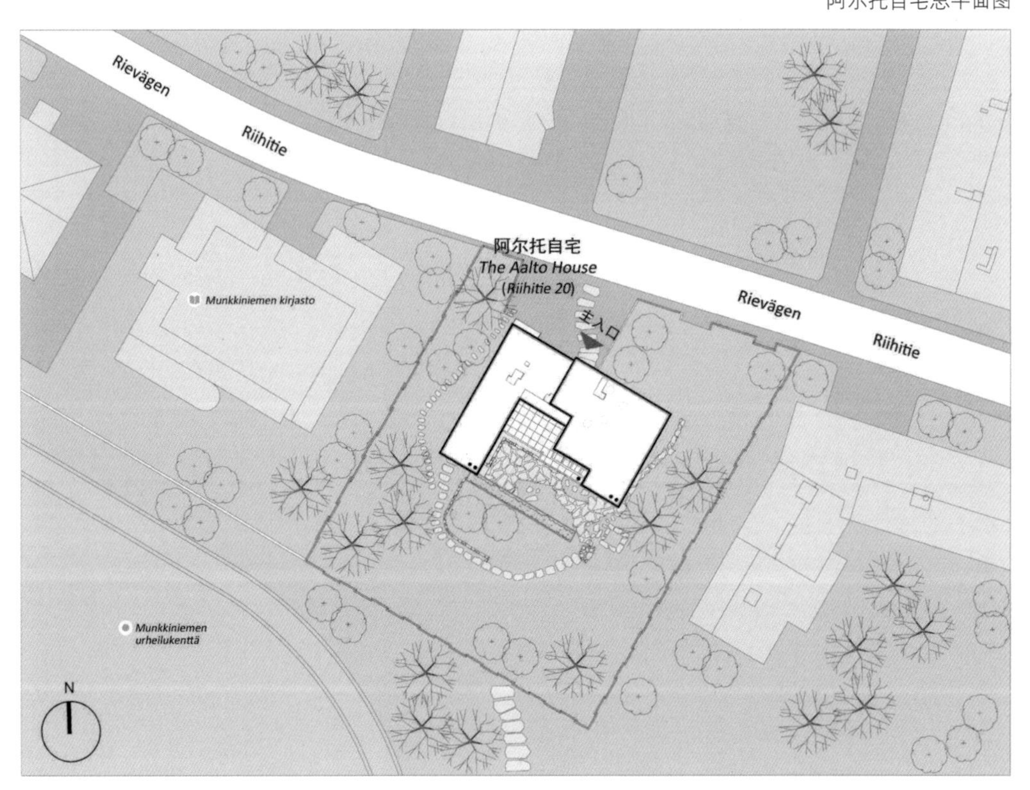

一、阿尔托自宅的历史

1933 年，受全球性经济大衰退影响，阿尔托夫妇带着两个孩子从芬兰西南部古城图尔库（Turku）迁居首都赫尔辛基；1934 年，他们得到了位于赫尔辛基郊区的蒙基涅米花园城区内一处尚未开发过的用地，远离尘嚣，周围原生态的环境，让从小就对自然充满热爱的阿尔托决定将自己的家庭安置于此。随后，阿尔托与妻子——芬兰女建筑师爱诺开始爱巢设计直到 1936 年 8 月竣工，整个住宅（图 1）由住所与工作室组成，功能类似今天的城市 SOHO、越界住宅。在迁至赫尔辛基的前六年里，阿尔托在图尔库接触到了欧洲现代主义运动并积极投身其中，作为他职业生涯的第一白色风格时期，完成过帕伊米奥结核病疗养院 (Sanatorium Paimio，1929 ~1933 年)、维堡图书馆 (Viipuri Library，1927~ 1935年）等代表作品，维堡图书馆设计完成后，热爱自然、尊重情感的阿尔托便无法桎梏于纯粹的现代主义，意识到其对文化差异的巨大漠视，于是开始脱离正统的理性，寻求自然、地域、人性化的设计之路，探求功能主义下的浪漫与诗意。这种职业生涯价值观的转变我们从其 1937 年巴黎世界博览会芬兰馆、1938~1939 年玛利亚夏季别墅的设计中便可见一斑。作为同一时期的住宅作品，阿尔托自宅仅比玛利亚别墅早一年建成，后者虽使阿尔托夫妇的创造力尽情施展，但这座由两位建筑师为自己打造的住所及工作室，通过高效合理的空间、朴素整洁的外观、简单纯粹的材料，无论对于居住还是工作来讲都更显亲切、舒适。现在，阿尔托自宅作为博物馆向世人免费开放。

图 1 阿尔托自宅鸟瞰图

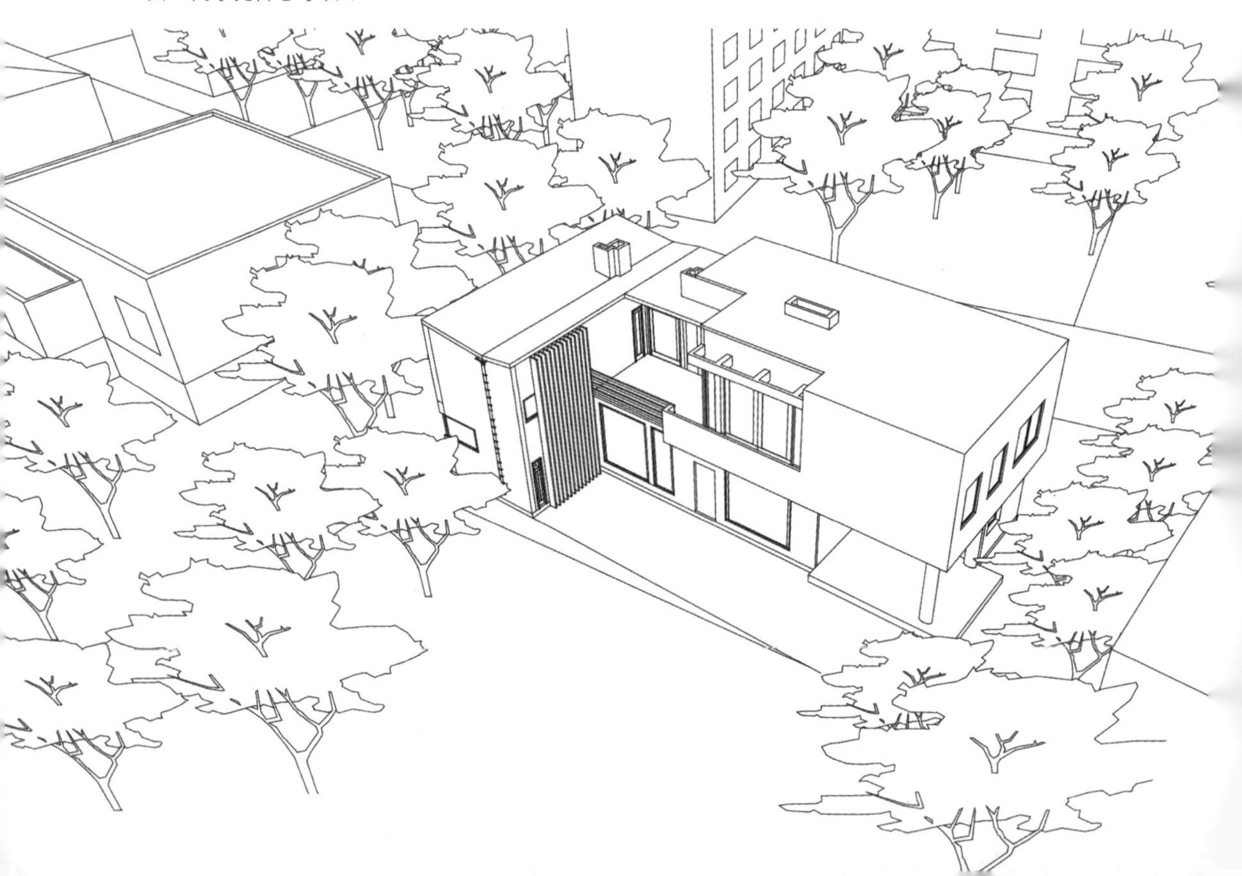

二、阿尔托自宅的空间体验

普利兹克建筑奖评委、芬兰建筑师尤哈尼·帕拉斯马（Juhani Pallasmaa）注1 在《感知的几何》中曾对该住宅这样评价：“通过住宅的形式我们可以认识人的生活习俗与秩序；靠近建筑、涉足它的领地、进入大门，穿越内外的边界，期待与感知一种既熟悉又陌生的感觉；身处某一房间，一种安全感，亲切感乃至孤立感便油然而生；光明与黑暗会支配影响着空间，焦点空间同样也对住宅产生影响——例如桌子、床、壁炉等”。这一描述形象生动地表达了住宅空间的魔力，也反映了笔者初次膜拜阿尔托自宅时内心真实的写照。

住宅由一个 14.6m × 9.6m 的矩形居住空间和一个 15.4m × 4.2m 的矩形工作室组合而成，平面呈 L 形，集中紧凑的布局与单纯几何形体的简化抽象从形式上体现现代主义的普遍风格，并从节能保温方面极好应对北欧寒冷的地域气候。在功能先导的驱动下，住宅单面临路的北向设置有主入口、后勤出入口与车库出入口，并通过东北角沿路由白色院墙围合出一个可供首层厨房等后勤使用的方形内院，有效地对住宅流线分区加以限定，该院落一直向东、向南延伸与住宅南向 L 形外界面所围合出的室外景观连成一体，共同组成外部空间（图 2、图 3）。为了尽量隔绝外部干扰，住宅整体北向退让基里希特大街约 8 米，并于主街立面上做了少量开窗，此举还使得住宅更加贴近并融入南向的自然，尽管由此导致沿街立面的呆板、封闭，但阿尔托夫妇采用柔软的爬藤植物、小型灌木与曲折延伸至主入口的景观铺石等自然元素，将其融入人造环境，亦可丰富与标识主入口空间（图 4）。

[1] 尤哈尼·帕拉斯马

尤哈尼·帕拉斯马（Juhani Pallasmaa，1936~），芬兰建筑师、赫尔辛基理工大学建筑学院前院长，2014年普林茨克建筑奖评审委员，芬兰建筑师协会会员以及美国建筑师协会荣誉会员；1978~1983年任芬兰建筑博物馆馆长与赫尔辛基工艺美术学院负责人；2001~2003年任美国圣路易斯华盛顿大学客座教授；2010~2011年任美国伊利诺伊大学香槟分校特聘教授；2012~2013年作为弗兰克·劳埃德·赖特塔里埃森学者；他的有关芬兰建筑、规划与视觉艺术作品曾在三十多个国家展出并著有大量关于文化哲学、环境心理学以及建筑与艺术原理等著作。

图 2 北向沿街外观

图 3 东侧向南延伸的院落景观

图 4 主入口的景观处理

基于两大功能组合，整个住宅工作室与家庭起居除拥有明确的空间逻辑，设计师就两者还进行了高差处理来避免相互干扰，并在之间设置厚重的隔声推拉门，使得生活起居、工作讨论各得其所又能满足紧密的联系（图5、图6）。作为一座整体住宅，两大功能空间对外通过北向主入口进行联系，门厅在此则显得非比寻常：设计师利用独立卫生间与衣帽柜构成的功能性限定元素，将一个较大且完整的入户空间分隔成为一大一小两处过渡空间，其中小的作为住宅起居的入户玄关，大的则作为工作室对外联系的门厅与接待空间（图7）。双门厅的处理方式既有效区分开居住与工作功能，又充分展现了住宅空间丰富的层次与序列。从整体的外观形式辨析，该建筑带有“形式追随功能”的现代主义特征，甚至通过开窗、屋顶形式的差异使得两者空间都能清晰地加以区分，此外，阿尔托夫妇还为我们示范了一个教科书式的室内空间塑造。

图5 家庭起居紧邻工作室空间

图6 推拉隔墙

图7 工作室门厅

西侧长条形盒子为工作室部分，南北布局、两层通高，其中两大一小的制图桌与衔接工作室门厅的接待、休息区一字排开，构成整个工作区域（图8～图10）。印象深刻的是这里自由活泼且有动势的立体空间营造，设计师根据底层核心制图区与位于车库上方的书房以及工作区内侧上空的跑马廊（可用作展廊），三处标高逐渐上升，通过台阶、楼梯的巧妙设置形成一条螺旋上升的动线，强调不同特质的空间与相互间的关联（图11、图12）。跑马廊道可直通二层的室外露台，使得狭长有限的工作空间丰富活跃且亲近自然，书房内经过角落中的木质爬梯还可直通二层私密的卧室，充分凸显出书房对于这对夫妇的重要意义（图13～图15），自宅中SOHO空间交互的处理方式乃至今天仍能带给我们巨大的启示。此外，工作区结合通高与空间使用的需求分别采用高侧窗与转角窗进行自然采光。工作并未采用现代式的平屋顶形式，而是根据室内钢柱结构的对位关系形成长短向内的折线屋面，流露出阿尔托复杂、多元化的个性，体现出这一时期阿尔托逐渐突破纯粹净化的空间特征，追求多样性建筑语言与个性化表达的诉求。作为自宅中体量较小的部分，工作室空间却能小中见大，令人真切感受到空间不仅是简单的流通，而且在不断延伸、增长和变化着。

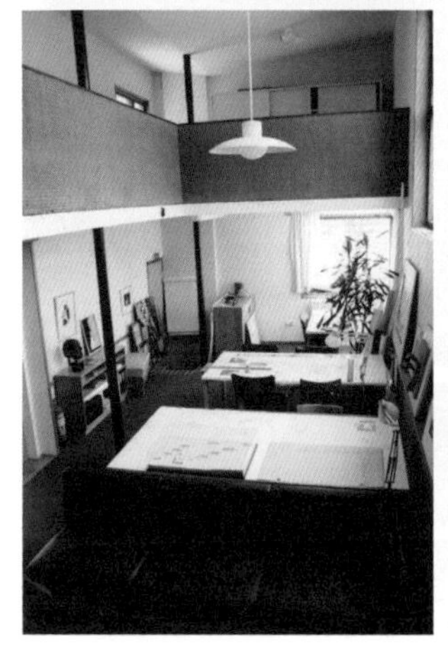

8	9	
10	11	12
13	14	

图 8　工作制图室
图 9　工作室绘图区
图 10 工作室一角
图 11 工作区、书房与二层廊道间的交通转换
图 12 车库上部的书房
图 13 工作室上空可兼做展示的跑马廊道
图 14 书房通过爬梯与二层卧室居住区域相联系

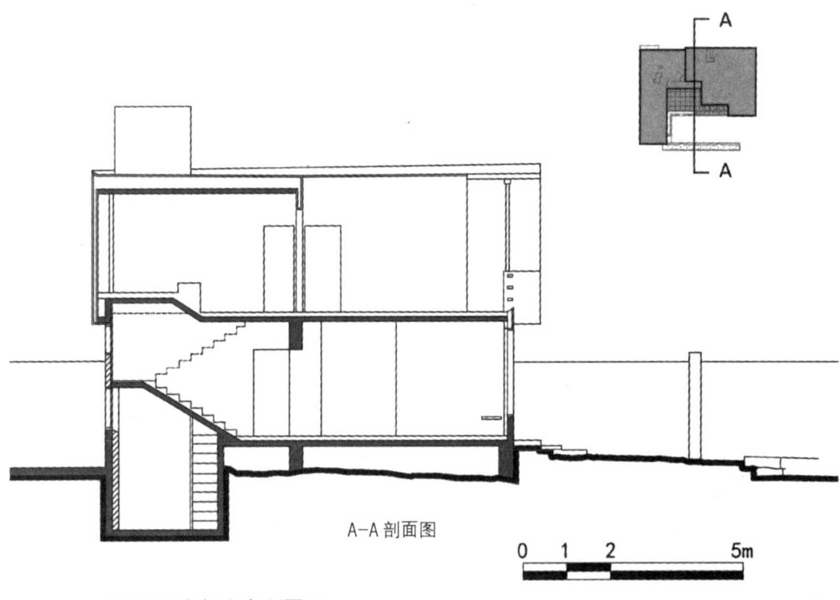

图 15 阿尔托自宅剖面图

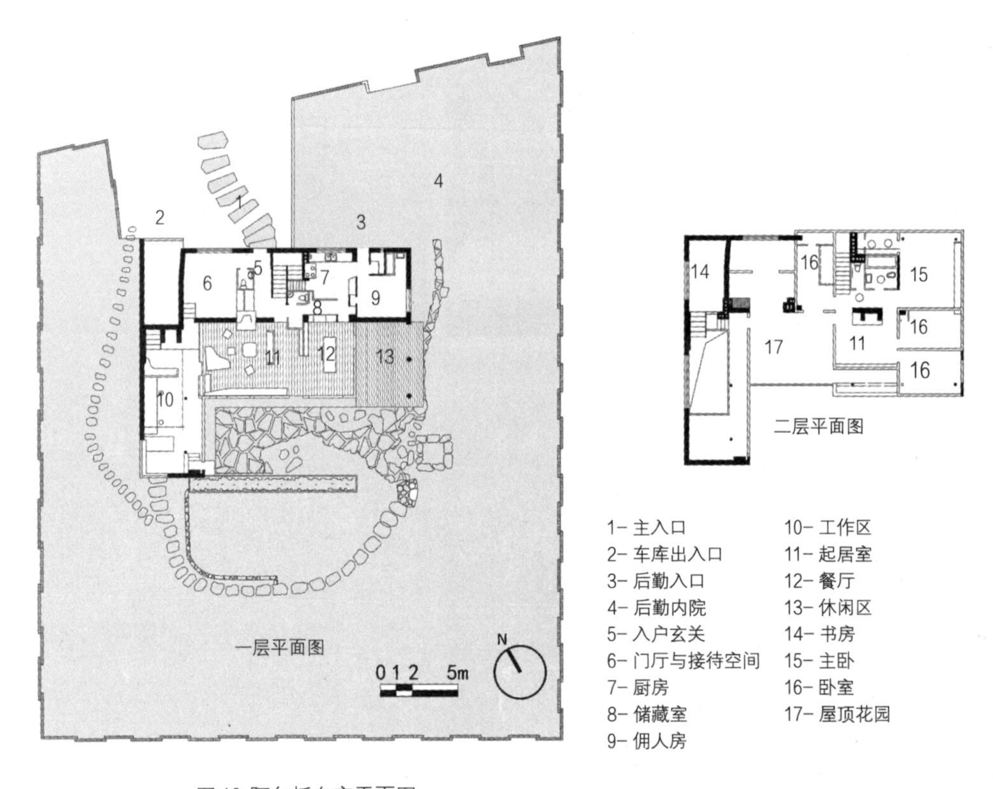

图 16 阿尔托自宅平面图

作为自宅中的核心功能——居住生活区（图 16），由上下两层空间对应叠加形成。底层为与南向中央起居厅并列的餐厅，北向的入口门厅、厨房、佣人房间、储藏间，以及东南角底层架空的灰空间（图 17 ~ 图 20）；二层主要由小型起居室与四周围绕布置的卧室构成，包括一间主卧室、三间小卧室，宽大的南向室外露台在二层成为屋顶花园，为阿尔托一家提供欣赏自然风景的绝佳场所（图 21 ~ 图 24）。整个居住生活部分由四开间、两进深空间组成，并采用模数化的 3.6m 开间、4.8m 进深尺寸，体现出住宅模数化的建筑秩序。然而这种外观近乎盒子般的纯净形式与标准化的结构逻辑，并非以牺牲内在的复杂需求为代价，正如阿尔托所说："标准化并不意味着所有的房屋都一模一样，而主要是作为一种生产灵活体系的手段，以适应各种家庭对不同房屋的需求，适应不同地形、不同朝向、不同景色等"（图 25、图 26）。

17	18	19
20	21	22
23 / 24	25	26

图 17 底层起居厅　图 18 餐厅　图 19 厨房
图 20 底层与自然紧密联系的局部灰空间　图 21 二层起居厅　图 22 主卧室
图 23 小卧室　图 25 场地景观因素　图 26 适宜的景观朝向
图 24 拥有绝佳自然景观条件的南立面

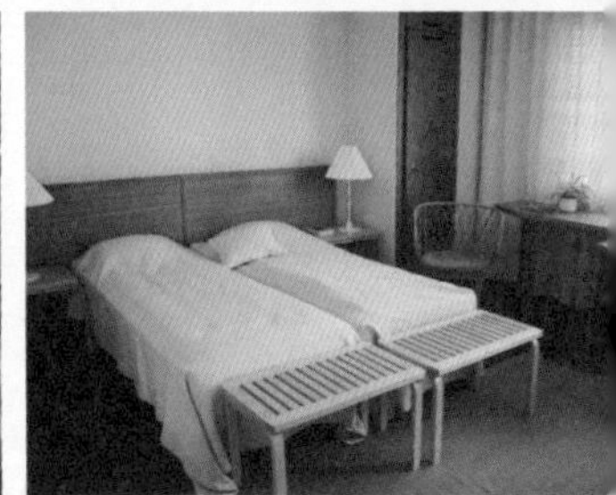

细致的体验需要宁静透彻的观察，居住生活区带给人最大的感触便是阿尔托建树出的那份闲适哲学，而承载这份恬淡的主角恰是我们再熟悉不过的起居厅——除了提供小规模社交与家庭娱乐活动，良好的景观与日照朝向，居于中心的位置，较大的面积，开放流通的空间特性，充分体现出设计师对于该空间独特的价值认同。空间处理上功能性元素的空间限定替代纯粹的墙体：底层起居厅与餐厅之间的书架墙，餐厅与厨房间的餐柜墙，厨房与储藏室、佣人房之间的橱柜；二层起居厅与卫生间、楼梯之间的壁炉等，阿尔托将个性的生活方式融入僵硬的功能理性，突破当时住宅所谓“高效率的居住机器”之定义。另外，与本书涉及作品之萨伏伊别墅、魏森霍夫双联宅、巴塞罗那德国馆那种鲜有家具陈设，强调空间结构清晰明了，偏爱纯粹极简的抽象美学不同，阿尔托自宅中出自本人设计的各类家具（沙发、座椅、茶几、条柜、床、写字台），灯具照明（顶灯、吊灯、落地灯、台灯）及其他装饰陈设一应俱全，甚至工作室里各种质朴的专业工具也赫然展现于墙面之上，这些细致入微的功能设计，亲切、随意的家具陈设，无不诠释着阿尔托充分享受生活之从容的态度（图 27、图 28）。

图 27 室内各种家具陈设

图 28 工作室中的工具标识

三、自然的建筑学

20 世纪初叶当现代主义为建筑的发展提供全新机遇的同时，这种以经济和技术为先导的现代化过程却并未完全征服阿尔托自由与强大的内心，反而使其逐渐意识到“机械时代”均质的文化和普遍的风格正在磨蚀人们心理上的文化认同，损毁建筑中最宝贵的场所感，于是他选择脱离这种定式，寻找属于日常生活的本土建筑语言，重新发现自然与人工结合的方式。对于建筑中最宝贵的场所感营造以及将这一 SOHO 盒子如何成功地融入原始的风景中，更值得我们悉心体会。

阿尔托自由化和个性化的建筑语言最为突出的便是建立在对地方材料表现力的再发现，以及与自然和谐关系的创新之上。作为北欧森林覆盖率最高的国家，高纬度寒冷的气候使得芬兰成为世界上最有利于高品质木材生长的地方，于是无论作为结构抑或饰面，木材成了阿尔托偏爱并广泛应用的建筑材料。自 1930 年开始，在图尔库生活的后期阿尔托便开始使用木头，正如他对木材的评价：“基于可以大量生产，同时摸上去令人愉悦，可将人文、自然、艺术相互紧密地融合”，这一特征同样在其巴黎世博会芬兰馆中逐渐凸显出来，其后的众多作品中更是屡见不鲜。自宅中从碳化木外墙饰面，杉木内外门，柚木桌椅家具，到各种实木地板、格栅、门套、窗套、楼梯、扶手护栏、台灯装饰等，这种光滑且温暖的材料比比皆是（图 29 ~ 图 31）；此外，其餐厅主墙面的内嵌竖向木条的装饰以及工作区域的背景墙、栏板界面的大量草编席饰面，为住宅增添许多东方异域风情（图 32、图 33）。这在 1935 年芬兰建筑师古斯塔夫·斯特伦格尔（Gustaf Strengell）在对阿尔托作品的评论中也显而易见：“在许多地方室内展现出日本的特征，比如板条、浅色，带来一种淡雅，特别是日式建筑室内镶嵌板条的装饰，以及木材表面光滑的处理，真正的日式风格，留下自然的状态既吸引目光又使人触摸起来非常愉悦”。

29	30	31
32	33	

图 29 实木楼梯
图 30 实木门、门套
图 31 实木书柜
图 32 镶嵌木条的装饰墙面
图 33 草编席饰面的廊道栏板

另外，自宅中砖的大量使用也为建筑增添传统人工印记，与光滑、抽象的白色墙面不同，砖墙除具有丰富的肌理质感，更为焦点空间的营造创造了条件，例如沿街主立面、工作室外墙、住宅起居厅背景墙分别砌筑有粉刷过白色涂料的错缝砖墙，而壁炉烟囱与台阶则使用裸露的红砖加以突出；此外，作为框架结构的室内外深色、白色钢柱（内填充有混凝土），南向外挂金属落水管，以及米色地砖、各种大小的地毯、石头砌筑的户外平台等等，柚木、云杉、砖石、金属、织物——如此之多的自然与有机材料交替使用（图 34 ~ 图 37），并与地景相互协调，亲切自然又不失秩序与逻辑。在对自然材料的认识与加工利用中，阿尔托并未沉迷于现代主义的技术，没有复杂的构造节点，没有追求高效与严丝合缝般的精确，而是匠心独运，通过轻微的手工处理来体现材料原始的特性，自宅中尤其以木头的加工与处理更为突出，局部如楼梯扶手、木条格栅护栏等处的处理近乎朴拙（图 38），而这也正映照了设计师尊重本性的思想。对自然光近乎痴迷般偏爱的阿尔托，在二层交通走廊对应房间入口的屋顶采光处理，不单提供给室内自然采光需求，同样有提示空间出入口之作用，这种屋顶圆形采光孔的设计，也成为之后阿尔托建筑中的信仰与标识（图 39）。自宅中以上这些都远远超出纯粹现代主义的意义。

34	35	36
37	38	39

图 34 主入口立面外墙　图 35 工作室西侧外墙　图 36 工作室南立面的外挂金属落水管
图 37 布艺沙发、纯毛地毯　图 38 极简处理的楼梯扶手　图 39 屋顶采光

四、古典与现代之间

在面对传统与古典的态度上，阿尔托并未放弃整个文化的过去，如同他所提到："人类的生活包含着相同程度的传统和创新；传统不能被完全抛弃，也不能被看作是应该被新事物所取代的旧事物；在人类的生活中，连续性是至关重要的"。受古典主义教育影响，阿尔托早期的设计——如1924 年的于韦斯屈莱工人俱乐部、1925 年的卫国军大楼，都带有浓重的文艺复兴及新古典主义的色彩。1924 年在完成了对意大利的一次重要旅行，阿尔托通过对古典建筑的真正认识和解读，逐渐地摆脱对设计风格的简单模仿，进而构建起一个现代主义、自然与传统多元并存的理想国。由此可见，旅行对于年轻的建筑师成长可谓至关重要，这一点，勒·柯布西耶、安藤忠雄也应该感同身受了。

密斯·凡·德·罗曾认为："中心解体是现代建筑运动的主题"，当诸多现代建筑大师如赖特、柯布西耶、密斯·凡·德·罗等都致力于突破传统中央向心的空间形式，从而寻求更自由、开敞的流动空间的同时，阿尔托却并未将现实与历史传统分离。自宅的整体空间布局并未根据不同功能打散形体，而采用整合的空间、集中式布局，强调中央的向心性。家庭起居厅作为中央核心空间，空间面积最大，在底层与二层分别统一着各个空间单元，延续西方社会的居住传统。壁炉与烟囱作为西方传统建筑中的固有形象始终象征着建筑空间中的灵魂，也是自宅中阿尔托浓墨重彩之处。壁炉的英文"the heart"将其形象比作建筑的心脏，人们已将其视为家庭中精神寄托的领地，自宅上下层的起居厅、工作室空间的中心位置均由一个巨大的砖砌壁炉作为空间核心，联系组织着周围的空间（图 40 ~ 图 42）。

图 40 底层围绕内嵌式壁炉的起居厅

图 41 二层起居厅中独立式壁炉

图 42 工作室中结合交通流线设置的壁炉

自宅作为阿尔托由"纯粹的"现代主义风格向注重地域化、人性化的有机现代主义过渡，探寻自由化、个性化建筑语言的重要作品，告诉我们：建筑如何用"场所性"和地域设计要素对抗模式化的普遍建筑秩序，如果我们的目的是提供有意义的、人性化的场所，那么在追求这个目标时就必须警醒自己：建筑语言的多样性不能在现代主义的语境中消失。

06

包豪斯盒子

德国汉诺威施蒂希韦住宅

Stichweh-Wohnhaus

06 德国汉诺威施蒂希韦住宅
Stichweh-Wohnhaus

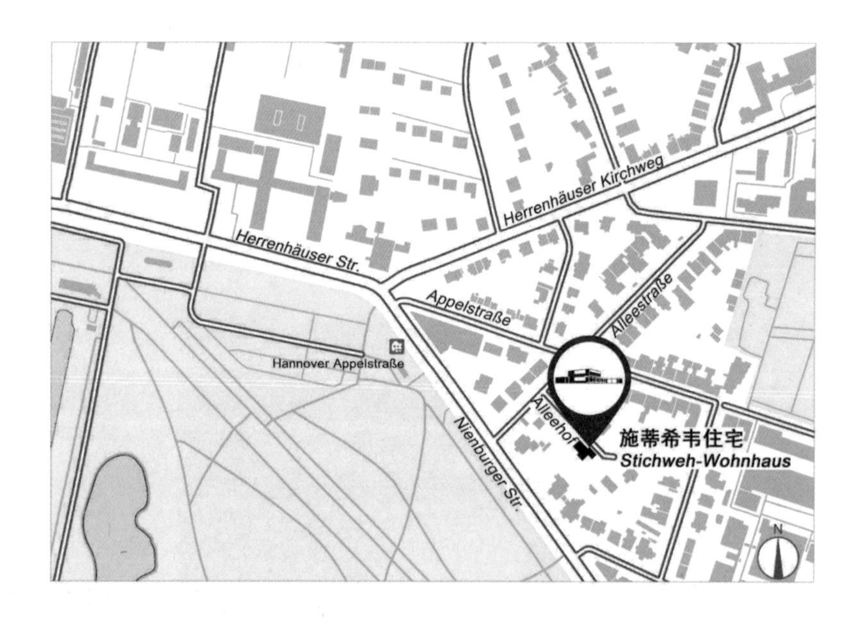

建筑名称：
施蒂希韦住宅（Stichweh-Wohnhaus）
造访时间：
2007年11月22日，2008年2月1日
建造地点：
德国汉诺威市林荫道大街（Alleestraße）4号
设计时间：
1951年
建造时间：
1953年
建 筑 师：
沃尔特·格罗皮乌斯（Walter Gropius）
历史成就：
现代建筑史中体现功能理性的经典之作；建筑设计与工艺设计的完美统一；第二次世界大战后格罗皮乌斯在德国的第一个建筑；德国建筑师联盟下萨克森州分会所在地。
交通方式：
在汉诺威城市中心地铁站 Kröpcke乘坐4或5号地铁至汉诺威苹果大街站（Hannover Appelstraße）下车，然后沿着（Nienburger Str.）—（Alleestraße）—（Alleestraße）步行 8分钟即可到达。

沃尔特·格罗皮乌斯[1]

施蒂希韦住宅总平面图

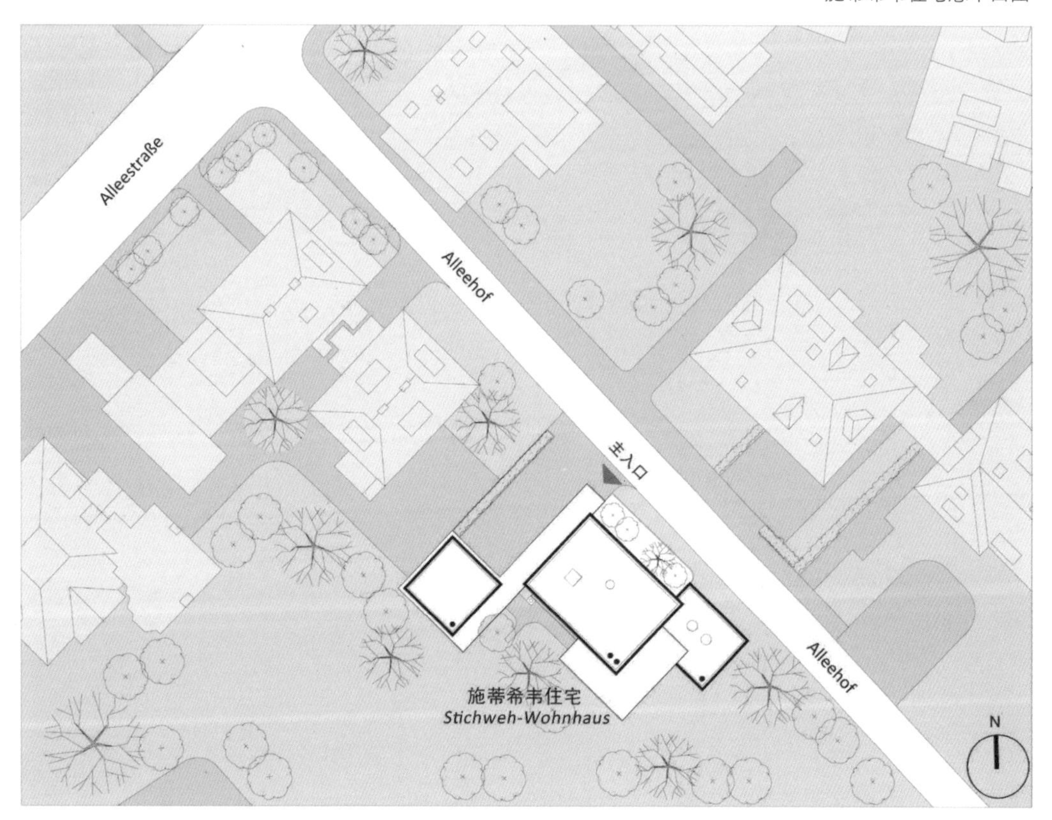

1.沃尔特·格罗皮乌斯图片来源：http://www.axxio.net/waxman/content/General_Panel/General-Panel.htm
http://m.jiemian.com/article/1025877.html

一、施蒂希韦住宅的建造历史与概况

施蒂希韦住宅（图 1）作为包豪斯创始人格罗皮乌斯新建筑的杰出代表，第二次世界大战后在德国设计建造的第一个建筑，坐落于下萨克森州州府汉诺威市，相比其蜚声海内外的名气，该作品在历史上却甚少被提及，就本书收录的四座住宅作品中，更是不可以等量齐观。

汉诺威印染企业家施蒂希韦在 1951 年谈及关于他的宅邸构想之时，曾严厉抨击第二次世界大战期间德国复古主义建筑风格，并表达出强烈的现代主义夙求。于是，在当时的城市规划师鲁道夫·利布雷希特（Rudolf Hillebrecht）的推荐下，格罗皮乌斯欣然接受任务，并于 1951 年 11 月与助手按照业主的要求完成初步方案：两层高的立方体住宅，由黄砖白墙共同构建的带有遮阳雨棚的平屋顶建筑；住宅在凸显几何形体、水平带状长窗等现代主义元素

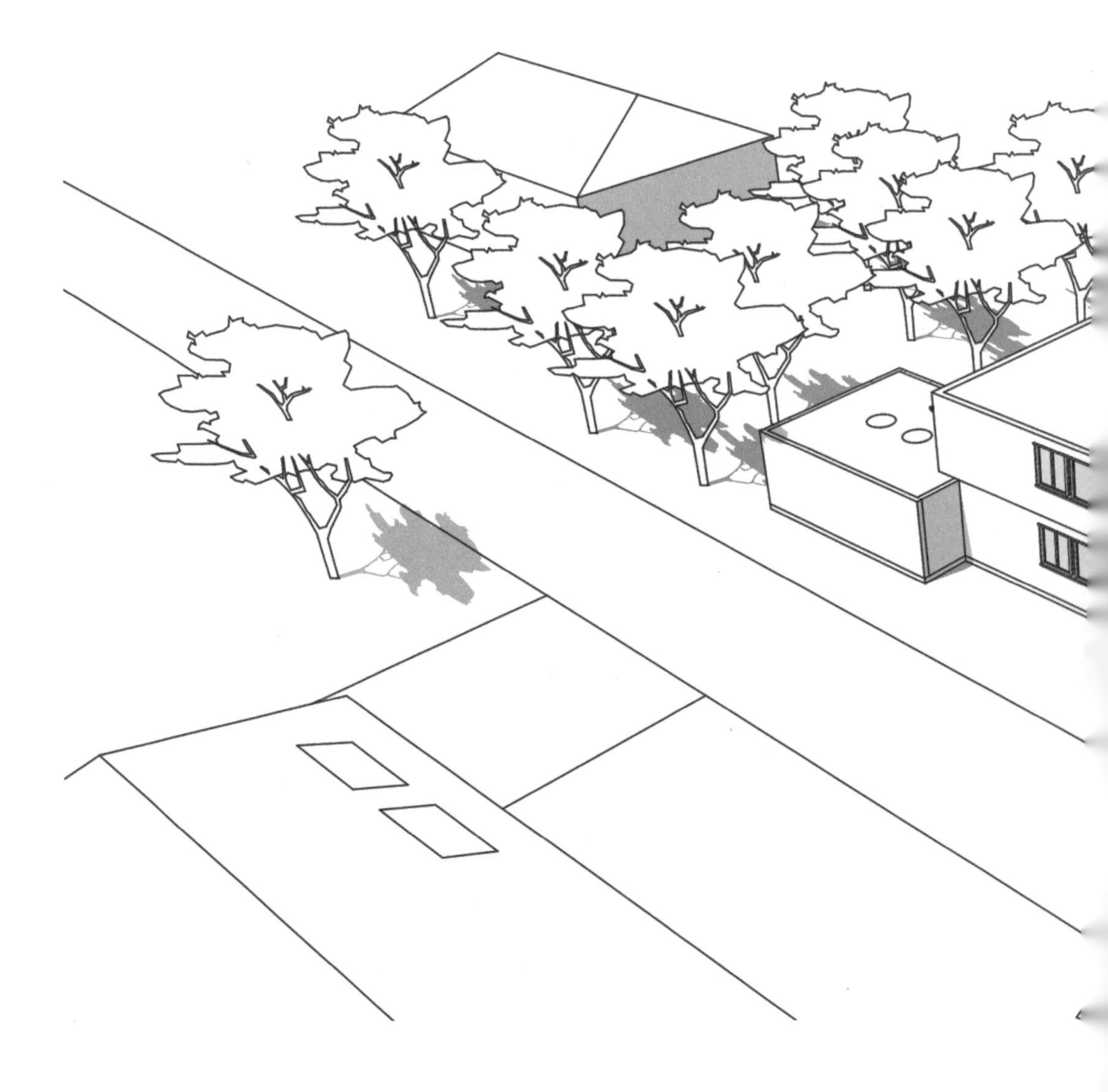

的同时，又通过亮面抛光墙板和黄砖表面的变化对比，表达出不同材料细腻的质感。住宅于1953年6月建成，修建其间利布雷西特在建筑材料、建构方式等方面也提供极大的帮助，后于1974年由德国建筑师联盟Hübotter-Ledeboer-Busch负责完成了住宅东南侧一层附属空间的加建。目前这座住宅仍归施蒂希韦家族所有，作为历史保护建筑于1987年租借给德国建筑师联盟下萨克森州分会（BDA），作为其建筑艺术推广中心，原住宅一层作为会场、办公地点，并向专业人士开放；二层因另行转租，则未向公众开放。

图1 施蒂希韦住宅鸟瞰图

二、施蒂希韦住宅的功能与空间

现代主义作品似乎是抽象、理性和缺乏个性的，但相比于它纯粹的外表，其内在却蕴含着丰富的内容和弹性。它不仅包含合理的流线和空间、适宜的采光和通风等，还涉及对舒适性、私密性和美学性的思考。这座现代主义方盒子住宅以平屋顶、水平长窗等最少语汇表达建筑外部形态，与周围英伦风格为主的住区环境产生强烈对比与视觉识别（图 2）。然而简约的方盒子形态也并非一味抗争周围的环境，而是通过对住宅所处环境的精心考量，以熟稔的外部空间处理与精巧的建筑外廊过渡，达到与环境呼应并融为一体的目的。

图 2 地处传统住区中的施蒂希韦住宅

整个盒子住宅由三处庭院围绕。首先，住宅北侧停车库由于脱离建筑主体且远离东侧道路，其高度与出入口门廊横向一致，因而共同围合形成住宅北侧硬化为主的交通院落（图 3）；其次，住宅西侧的雕塑院落以及南侧的景观院落作为住宅内部的私有庭院，通过连续贯通的草坪融为一体，其中由住宅西立面与车库南侧外墙形成的 L 形外部空间，配以青铜人形雕塑、坐凳、绿化营造出西侧尺度宜人、参差错落的景观庭院（图 4）；住宅南立面与东南角加建的一层立方体空间外墙，同样形成了 L 形外部空间，遍布的草坪、高大松柏构筑的边界，营造出开阔的南向庭院（图 5）。强大的外部空间，多元的庭院功能为现代住宅与传统之间构筑起有效的缓冲介质，弱化了其与相邻住宅的异质性。不仅如此，在纯净的立方体住宅北侧与西南转角处的外墙界面，还附加有轻型钢构遮阳雨篷，在对住宅北侧的出入口，以及底层室内公共起居空间出入室外景观庭院加以引导之外，柱廊在主体建筑外界面所形成的明暗光影配以灌木绿篱还增加层次与过渡，同时也弱化了建筑体量，使其更好地锚固于所处的环境之中（图6～图8），正如融合古典与现代风格的日本建筑师隈研吾在《自然的建筑》一书中提到的“要使自然与建筑融为一体，就要制造影子”，施蒂希韦住宅也正是通过创造阴影加强了与环境的融合。

3	4
5	6
7	8

图3 住宅北侧的交通院落　图4 住宅内部西侧的景观庭院
图5 住宅内部的南向庭院　图6 住宅北侧双入口门廊的钢构雨篷
图7 住宅西侧起居厅通向室外的遮阳雨篷　图8 住宅南侧半室外活动空间的遮阳雨篷

“完形”的建筑平面对应合理的功能组织绝非易事，然而包豪斯所崇尚的纯粹几何构图在此却体现矩形在建筑平面划分与空间塑造上的可控性优势。底层平面布局上（图 9），格罗皮乌斯将完整长方形空间划分为平行的三个空间层次：首先是狭长的门廊空间与入口门厅，其次是过厅、衣帽间与楼梯交通空间，最内是住宅的核心——大型起居会客厅与餐厨空间。此外，鉴于住宅底层临路，东侧依次线性排列卫生间、洗衣房、厨房等后勤辅助功能，使得

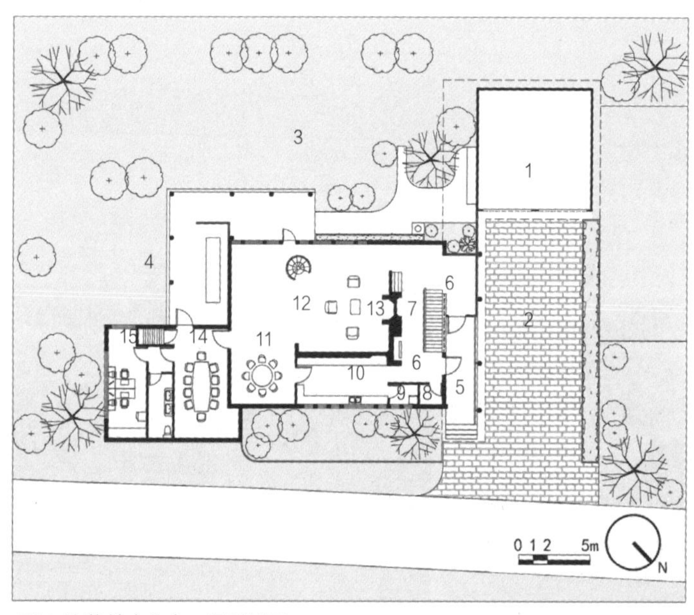

1- 车库
2- 交通院落
3- 雕塑院落
4- 景观院落
5- 门廊空间
6- 入口门厅
7- 过厅、衣帽间
8- 卫生间
9- 洗衣房
10- 厨房
11- 餐厅
12- 起居会客厅
13- 壁炉
14- 会议室
15- 办公室

图 9 施蒂希韦住宅一层平面图

10	11
12	13

图 10 入口门厅
图 11 交通过厅
图 12 东侧厨房
图 13 餐厅

设备管线集中且经济合理。住宅北侧步行双入口的设计在避免洁污流线交叉同时，更提高了空间使用率（图 10 ~ 图 13）。

由于住宅采用钢筋混凝土墙板承重结构，规整的长方形起居大厅形成了无柱大空间。大厅内墙为 L 形连续统一的深色实木书架墙，其间北侧中心位置的壁炉，成为室内空间的视觉中心；西侧外墙宽大的开窗除了引入光线，亦可将室外的庭院美景尽收眼底；靠近西侧外墙独立悬挂着一部钢构螺旋楼梯，将二层生活区与底层公共起居厅联系到一起，虽为工业化制品，但精巧的细节昭示着工业设计与技术美学的完美融合（图 14 ~ 图 16）。住宅东南侧加建的长方形空间作为该地区建筑艺术推广中心，由一间会议室、一间办公室与卫生间组成（图 17 ~ 图 19），加建部分通过廊道与玻璃隔断与原住宅相连接，共同构成当前 BDA 办公、交流、展示的活动场所。

14	15	16
17	18	19

图 14 起居大厅与功能要素　图 15 大厅靠近西侧外墙的钢构螺旋楼梯　图 16 楼梯细部
图 17 建筑艺术推广中心会议室　图 18 建筑艺术推广中心办公室　图 19 卫生间

二层生活空间同样可划分为三个空间层次（图 20）：最北侧的楼梯与卫生间，中部是围绕壁炉的图书阅览室与东侧的次卧，南侧为主卧（由于该部分现已外租，因而笔者未能进入探究原委）。尤为不可思议的当属住宅的地下空间（图 21），这里集中布置着游泳池、桑拿洗浴室、酒窖、储藏室以及供暖设备用房，地下分别通过北侧交通过厅与加建部分廊道中的两部直跑楼梯与底层空间相联系（图 22 ~ 图 27）。其中室内泳池空间具备消毒、游泳、休息、淋浴等完备的功能，出于空间高度、结构荷载及水循环的特殊需要，室内泳池被巧妙设置于住宅北侧的竖向楼梯、门廊与室外交通院落之下，可谓小中见大、别有洞天；另一悦人心意之处便是三间蒸汽桑拿房，连续穿套的空间设计、全木装修的风格，大胆前卫，极具北欧风情。

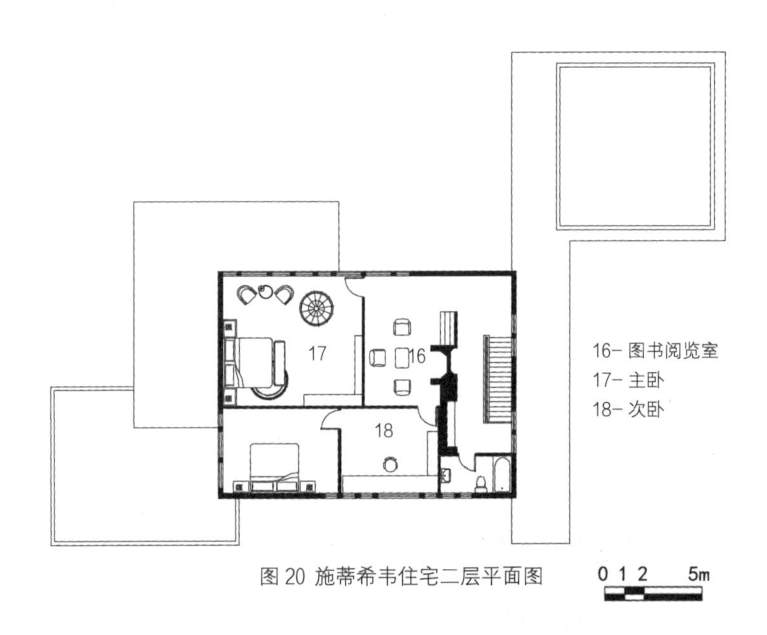

图 20 施蒂希韦住宅二层平面图

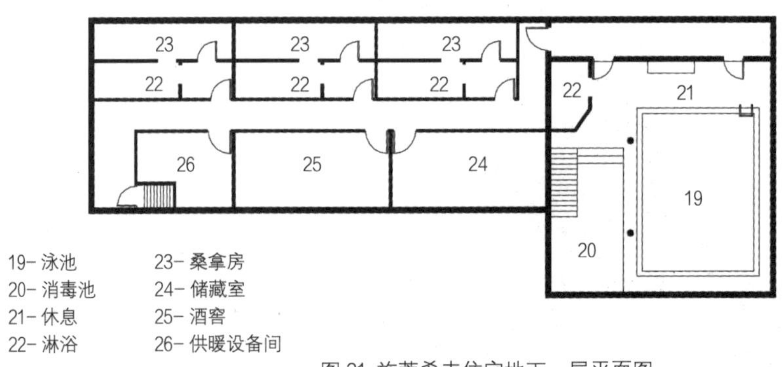

图 21 施蒂希韦住宅地下一层平面图

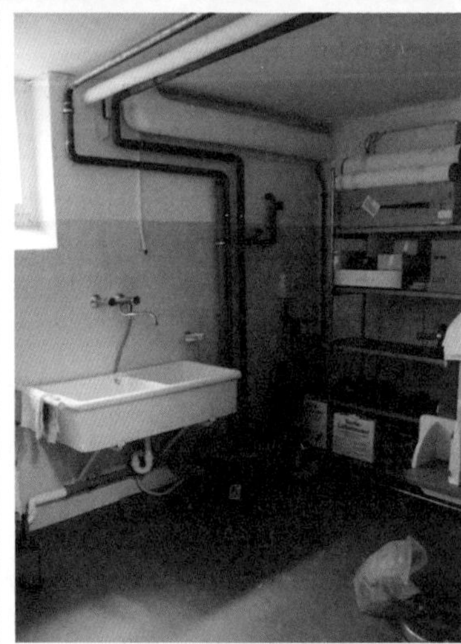

22	24
25	26
23	27

图 22 地下室内泳池
图 23 地下酒窖
图 24 地下空间的组织
图 25 桑拿室一
图 26 桑拿室二
图 27 储藏室与管道间

整栋住宅的流线、功能划分与空间层次最大限度满足了空间动静分区与居室私密性；整体式橱柜、书架、储物柜等家具隔断取代传统的墙板限定。这些尽善尽美的功能细节以及如何在长方形空间里使功能得到最大限度发挥都完美诠释了格罗皮乌斯一生所提倡的价值和目标：设计以功能和使用为出发点，力求技术和艺术相结合，对行为细节及品质生活的不懈追求。

三、施蒂希韦住宅的包豪斯精神

施蒂希韦住宅远离复古主义、装饰主义或象征主义的价值观，以简洁明确的外形带来强烈的视觉识别，表达纯粹几何形体的功能性，忠实延续了包豪斯追求新的纯粹几何化建筑表现形式。作为现代主义流派的推动者，“包豪斯学派”也正因为这一设计特征，往往被认为是漠视文化差异、损毁建筑场所感的始作俑者。

对于民生的关注、住宅的探索，格罗皮乌斯早在包豪斯时期就已开始，从理论上推动当时住宅标准的改善并做过社区居民点中无等级体系的住宅街坊研究。20 世纪 20 年代后期，从包豪斯辞职之后他更加投入住宅问题的研究中，运用标准化预制构件、墙板设计建造大量低造价住宅，如 1926 ~ 1928 年的德绍托滕区实验住宅、1930 年的柏林西门子城住宅区，由于该时期的研究过于追求经济快捷、标准化生产，带来了一系列诸如建筑返潮、设施简陋、采暖不佳、墙体裂缝等使用问题。施蒂希韦住宅是自格罗皮乌斯 1937 年定居美国并担任哈佛大学建筑系教授、兼主任一职 16 年之后的晚期住宅作品，却依旧秉承昔日包豪斯学派的设计精髓——设计适应现代工业生产和生活实际需要，讲求功能、技术和经济效益等设计目标。

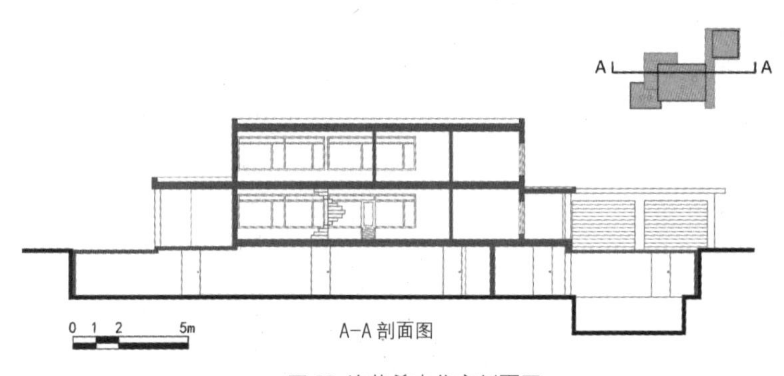

图 28 施蒂希韦住宅剖面图

作品重点着眼于平面布置的经济优化——通过动静分区、层次清晰的空间划分，各种被分解的功能单元通过中心——起居大厅被统一起来，以及采光、日照、通风、热量得失等功能属性，使得这一作品较之前的住宅实践更显成熟细腻，也完美证明了格罗皮乌斯早先的洞见：“建造，就意味着塑造生活中的行为；在一座住宅里面进行着的行为，就决定了这座住宅的组织”（图 28）。每个房间精良考究的功能配置，还归功于大量简洁实用、功能至上的工业产品设计，如钢窗、钢门框、金属楼梯（图 29）；用压型金属与半透明玻璃制作而成的半球形金属吊灯、圆球壁灯（图 30）；整体式厨房设备（图 31）；尤其是包豪斯于 1926 年开始设计生产的轻型钢管桌椅以及由钢管支撑可拆卸的胶合板家具也被大量应用其中（图 32、图 33），这些钢管结构家具充分利用材料特性，造型轻巧优雅、易清扫且经济，乃至成为现代工业设计的典型代表。

图 29 工业成品化门窗　图 30 半球形吊灯　图 31 整体式厨房
图 32 轻型钢管桌椅与胶合板家具　图 33 钢管座椅、茶几

四、施蒂希韦住宅的传统精神

工业革命将各种机器与新型材料推上建筑舞台，使得金属材料远比砖或木材使用起来随心所欲得多，并且更迅速、标准。而 19 世纪末，英国的工艺美术运动已公然与机器为敌，并提供经济资助来帮助传统工艺获得复兴，他们认为：机器本身没有灵魂，它让人类也同样失去灵魂；工匠在精心的劳作中自得其乐，用技艺与爱心造成的环境，将会提升大众的生活质量；随后 1907 年成立的德意志制造联盟也提出“艺术、工业和手工艺相结合”的同盟宗旨，认为设计的目的是人而不是物。格罗皮乌斯作为工艺美术运动和德意志制造联盟设计思想的继承者，在包豪斯期间坚持技术与艺术联合，并致力于复兴传统工艺，正如他曾提到：“无疑，正是约翰·拉斯金（John Ruskin）与威廉·莫里斯（William Morris）的作品及其影响，孕育了我们的精神，激发了我们的行动，彻底更新了装饰艺术领域里的装饰与形式”。

基于此，施蒂希韦住宅并未成为现代主义的“居住机器”，包豪斯在此没有把重点一味放在“机器生产”上。纵观该住宅，其简洁的体量绝不代表细节缺失，单一建筑形态追求的也不是建造的简单与便利，格罗皮乌斯在此并未舍弃追求建筑表皮肌理个性化和挖掘材料的表现力。住宅外墙通体的暖黄色清水砖墙取代现代主义建筑几乎均质化的白色粉刷外墙，强调砌筑工艺、丰富质感的黄砖表面，与住宅外墙上间隔出现的亮面抛光墙板形成显著对比（图34、图35），这一传统材料工艺的应用最早可追溯到格罗皮乌斯现代主义建筑的开山之作——法古斯鞋楦厂。木质材料的室内装修这里也是随处可见，入口过厅处整体式的桦木墙裙衣柜（图36）、起居大厅当中的整体式实木墙柜书架、直跑楼梯的实木梯段梁、地下桑拿浴室的全木装修，此外，青铜雕塑、石刻壁画、造型构件等（图37）都充分展现着传统材料的特性与传统工艺的魅力，它们作为忠实于整体的细节，在单一中隐含着复杂与精巧，是功能、技术与艺术的和谐统一。

34 | 36
35

图34 清水砖墙与白色外墙对比一
图35 清水砖墙与白色外墙对比二
图36 交通厅中的实木墙裙

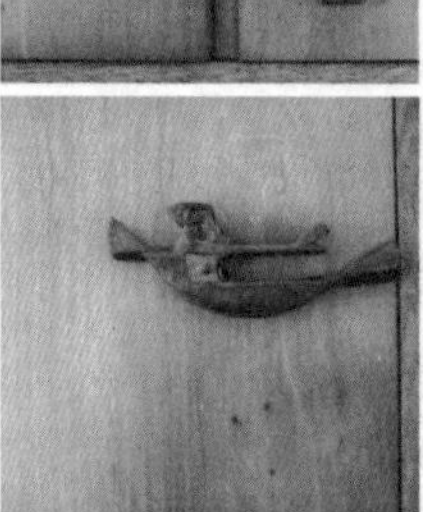

图 37 工艺细节与装饰

由此，我们可以参透出这样的道理：看上去越简单的建筑实际上越需要细致的设计和精确的工艺；另外，单一形体建筑如果在表皮处理上有艺术美学方面的创新，则能避免单调，并能带来惊喜。

施蒂希韦住宅较阿尔托自宅的自然与粗放略显机械与细腻；较柯布西耶的萨夫伊住宅、魏森霍夫住宅的精密与机械又略显自然和亲切，其蕴含的丰富内容在今天仍然有重大的启发价值。格罗皮乌斯的作品几乎都堪称现代主义建筑探索的一次进步，这种进步是内在、本质的，而非表面、形式的。今天，我们重温他的建筑，更是回顾一段历史，他不仅为当时的设计提供一个合理、适应时代的通用法则，更为日后建筑的前行之路铺设广大而坚实的基础，从而启迪今天建筑问题的解决之道。

07

粗犷的纯粹

法国巴黎国际大学瑞士学生公寓

Pavilion Suisse

07 法国巴黎国际大学瑞士学生公寓
Pavilion Suisse

建筑名称：
巴黎国际大学瑞士学生公寓（Pavilion Suisse）
造访时间：
2008年1月10日
建造地点：
巴黎第14区元帅大道(Boulevards des Mar é chaux) 国际大学城东侧
设计时间：
1930年
建造时间：
1931～1933年
建 筑 师：
勒·柯布西耶（Le Corbusier）&皮埃尔·让纳雷（Pierre Jeanneret）
历史成就：
法国历史建筑遗产之一；柯布西耶现代建筑五原则的一次完美实践，是其未来“挑空城市”（Ville Pilotis）理论的最早实践；也是柯布西耶首度使用曲线构图并且迈出粗犷风格第一步的建筑作品。
交通方式：
巴黎市区内乘坐 RER B捷运线大学城站（Cit é Universitaire）下车，校园内步行 10分钟即可到达。

勒·柯布西耶[1]

瑞士学生公寓总平面图

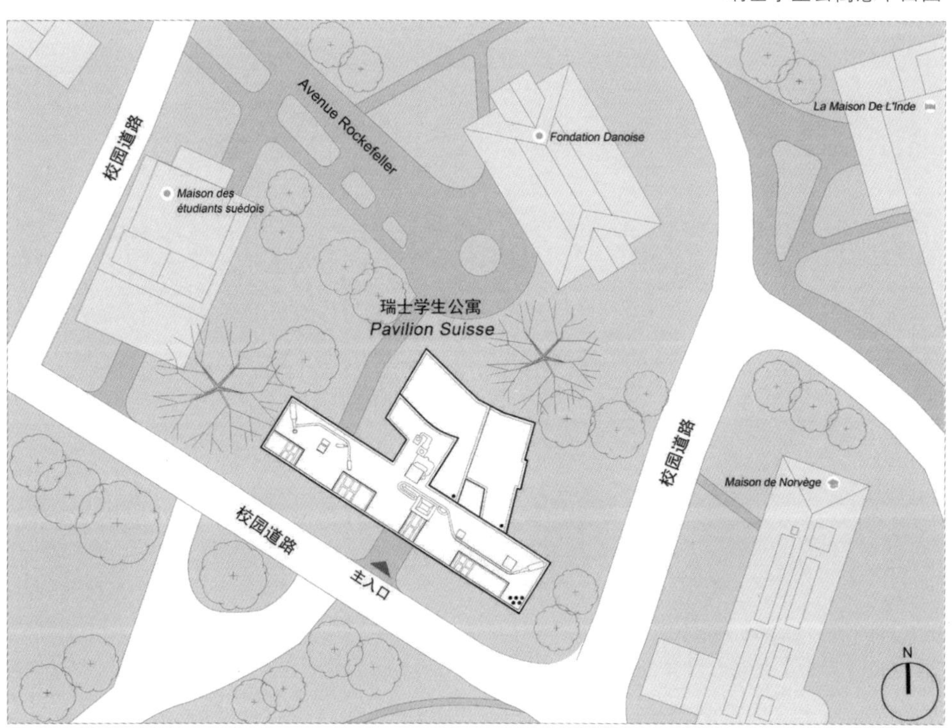

1.勒·柯布西耶图片来源：http://gc.100xuexi.com/view/otdetail/20130901/3443be9f-9749-4b9d-b9d2-eb9c015d0556.html
www.jaimsrl.com.ar/lecorbusier.html

一、巴黎国际大学城的概况

说到巴黎瑞士学生公寓（图1）的建造历史首先要谈及巴黎国际大学城的创建历程。巴黎国际大学城位于巴黎市南部第十四区，占地34公顷，历史上校址曾用作军事中心，19世纪20年代，大学城在人道主义与和平主义思潮的影响下，由国家公益事业，私人资助团体（如法国学者、政治家、金融财团及个人）捐助，仿中世纪大学城而建，目的是为了营造一个由若干研究生公寓组成的开放型、研究型国际大学生园区，吸引汇集来自法国及世界各地学子精英在此学习、生活与交流。目前作为巴黎唯一一所综合型、研究型大学生园区，每年接纳超过130个国家的5000余名国际生，其国际主义思想、多元共融的文化影响力在世界大学的发展史上占重要地位。

图 1 瑞士学生公寓鸟瞰图

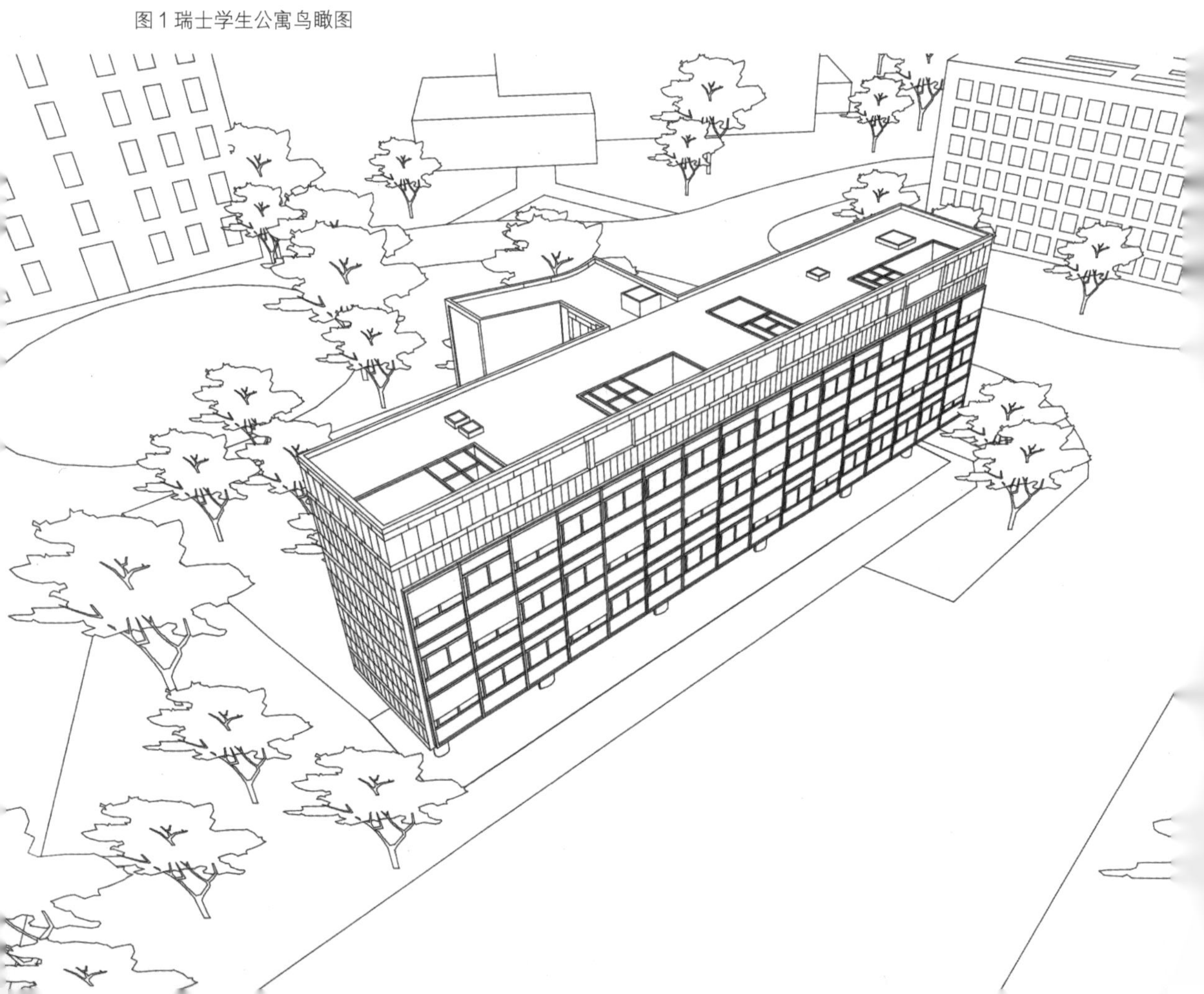

自1925年始建至1969年，共有39座风格迥异的建筑在大学城内落成，这些建筑风格横跨古典主义、现代主义到实验建筑，其中有四座建筑于1985年被政府认定为法国历史建筑遗产[注]，在真正意义上展现了一个20世纪的建筑图谱（图2）。这其中绝大多数为研究生公寓。为了更好地推动国际科学文化交流，公寓中至少有30%的房间预留给外国留学生使用。大学城内还拥有巴黎最专业的综合性运动场地、一个由法国文化部筹建的戏剧院、一个综合型图书馆、文化中心以及一个上规模的三星级学生餐厅。

[1] 注释　四座建筑分别是：1925年希安·贝希曼（L.Bechmann）设计的德国学生公寓，1933年柯布西耶与让纳雷设计的瑞士学生公寓，1938年威廉·马里努斯·杜多克（Willem Marinus Dudok）设计的荷兰学生公寓，1959年卢西奥·科斯塔（Lucio Costa）与柯布西耶设计的巴西学生公寓。

图 2 巴黎国际大学城实景

二、瑞士学生公寓的建造历史与概况

瑞士学生公寓始建于1931年11月，1933年7月完工，并由瑞士苏黎世大学校长主持落成揭幕仪式。不同于大学城其他表现民族风格或传统意义学院派的建筑，瑞士学生公寓表现出的新形式、新技术，如几何形体与自由曲线的平面构图、混凝土材料极大限度的发挥、工业化构件的使用等，均使其成为大学城中第一个落成的现代主义建筑。

该建筑的设计周期从1930年12月到1931年7月，除了资金预算有较大限制，公寓要求实用性较强外，几乎没有其他设计要求，这对于柯布西耶与其堂弟及合伙人皮埃尔·让纳雷来讲无

图 3 公寓主体结构外观

图 4 公寓设备管线的隐蔽设置

图 5 主体之外的交通

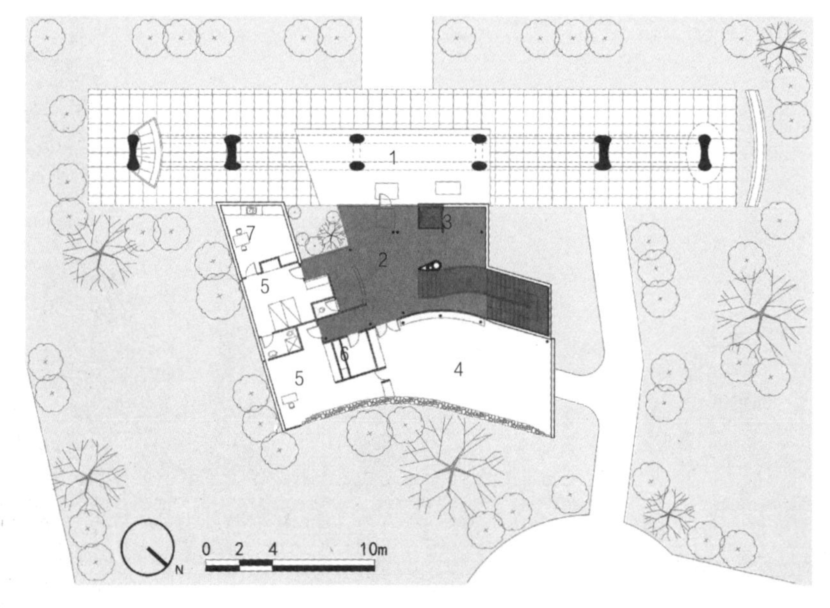

图 6 瑞士学生公寓一层平面图

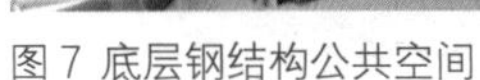
图 7 底层钢结构公共空间

图 8 门厅与管理办公用房

疑是一次难得的实现理想的历史机遇。然而公寓选址用地曾用作采石场，地下暗藏的大片坑穴使建筑面临极为不利的地质状况，柯布西耶应对的方式是在基地内规则地打下深度达19米的钢筋混凝土地桩，使得柱基础能够抵达牢固的持力层，从而保证整体结构稳定。通过底层架空，便清晰地展现出这些钢筋混凝土支柱，这在实现其现代建筑思想的同时也巧妙地表达了该建筑与基地之间那种独特又理性的融合（图3）。此外，公寓设备管线等设施还利用了6组巨型混凝土支柱的间隙与梁形成的顶部隐蔽空间，保持了建筑形式的完整与纯净（图4）。竖向交通空间——一部疏散楼梯与一部电梯从矩形公寓中部突出于主体之外，交通核外墙被处理成自由曲线（图5），交通核下端外围还附加有一部分由钢结构搭建的单层建筑，包括主入口门厅、公共沙龙、两间办公用房与一间门卫室，这部分公共开放空间同样拥有自由曲线的外墙（图6～图8）。公寓主体首层架空，其上支撑四层住宿用房，学生住宿部分共三层，每层约15间宿舍，总共42个房间，每间宿舍开间3米、进深达6米，均带有可淋浴卫生间（图9），这使得瑞士学生公寓在建成后的很长一段时间内都成为周边地区为数不多的、带有淋雨功能的学生公寓，公寓顶

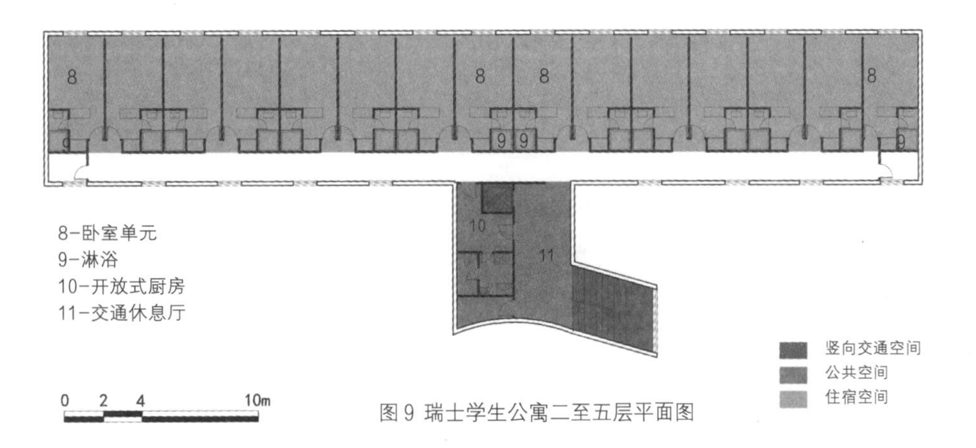

图 9 瑞士学生公寓二至五层平面图

层用作晒台及管理人员的寓所。公寓中还统一配置床、桌椅、书柜等整体式家具，细部推敲与人性化的设计使得有限空间变得充实、高效（图10、图11）。这种空间整体式家具设计在柯布西耶之前的斯图加特魏森霍夫住宅、同时期的萨伏伊别墅以及之后的马赛学生公寓、巴西学生公寓中都能被细致地观察到，体现出了柯布西耶对于空间功能、尺度、细节与人行为强大的把控力。

图 10 公寓内景一

图 11 公寓内景二

三、现代主义要素

正如同时代现代主义大师密斯・凡・德・罗所说：“建筑用空间形式体现出时代精神，这种体现是生动多变而新颖的”，瑞士学生公寓所蕴含着的现代主义流风遗韵，即便在今天的国际大学城中仍可谓独树一帜。其特点首先是充满现代感的表现形式；其次是突破传统古典的均衡对称原则，强调建筑各要素间的对抗性；最后是完美诠释了柯布西耶现代建筑的五要素。

瑞士学生公寓的新形式充分展现了柯布西耶“机器美学”的抽象逻辑。公寓本身可分解成若干简洁的、几何化的“部件”，各自均有着明晰的边界、轮廓（图12）。柯布西耶用机器的理性精神结合地质状况，遵循功能和形式间的逻辑、摒弃一切装饰、多米诺体系（即框架结构与立面和内部墙体划分无关）等原则，组建起一个像机器一样高效、便捷且经济的建筑新形式。

作为极具批判精神的现代主义大师，柯布西耶一生都在求索着设计的不断对立然后再不断统一的结果。作为其早期的现代建筑代表，瑞士学生公寓从外部到室内，从整体到细部，其中各要素间的对比、对立、反差更是必不可少。校园中周边建筑传统的坡屋顶在这里变换成充满阳光与乐趣的屋顶平台（图13）；校园中几乎统一的外墙落地建筑在这里则是托柱架起的开放空间（图14）；主体混凝土框架体系与底部单层钢框架结构间的差异；不同形体间的对抗性，直线墙与曲线墙的共存、矩形与异形体块的结合、较高住宿空间与低矮公共空间的对比；建筑材料

图 12 瑞士学生公寓剖面图

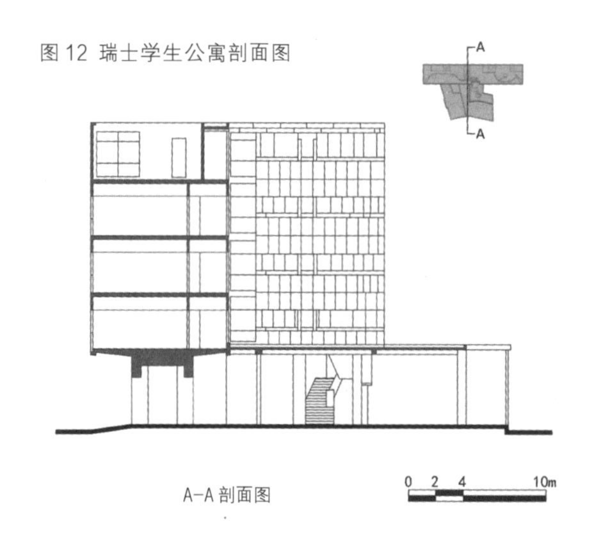

方面，工业感十足的人工石材外墙、玻璃、钢架楼梯，与底层室外天然的粗石铺地以及裸露的钢筋混凝土支柱去模板后粗糙的表现力大相径庭（图 15、图 16）。

瑞士学生公寓在各种细节上都较好地实践了柯布西耶的现代五原则——除结构逻辑与自身理念结合的底层架空以外，柯布西耶在公寓中矢志不渝地坚持着他自由立面与开放平面的理论。为领略南向广阔草地与运动场地的良好景观并为宿舍提供充足的光线与清新空气，公寓南立面水平连续通透的玻璃外墙存在的合理性便不难理解：透明的表皮暴露着内部的支撑结构，以一种富有韵律的方式表达着立面的连续性，玻璃外墙同时还设计有遮蔽装置用以调节室内的物理环境，而北侧的走廊对应着规则少量的方窗，满足基本采光需求（图 17）。顶层作为管理人员寓所，仅保留少量的空间用作晒台，三个立面上的矩形开孔既表明平台位置也为屋顶平台提供了开阔的视野，相比“屋顶花园”的现代原则在此体现的还不够彻底和完整（图 18）。

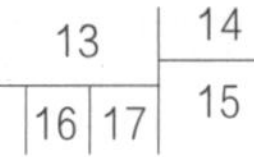

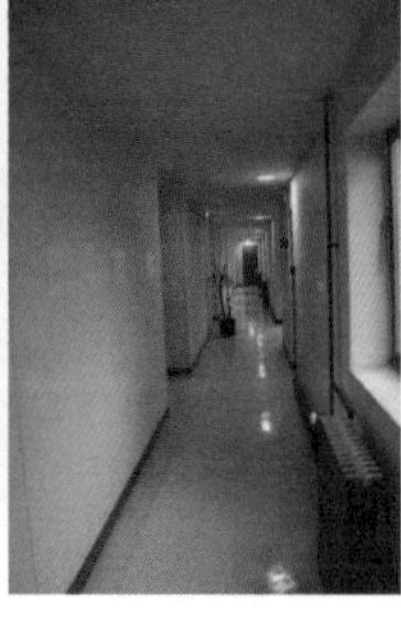

图 13 瑞士学生公寓外观
图 14 托柱架起的开放空间
图 15 人工石材与混凝土材质的对比
图 16 工业化楼梯
图 17 公寓标准层内部走廊

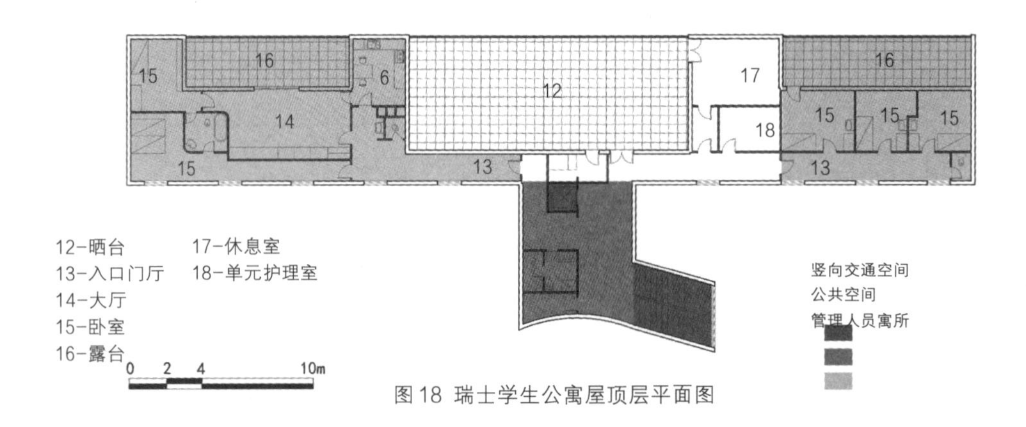

图 18 瑞士学生公寓屋顶层平面图

四、公共开放性空间

整座公寓中最具前卫格调之处要属与规则严谨的主体公寓风格迥异的单层附属空间，较之住宿部分私密性需求，这里除了承载门厅、交通厅、餐厅厨房、信息发布、日常管理等基本功能外，更兼备汇聚、活动、交流的功能，是建筑中所有人必经的多义性空间（图19）。这里的开放性特质可一直延续到室外主入口空间，掩映在坡地的绿化丛林中，这种独特、生动的结构也使得瑞士学生公寓与整个大学城及人群的距离更加亲近（图20）。

底层钢结构公共服务空间，尺度宜人，内外墙面采用大量玻璃，增强了整个公共区域的通透性，门厅、电梯厅、楼梯间、管理办公，井然有序，最引人注目的是倚靠着楼梯间与电梯间起遮挡作用的、一只中空超尺度的异形构造柱，通体印满柯布西耶黑白色的绘画与方案手稿，让本就流通的空间更加明快灵动（图21）。印象最为深刻的当属门厅正对的学生沙龙，一个真正属于文化碰撞、交流的场所。空间上沙龙内外由两条弧度不一的曲线墙面围合，本身极具动态效果，内部可供用餐、聚会、研讨、休闲，是公寓中利用率最高的空间（图22～图24）；向

图 19 公寓主门厅、交通厅

图 20 半室外交往空间

图 21 底层公共交通空间中的活跃元素

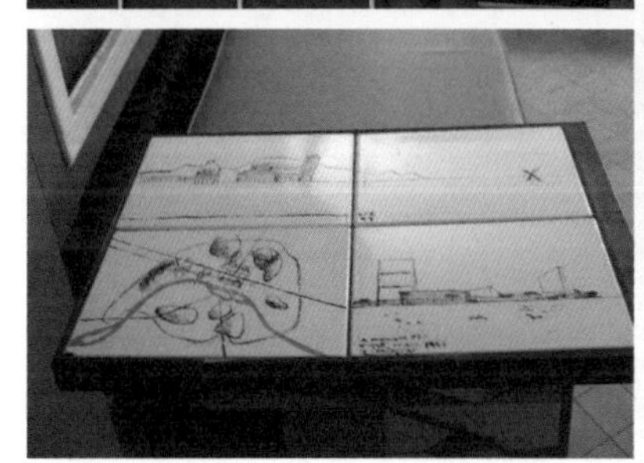

22		
23	24	25
26	27	28

图22 公共沙龙内景一
图23 公共沙龙内景二
图24 公共沙龙内景三
图25 公共沙龙中布满绘画的弧形背景墙
图26 印在桌面瓷砖上的设计草图
图27 每层设置的公共厨房
图28 交通休息厅

内凸出的弧形背景墙满幅展现着柯布西耶色彩绚丽的绘画作品，好似立体派画家的拼接之作，意兴洒脱之余体现出现代主义的抽象逻辑（图25）；另外，还能发现许多柯布西耶的绘画草图被印制在桌台表面的瓷板瓷砖之上，都成为空间极具内涵的装饰品（图26）。此外，公共交往空间的界域或多或少地还向垂直方向延展，公寓每层的交通核当中，还设置有供各层学生共同使用的开放式厨房与交通休息厅，为小范围人群交往提供更多的选择（图27、图28）。

巴黎国际大学城瑞士学生公寓作为柯布西耶早期的现代主义作品，我们在回顾解读其现代主义五要素的同时，还清晰地感受到在全球几何化的现代主义发展背景下，柯布西耶已独自走向个性化表达，建筑中首度使用曲线，粗石墙面表现的粗犷迈出了其后期粗野风格的第一步。瑞士学生公寓是柯布最自由且富想象力的创作之一，进一步拓展了柯布西耶对现代建筑探索的新疆域，开拓了建筑创作的新思路。

08

粗野奔放的人居单元

法国巴黎国际大学巴西学生公寓

Maison du Brésil

08 法国巴黎国际大学巴西学生公寓
Maison du Brésil

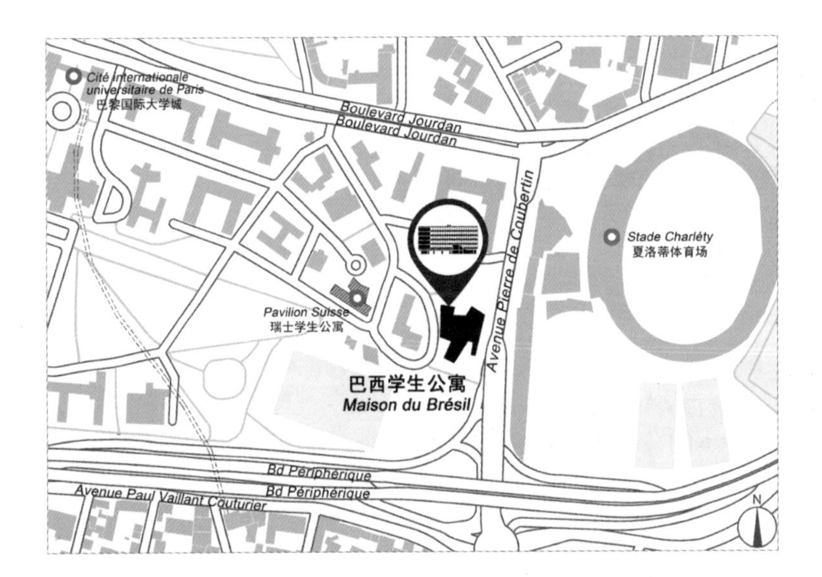

建筑名称：

巴黎国际大学巴西学生公寓（Maison du Brésil）

造访时间：

2008年1月10日

建造地点：

巴黎第14区皮埃尔·德·顾拜旦大道（Avenue Pierre de Coubertin）国际大学城最东侧，夏洛蒂体育场（Stade Charléty）西侧

设计时间：

1952～1956年

建造时间：

1959年，1997年（整修）

建 筑 师：

勒·柯布西耶（Le Corbusier）&卢西奥·科斯塔（Lucio Costa）注1

历史成就：

法国历史建筑遗产之一；是其“城市居住单元”（Unit d'Habitation）、“模度”（Modulor）理论的实践典范之一；也是柯布西耶晚期粗野主义的代表性建筑作品。

交通方式：

巴黎市区内乘坐 RERB捷运线大学城站（Cité Universitaire）下车，校园内步行15分钟即可到达。

[1] 卢西奥·科斯塔

1902年出生在法国的图卢兹。1917年回到巴西，曾在里约热内卢国家美术学院学习绘画，青年时期的科斯塔痴迷于建筑艺术，后致力于研究巴西殖民地时期的建筑艺术。代表作品有：1936年里约大学城“空中楼阁”方案（未采纳），1938年纽约博览会的巴西展馆，巴西教育部办公楼。然而使其蜚声海内外的是首都巴西利亚的新城规划，科斯塔凭借天才的创意，为巴西利亚奉献了无与伦比的城市蓝图，卢西奥·科斯塔也赢得了巴西人的爱戴，被尊为“巴西利亚之父”，这一乌托邦式的规划也使得巴西利亚在1987年被联合国教科文组织列入《世界文化遗产名录》。

勒・柯布西耶[1]

巴西学生公寓总平面图

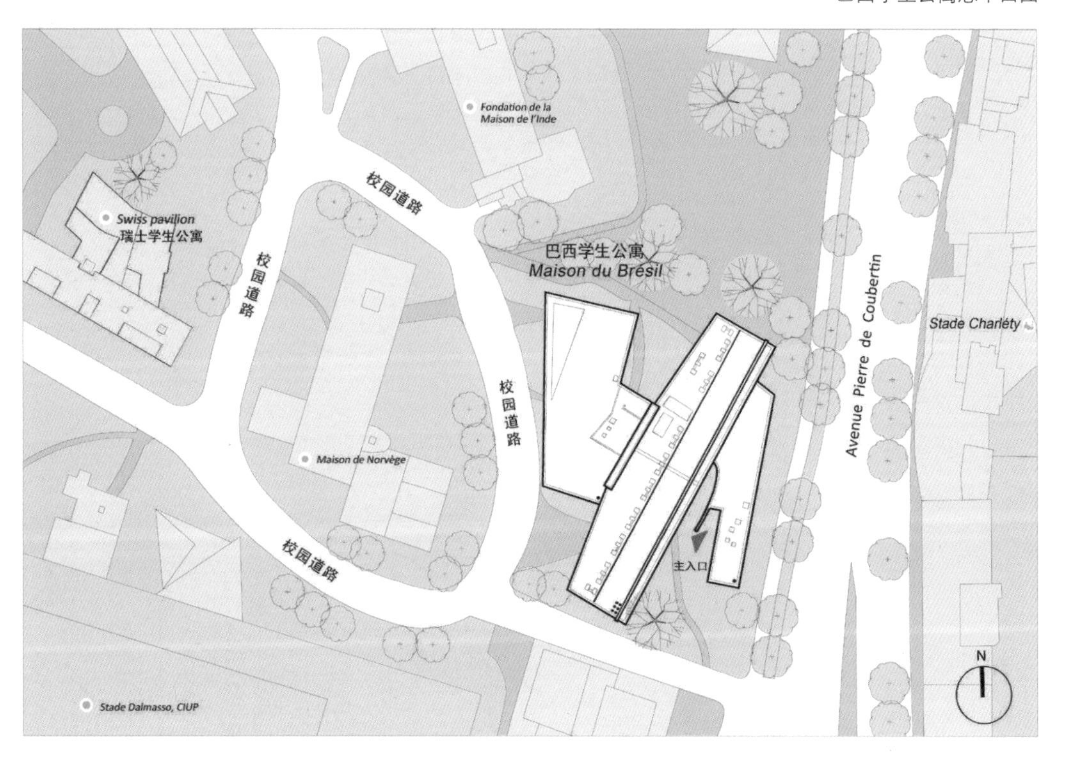

1.勒・柯布西耶图片来源：https://www.spectator.co.uk/2015/05/how-dedicated-a-fascist-really-was-le-corbusier/
https://www.npr.org/2014/11/02/360189531/like-it-or-not-architect-le-corbusiers-urban-designs-are-everywhere

位于巴黎国际大学城内，与瑞士学生公寓仅咫尺之遥的地方还有一个柯布西耶公寓系列作品——巴西学生公寓，它与巴黎夏洛蒂体育场隔路相望，位于国际大学城最东侧，关于大学城的概况，在前一篇中曾讲到过，此不赘述。

一、巴西学生公寓的建造历史与概况

作为大学城内四座历史建筑遗产之一，巴西学生公寓（图1）是两位跨越国界的现代主义建筑大师勒·柯布西耶与卢西奥·科斯塔共同智慧的结晶。公寓的诞生首先可以追溯到1952年，巴西教育部委托本国建筑师卢西奥·科斯塔主持设计该方案，起初方案极大地受到当时欧洲现

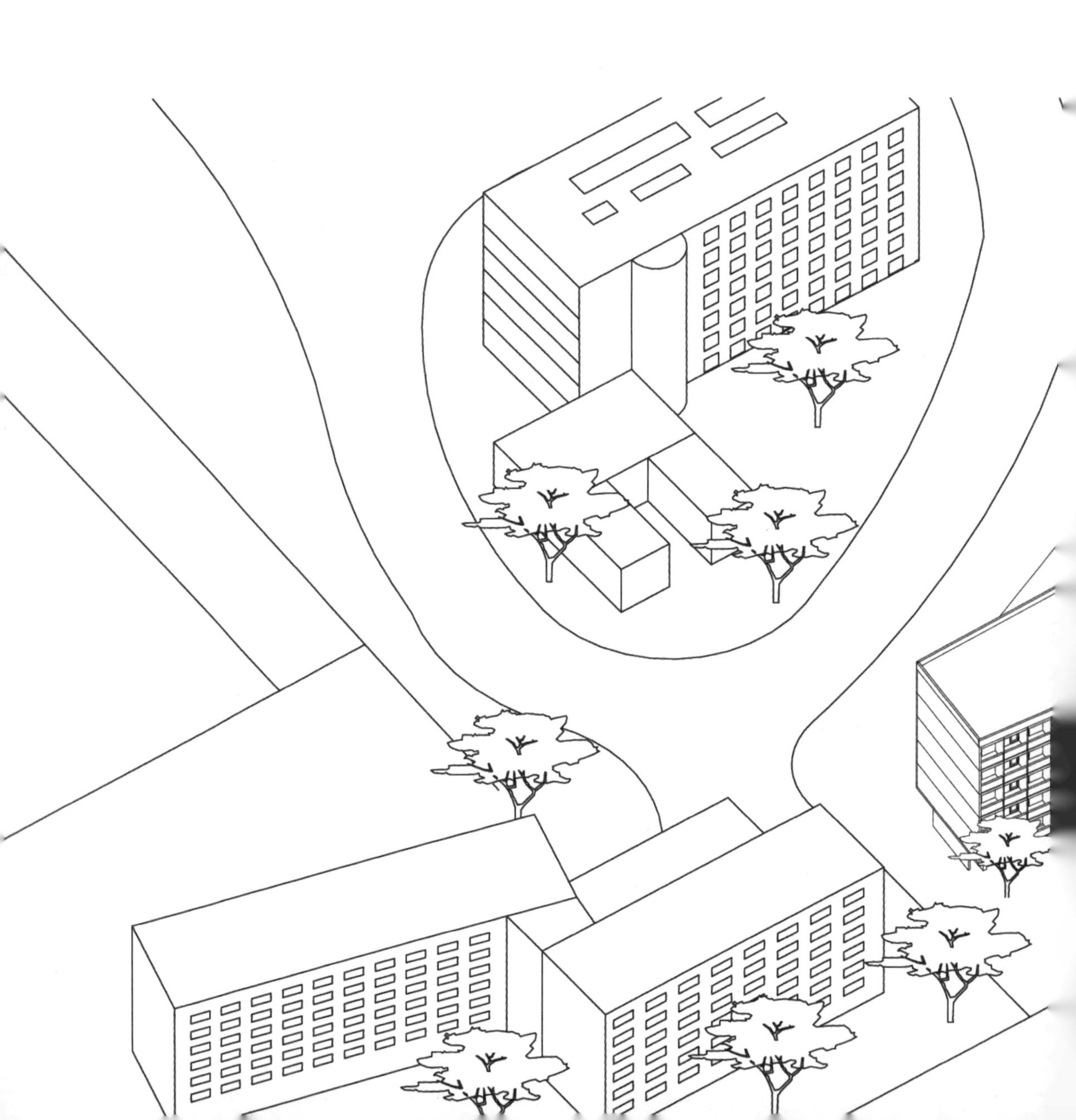

代主义建筑潮流以及20年前勒·柯布西耶设计建造的瑞士学生公寓的影响，并且着重体现了巴西传统建筑的元素。柯布西耶的介入则要追溯到1936年，在其负责主管巴西里约热内卢的教育与公共卫生建设期间，曾几次造访巴西，与当时主持里约热内卢大学城设计的科斯塔建立了深厚的友谊。1953年，科斯塔在完成巴西学生公寓的初步方案后，便将接下来的方案执行任务交给他的法国好友柯布西耶，然而令科斯塔意想不到的是，三年后公寓准备开工建设之时，却看到一个完全不同于最初的全新方案，其中柯布西耶对方案进行大刀阔斧的修改并删除大量巴西元素，即使科斯塔事后强烈要求恢复方案原样，可还是无力回天，为表达不满与无奈，科斯塔

图1 巴西学生公寓鸟瞰图

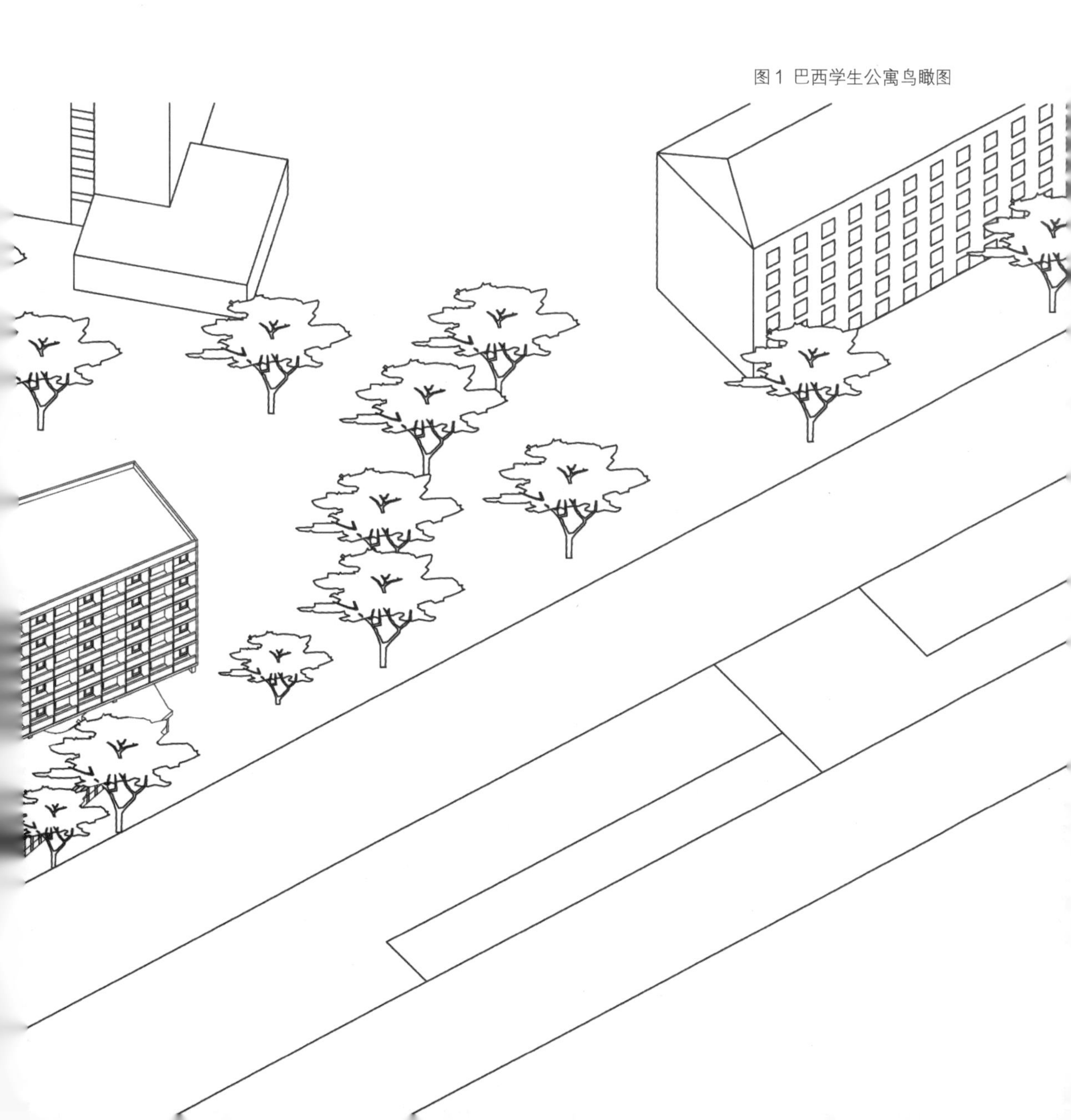

表示拒绝对该方案承担任何责任。由此，我们不禁感喟：大师总有着不随人后、自成一体的独特禀赋，正是这种个性、坚持才能成就如此流传至今的历史经典。

1959年6月25日，巴西学生公寓正式落成，作为一个既能满足巴西学生、老师和艺术家所有需要的生活区，又能传播巴西文化的公共性艺术场所，其完备的功能、新颖的空间架构、个性化的风格受到当时法国乃至欧洲公众的广泛关注。公寓共六层，局部地下一层，主体首层架空，住宿部分集中布置在二至六层的板式主体内，设计有90间标准公寓、5个套间，每个房间16平方米（图2）；除主要的住宿功能外，公寓在首层还设置有办公区域，可供休闲、交流、集会与展示的多功能大厅，图书馆，会议室以及一个可容纳80人的小舞台剧场，构成公寓另一大功能主体（图3）。时光飞逝，岁月无情，巴西学生公寓在投入使用近四十年后，出现立面风化、家具残破、设备老化以及公共空间被侵占等问题，1997年在伊内兹·马查多·萨利姆（Inez Machado Salim）主持下对公寓进行彻底的整修工作。一个由设计师伯纳德·博谢与休伯特·里约领衔的团队被委托开展这项工作，主要集中在对立面的改进，解决公寓房间的隔声问题以及整修电力、水、供热系统与屋面防水系统等方面，同时，公共区域也被重新恢复至最初的面积大小。根据勒·柯布西耶基金会要求，公寓中还要有一间被恢复到1959年带有最初家具陈设的宿舍以向公众开放，经过整修巴西学生公寓在2000年秋季开学之时再次启用。

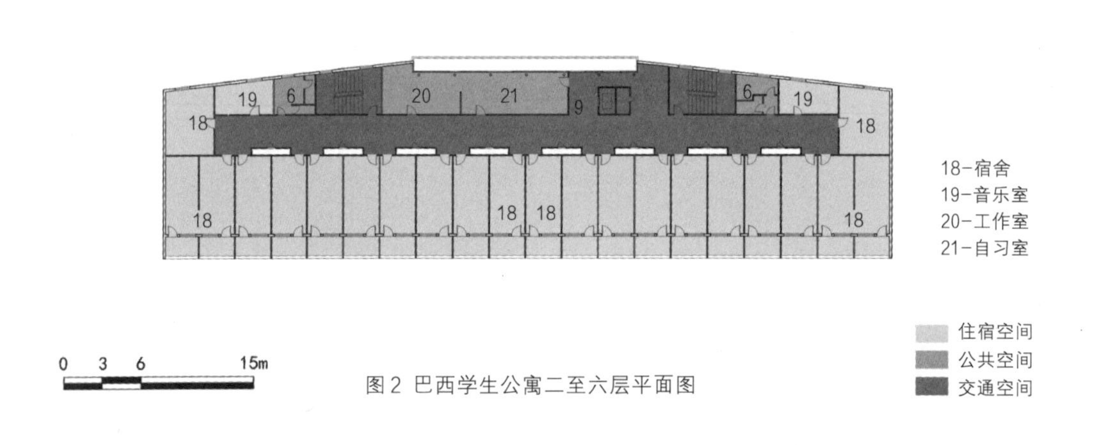

图2 巴西学生公寓二至六层平面图

二、底层的异质空间

第二次世界大战后的柯布西耶被认为从现代理性走向了“粗野主义”与“浪漫主义”，巴西学生公寓是继马赛公寓、朗香教堂之后的晚期作品，其在空间组织、构成及形体方面的处理较早期瑞士学生公寓的相对理性更显自由与动态夸张，这或许也是对其现代五要素之“自由平

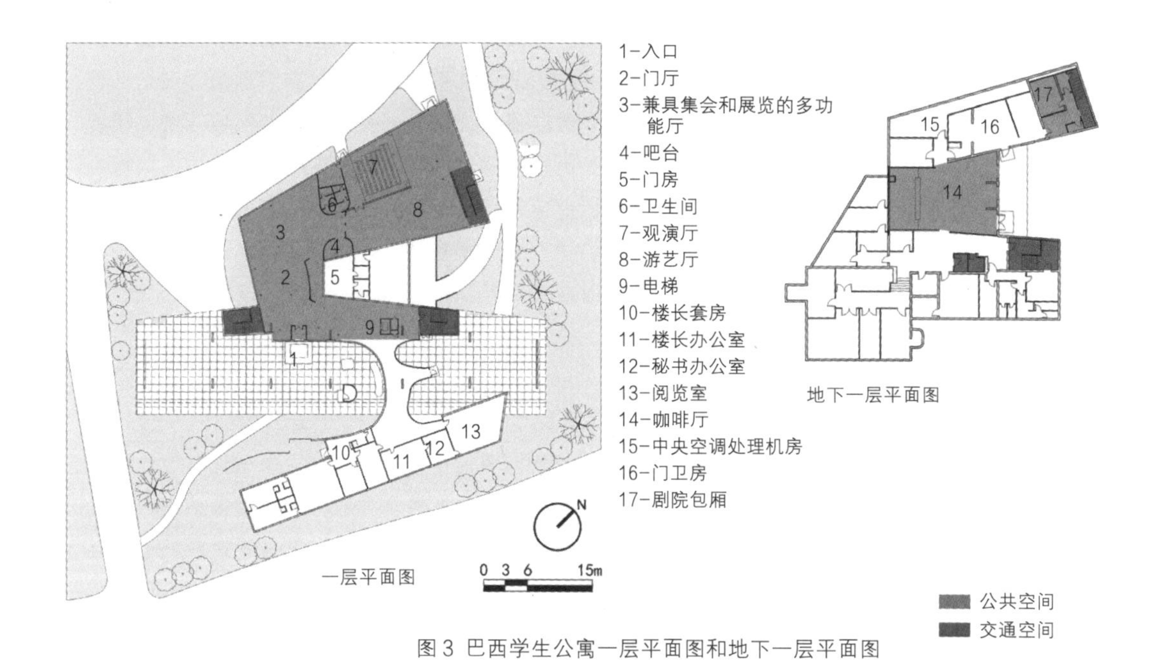

图 3 巴西学生公寓一层平面图和地下一层平面图

面”、“自由立面”的进一步阐释。公寓底层七组矩形截面的钢筋混凝土支柱，与瑞士学生公寓底层的六组支柱仅截面形式不同（图4），均有效限定出一个强大的序列与规则的秩序，并且都对应建立出建筑主体空间理性的几何逻辑。然而在底层公共及服务配套空间的布局处理上却都存在着上与下、公共与私密、开放与封闭的空间在形式、尺度上的对抗与反差，而巴西学生公寓在空间异质性方面的表现则更显突出（图5）。由于占地与建筑规模较大，巴西学生公寓的底层空间以中间规整的柱列为界分成东西两个区域：东侧设置办公区域（图6），西侧则是一个

图 4 大尺度矩形截面支柱

图 5 空间异质性表现

连续流通的公共区域（图7），包括展览厅、集会区、小剧场和图书馆。两者之间采用曲线连廊形成一个S形的异形空间，其高度略低于架空高度（图8）。除功能关联外，无论从空间结构、形体关系来看都显得格格不入，但经仔细体验分析后又让人不禁感叹空间组织的精妙：由于基地形状的不规则抑或是柯布“蓄意的变形”，底层混凝土柱列、办公区和公共区域三者之间的空间形态、柱网结构，没有丝毫关联与对应，尤其是两部分实体空间，除了各自在与东西两侧用地边界取得平行以外，均自成体系，但这却极好地满足了动静分区功能的需要；公寓主入口门厅旁的曲线连廊看似存在较大随意性，却突出了主入口半室外区域以及北侧休闲活动区域，其位置在室内也恰好对应到公寓北侧交通空间以及东侧办公区的过厅（图9）；作为整座建筑最为重要的底层公共区域，涵盖功能多、面积大，设计师采用U形半围合空间加以组织，主入口空间的边界与中间三组支柱的单侧列柱外皮相吻合，横向展开的入口门厅除设置有门卫、收发室，还对应上部公寓主体，将竖向交通空间——两部对称的疏散楼梯与一部无障碍电梯合理地布置于两端，体现了设计师在空间变化中缜密的功能、形式逻辑；门厅通过一个全开放的多功能展厅，便可到达建筑最西侧相临校园道路的80人小剧场，此处也是巴西学生公寓最具特色的文化空间（图10），为避免对公寓内部的干扰，除位置远离公寓主体外，剧场还设置两个独立的出入口；底层横向连续的异形空间虽与上部静态理性的主体空间存在强烈异质性，可为建筑带来一种运动扩张的效果，无论在室外通过曲线墙面、变化角度的折线墙面，还是游走于内部都能给人印象深刻的动态效果，仿佛随处都可以感受到巴西热情奔放的民族性格，而这也是柯

6	7	
8	9	10

图6 东侧临路的办公区域　图7 底层公共区域
图8 架空区的体块穿插　图9 曲线连廊的空间导向　图10 80人小剧场

（图 10来源：https://www.archdaily.com/328057/ad-classics-maison-du-bresil-le-corbusier/510c85bab3fc4b7d010000a6-ad-classics-maison-du-bresil-le-corbusier-photo ）

布公寓系列作品中给出的一种反映个体与集体生活之间联系的典型居住类型。巴西学生公寓底层空间虽外显出异质化、自由随意的印象，但实质上却蕴含着理性的功能与形式逻辑，秉承现代主义精髓，是整栋建筑的灵魂所在。

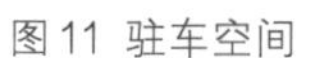
图 11 驻车空间　图 12 主入口外部停留空间　图 13 外部展示与休闲空间

柯布西耶在其论著《走向新建筑》中曾提到:“平面是生成元。平面从内部发展到外部，外部是内部造成的”。巴西学生公寓异质化的底层同样也渗透到了外部空间，它既连接室内又引向自然。由于实体空间结构的限定，公寓的外部空间被分解割裂开来，主要由四块各自独立的室外与半室外空间构成，从空间体验的顺序依次为：由校园道路延伸进入直至南侧两组架空柱列的下方，由红色沥青路面限定出的停车区（图11）；再从架空停车区延伸到半圆形曲线连廊处，由深色石材、白色宽缝铺就的主入口停留区（图12）；从室内连廊处可直通作为展示与休闲功用的北侧架空区，为扩大面积并强化外部空间的积极性，柯布在此将相接的连廊界面做了内凹处理，地面采用白色碎石粒满铺加以限定（图13）；最后一处则是架空区以外U形半围合空间限定而成的室外下沉院落，由草坪与硬质坡道构成，主要用作剧场疏散与咖啡休闲（图14）。相比瑞士学生公寓完整的外部空间，巴西学生公寓此处却是化整为零，通过明确地限定、匀质地划分，大大提升了空间的属性与针对性。

图 14 满足疏散与茶歇的下沉空间

三、空间的细部设计

1. 主体住宿部分

架空支柱上方的五层公寓作为居住主体，由矩形的严谨预制组件构筑而成，采用内廊式布局串联东侧的住宿部分和西侧的公共交往空间（公用厨房、水平外廊）与楼梯电梯、公共卫生间等辅助空间。其中三至五层公寓均设置20间宿舍（4个套间），二层为22间宿舍（6个套间），西侧还提供有两间音乐工作室。每间公寓从入口进入分别设计有盥洗间、储存间，最内是床铺位置与一个靠近玻璃外窗明亮的工作区，再向外为半室外阳台，其中家具在公寓空间中也至关重要：吊柜悬挂于盥洗池之上，桌子由管状桌腿与玻璃面板构成，给人轻盈光亮的感觉，藤编椅子带给人东南亚的风格印象；就寝区域与入口通过1.6米高落地柜加以限定，书柜与写字板被钉于空余的墙面上，通过家具陈设空间被高效利用，清漆的木制家具与白墙、施以红黄蓝绿相间涂料的天棚，以及暴露的混凝土梁所组建的空间氛围起到了平衡的作用（图 15、图 16）。应卢西奥・科斯塔的要求，公寓中绝大多数家具均由20世纪法国女性现代设计先驱夏洛特・贝里安（Charlotte Perriand）设计，公共区域的家具则由意大利现代家具设计师、雕塑家哈里・伯托埃（Harry Bertoia）与法国20世纪设计大师让・普鲁韦（Jean Prouv é ）设计（图 17）。由此可见，设计师对居住单元生活质量的关注是细致入微的，而这也是公寓设计中最基本、最切实际的目标。

图 15 公寓住宿空间内景 [1]
图 16 公寓住宿空间的彩色顶棚 [1]
图 17 公共区域的艺术作品

1.图15、16来源：http://mp.weixin.qq.com/s?__biz=MzA5MTI1MTgxMw==&mid=200723252&idx=3&sn=e118c3e17df93e56098268f1b00c2781）

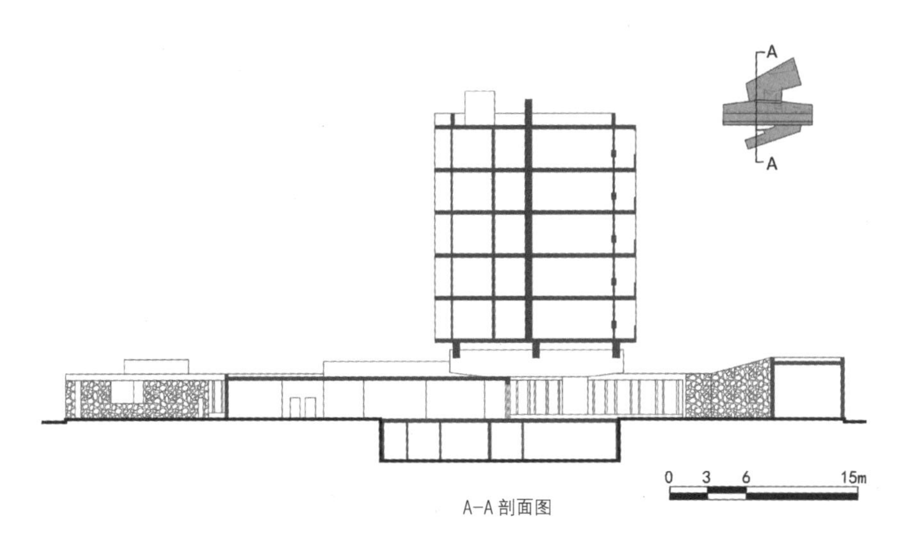

图 18 巴西学生公寓剖面图

2. 室内公共空间

作为开放式、多种功能于一体的异形空间，体现出明显的整体化设计特征。公寓底层采用钢筋混凝土框架剪力墙结构，用以适应开放连续的异形空间，局部剪力墙的设置减少了立柱数量，从而使空间尽可能地连续完整且具备较大的自由度（图18）。作为粗野风格手法的呼应，入口门厅的信件收发装置由素混凝土与玻璃组合构建，大厅中的独特桌椅用素混凝土浇筑而成，外部空间中的小品装置与建筑底部清水混凝土的特征都具备了同质性与统一的格调（图19～图21）。半室外入口区域的深色石材铺地也一直贯穿延伸至室内大厅，除剧场、楼梯间等处的剪力墙，建筑外墙通体采用竖向混凝土线条划分成的落地玻璃窗，进一步加强空间的连续性与整体性（图22、图23）。

19 | 20 | 21
22 | 23

图 19 门厅中的信件收发装置

图 20 素混凝土浇筑而成的室内桌椅

图 21 外部空间中的小品椅

图 22 室内外连续的深色石材铺地

图 23 底层竖向分隔连续的落地玻璃窗

3. 色彩

与早期纯粹简约的白色现代建筑产生强烈对照，也作为柯布晚期建筑作品的一大特点，多重色彩在清水混凝土空间中的使用既打破了压抑沉闷的气氛，同时也为建筑增添了许多亮点。本建筑中随处可见的色彩应用，细数有五种之多，而其选择却十分理性且极富寓意，分别为巴西国旗中固有的黄色、绿色与法国三色国旗中固有的红色、白色、蓝色（图24）；作为指向性提示，建筑中所有外门、绝大多数内门、玻璃外窗窗框，疏散楼梯出口和转折平台处的墙体均采用明度最高的黄色（图25、图26）；独立于入口门厅中央的电梯、小剧场凸出于外墙的弧形体块则选用热烈奔放的红色（图27、图28）。空间中其余部分的色彩则更多起到活跃气氛、明确属性的作用，诸如公共大厅内的黄、绿色圆柱，红、蓝色展墙，住宿部分五色相间的阳台侧墙与西侧的外廊，以及外部空间中三种不同功能架空区域、剧场和每间宿舍内与外五色相间的顶棚等（图29）。

24	25	26
27	28	29

图 24 巴西与法国的标志
图 25 应用于疏散楼梯处的黄色
图 26 黄色的外门
图 27 电梯处的红色标识
图 28 剧场外墙上的红色体块
图 29 多彩的阳台内界面

4. 光

正如柯布西耶早期现代主义时期对自然光线的偏爱，其在公寓设计中也充分加以运用，尤其底层公共区域的折、曲线外墙均采用通体落地窗（图30、图31），位于底层办公区域过厅休息处还通过屋顶开洞的方式引入自然光，加强限定的同时也明确了空间的属性（图32）。考虑到空间高度的有限与电路露明布线等问题，整个公共大厅的顶棚都未设置人工照明，取而代之的是于1.8米高度位置水平设计的双向间接荧光灯箱，这样的局部照明在点亮人主要活动区域同时，也为青灰色顶棚增添了几抹暖意（图33）。

30|31 图30 底层折线外墙　图31 底层曲线外墙
32|33 图32 办公休息区的自然采光　图33 公共大厅内的照明装置

5. 模度

柯布西耶于1950年发表《模度》(Le Modulor)，并试图将模度建立的度量秩序与比例带入所有即将创造的事物中，自马赛公寓开始在其后期的作品中，这套充满力量的数与比例总是以各种方式融入其不确定的空间、复杂的曲面以及富有韵律与质感的立面上，成为其后期作品的一大特征。公寓中柯布同样应用模度理论中人体尺度脐高（113厘米）与身高（183厘米）的黄金比例关系来控制从邮箱、桌凳、小品直到公寓室内家具，外墙阳台预制栏板等空间要素，极好地发挥了比例控制的效果，同时也在形式上获得了和谐（图34～图36）。

图 34 合乎比例的邮箱装置

图 35 预制阳台栏板

图 36 符合人体模度的室内家具

四、粗野风格中的理性之光

柯布西耶信奉纯粹而质朴的原则，不管是20世纪二三十年代的纯净主义时期，还是后来的粗野主义，本质上都没有脱离这种精神。其粗野风格的形成具有时代客观因素，早期的白色建筑往往经过长期风吹雨淋，外观效果难以持久，同时随着世界经济的衰退和第二次世界大战的影响，柯布西耶逐渐把这一产生于20世纪初的结构材料——混凝土应用于建筑外观，并且探究其材料本身所具有的质感表现力，建筑通过一次浇筑成型，直接采用现浇混凝土的自然表面效果作为装饰，显示一种最本质的厚重与清雅，省掉抹灰、涂料、饰面等工序，既环保又节约成本且更能长久，映射出粗野风格下的理性逻辑。巴西学生公寓中底层架空区的七组支柱，暴露出的主次梁均保留着混凝土拆模后的效果，能清晰观察到材料自身的纹理和模板印痕，甚至是缺陷和裂缝，柯布曾把这种残留的痕迹叫作“皱纹和胎记”，用以营造一种纯粹而质朴的美学效果（图 37）。

图 37 留有规则模板印痕的混凝土外墙

公寓中“粗野的”手法还体现在许多方面：水刷石主体外墙，鹅卵石砌筑的剧场外墙，自由曲线界面的落地窗，造型多变、尺度不一的柱子，不做落水管，直接伸出墙外的屋面水舌与每间公寓阳台的落水孔，等等（图 38～图 41）。然而，柯布西耶作品中感性与理性始终并存，处于一种不断碰撞和此消彼长的矛盾中，从建筑沉重的外形、粗糙的质感，到其裸露的结构，强烈的对比下我们仍能够在其中隐约找到对应的现代建筑五要素；其粗糙的外形下，仍是一个受模度控制的关联体，甚至混凝土墙面遗留下的纵横木质模板席纹般的印迹都能表述出设计师理性的逻辑。由此，巴西学生公寓在功能、形式、建构层面并未否定现代主义的理性内核，却进一步推动着现代建筑技术趋向精确、细致和完美。

38 | 40
39 | 41

图 38 水刷石主体外墙
图 39 阳台落水孔与屋面水舌
图 40 落水孔
图 41 小剧场的鹅卵石外墙

穿越巴黎国际大学整个校区，位于最西侧的巴西学生公寓，在20世纪中叶，完全可视为异质化的建筑，被生硬地植入一片古典外观、装饰繁复的建筑群之中。然而建筑是以实际使用为目的的多元、多维、多向度的人造物，建筑空间要从人的生理、物理、心理层面出发探究合理的选择，该作品虽作为柯布西耶晚期粗野风格的代表作品，但仍未改变现代主义思想的底流，诠释着建筑纯粹、本质的内核，并深刻反映着时代的特征，作品内涵深刻，历久弥新。

09

花之塔

德国不来梅高层公寓住宅

Aalto-Hochhaus

09 德国不来梅高层公寓
Aalto-Hochhaus

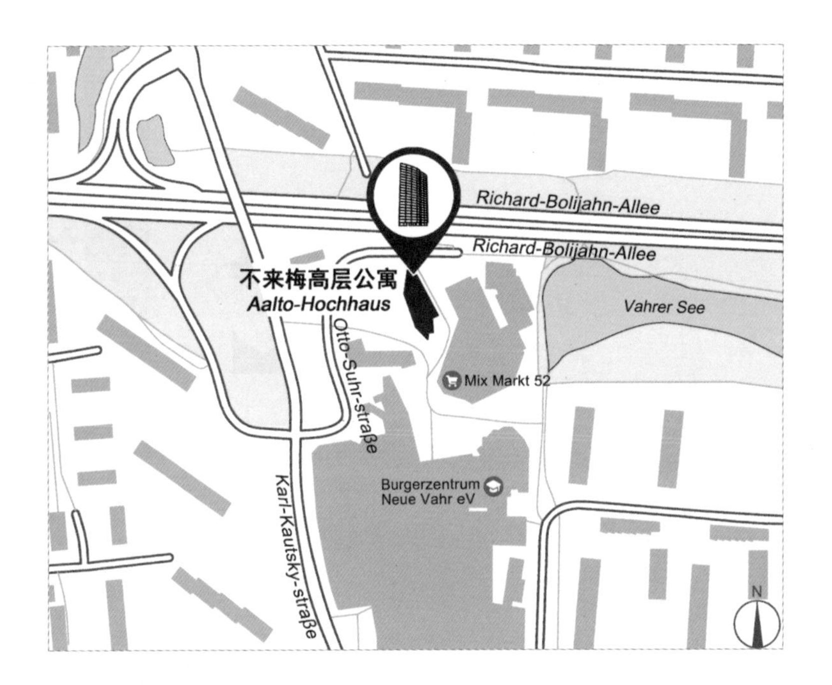

建筑名称：
不来梅高层公寓（Aalto-Hochhaus）
造访时间：
2007年 11月 18日，2008年 2月 3日
建造地点：
德国不来梅市新瓦尔区（Neue Vahr）理查德·博尔雅恩大道（Richard-Boljahn-Allee）与奥托·苏尔街（Otto-Suhr-Straße）交汇处
设计时间：
1958年
建造时间：
1959~1961年，1995~1996年（修复）
建 筑 师：
阿尔瓦·阿尔托（Alvar Aalto）
历史成就：
阿尔托“社区乌托邦”的一次探索实践，这座“人文之塔”标志着其由服务小众开始向关心普通人的生活，以及关注人与社会和谐等更为普遍的社会问题的转变，丰富完善了他对住宅设计的理论与思想；也体现出阿尔托有机建筑的思想。
交通方式：
从不来梅中央火车站南广场出来，在广场东侧乘坐 1号有轨电车至不来梅柏林自由站（Bremen Berliner Freiheit）下车，然后向北步行 5分钟即可到达。

阿尔瓦·阿尔托[1]

不来梅高层公寓总平面图

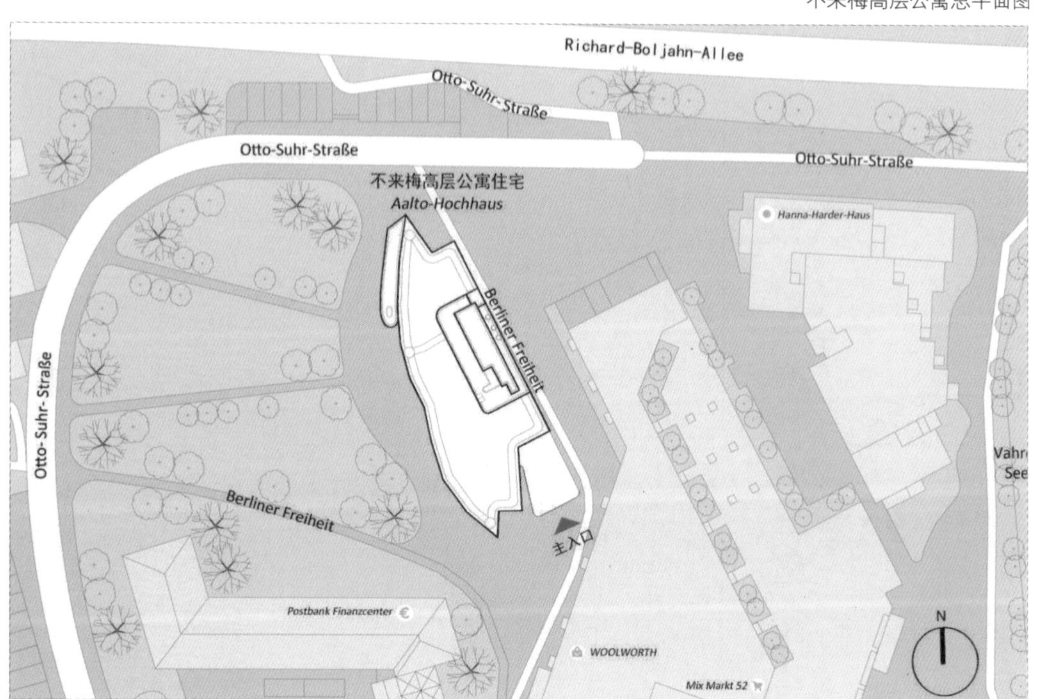

1.阿尔瓦·阿尔托图片来源：https://www.maison.com/architecture/histoire/maison-louis-carre-signee-alvar-aalto-8985/
http://www.fieldnotes.cn/feature/a-stool-aged-like-a-person/

德国北部具有悠久历史的城市不来梅作为格林童话的故乡，堪称童话之城，踏访至此，无论是教堂广场抑或市井深巷总能带给人甜蜜的童年回忆（图 1）；除此之外，不来梅尤为称道的是该城的母亲河——威悉河（Weser River），为这座城市孕育出许多现代工业文明。整个城市从东到西沿河两岸密集分布着德国主要的航空航天、汽车、造船、钢铁、电子、食品加工等工业、物流园区，让这座土地面积仅排在德国第13位的城市，工业总产值却位居德国第 5 位，人均国民生产总值（GDP）位列德国第 3 位，足见其工业城市的显著特征。

图 1 不来梅高层公寓鸟瞰图

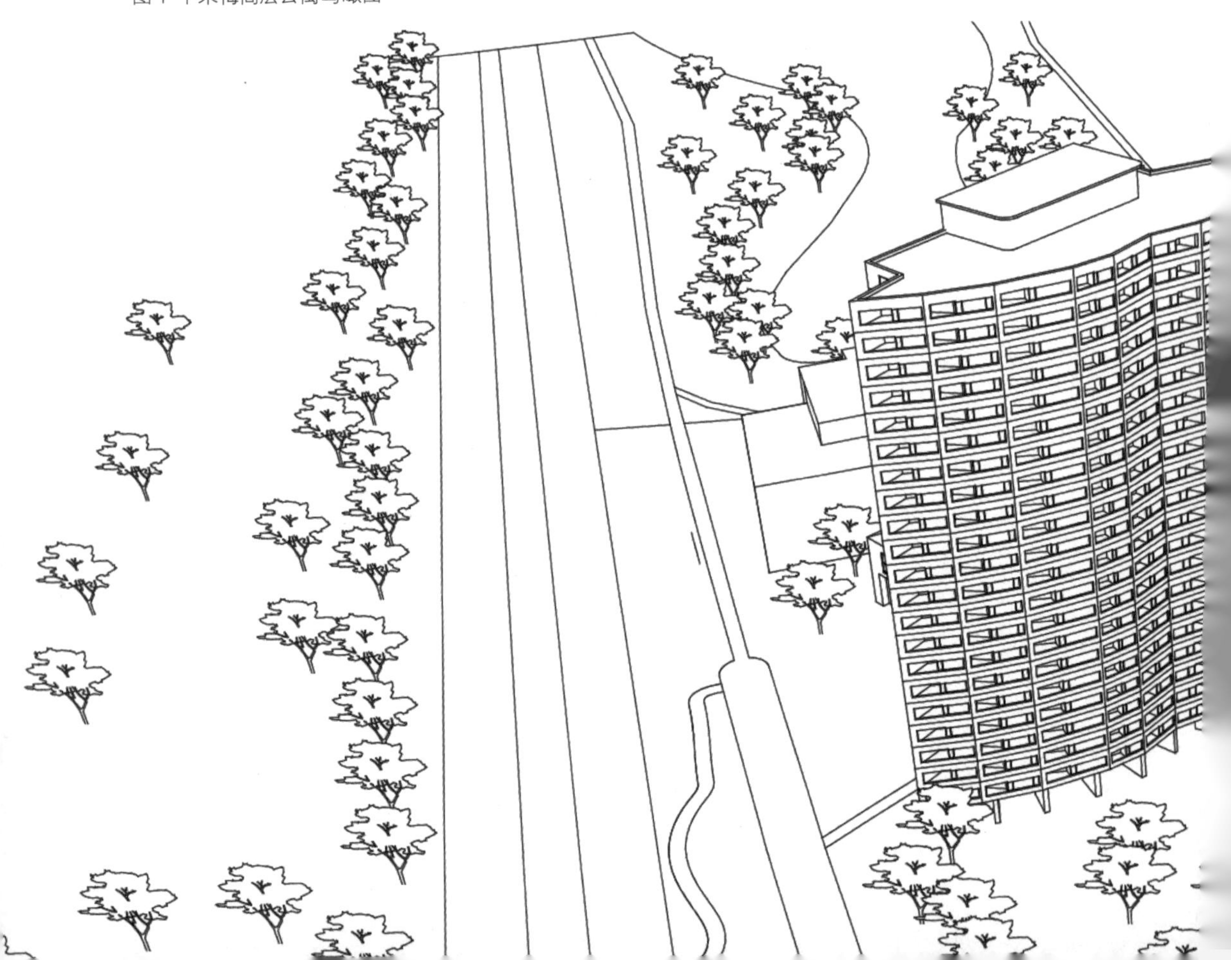

图 2 不来梅集会广场 图 3 新瓦尔区现代风格住宅
图 4 城市传统住宅 图 5 新瓦尔高层公寓西侧外观

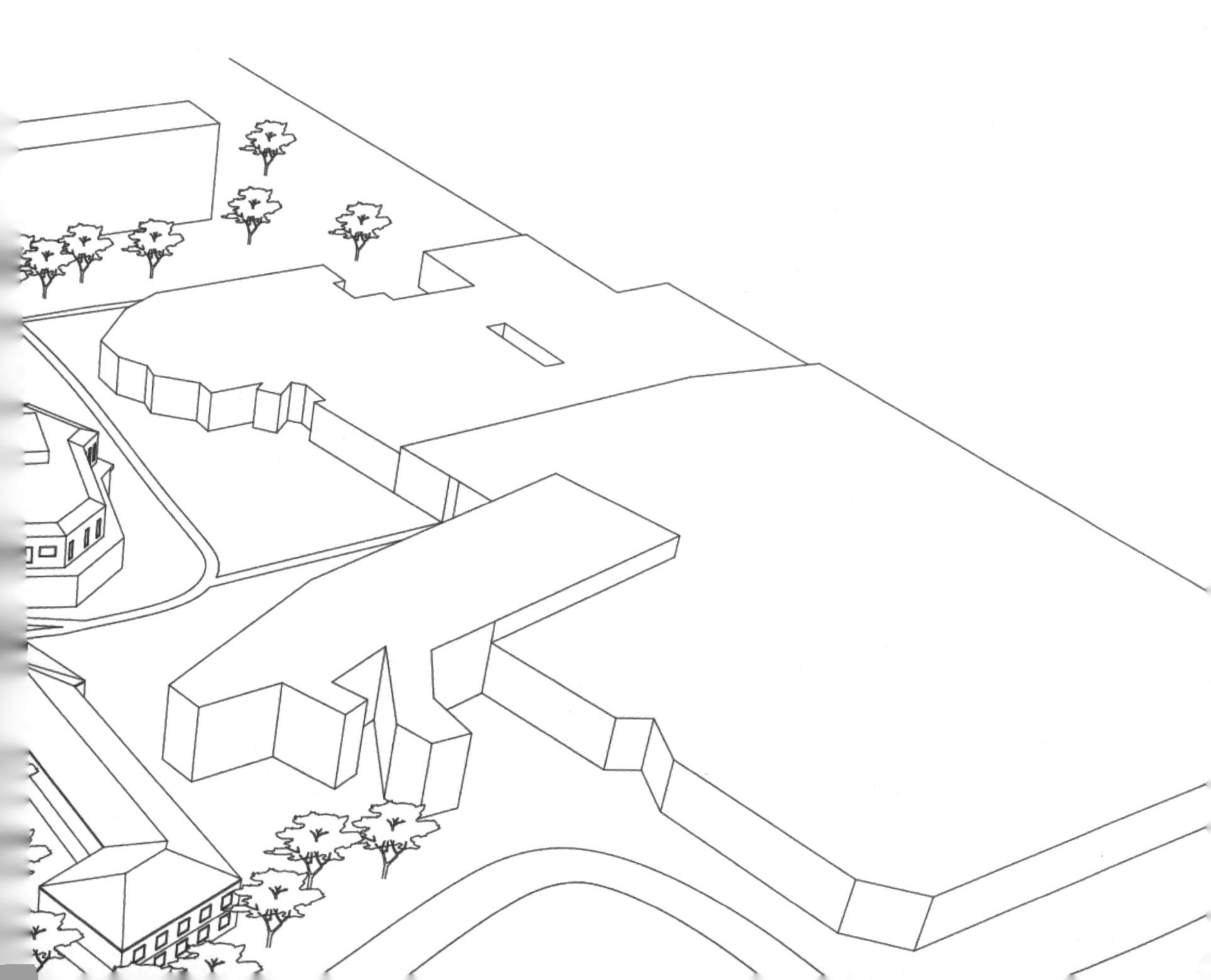

位于不来梅东部威悉河以北的新“瓦尔”区（Neue Vahr），作为二战后不来梅恢复重建的新区，规划建设有大量的住宅、公寓以及配套的购物中心、超市、便利店、银行、医院、药店、公园、绿地等公共服务设施。建设之初作为提供给战争幸存者的新建住区，后来逐渐成为满足中低收入阶层、青年人、蓝领阶层使用的大型居住社区。之所以称之为新“瓦尔”还因为位于此区域的住宅、公寓均是按照统一的现代主义风格建造，多层、小高层板式的平屋顶建筑，与不来梅其他区域铺有红、黑色陶瓦的传统坡屋顶、独立式住宅截然不同，这里住宅布局自由灵活，强调组团社区的观念，密度较低，留有大量的绿地、水系，自然条件优越（图2、图3）。该区域的中心，瓦尔湖（Vahrer See）西侧、绿树掩映之中矗立着一座白色挺拔、新颖独特的、由预制混凝土板建造的22层点式公寓住宅，作为专门提供给单身人士与尚未有孩子的年轻夫妇使用的“临时过渡住宅”（图4），是阿尔瓦·阿尔托于1959~1961年设计建造的、在其职业生涯中为数不多的高层集合式公寓住宅之一（图5）。作品展现出这位人文主义大师以人为本的设计初衷，标志着其由服务小众开始向关心普通人的生活，以及关注人与社会和谐等更为普遍的社会问题的转变，丰富完善了他对住宅设计的理论与思想。1995-1996年，该住宅的外墙曾进行过一次彻底修复，之后于1996年再次投入使用至今。

一、不来梅高层公寓的空间体验

建筑位于新瓦尔集合住宅社区的一个综合公共服务中心，南向相接商业步行广场，广场四周分布着购物中心、超市、餐厅、银行、药店等完善的社区级商业设施（图6），商业中心东侧相邻瓦尔湖，西侧为公园绿地，完备齐全的商业服务以及良好的自然环境使得该区域逐渐成为新瓦尔社区的活力中心（图7）。鉴于西边公园绿地相对开敞空旷的自然条件，阿尔托将主要居室空间全都设置于西侧，并采用放射式的户型平面与连续旋转角度的居室排布，诠释了建筑与阳光、自然之间最密切的关联（图8、图9）。

图6 不来梅公寓南侧相邻的商业广场

图7 商业中心里的标志性建筑

图 8 公寓西侧的公园绿地带来良好的环境景观

图 9 曲折的界面带给建筑更广阔视野

公寓住宅的主入口位于南侧，可直接通往商业广场，通过公寓住宅东侧紧邻的步行道路还可直接到达公寓北侧的停车广场。由于此地商业配套的定位与地段潜在的商业价值，公寓住宅的底层与广场相邻、主入口旁的部分空间也被赋予电讯、便利店等对外服务的小商业功能（图 10），由此看来，阿尔托不来梅高层住宅模式非常近似当代具有一定集约化程度的商住综合体建筑类型。主入口雨棚作为阿尔托设计作品中人性化关怀的重点要素，无论是其自宅小体量的私人居所还是这 22 层的集合式公寓住宅，适宜且符合人体尺度的处理已成为其谨守的人文化表征。该住宅宽大的平板雨棚通过纵向排列的两组纤细金属双柱加以支撑，目的是要营造出一种畅行无阻的空间感受，雨棚外侧包裹的金属铝板焊接后所留下的粗糙痕迹则表述着建筑加工工艺上的年代感（图 11）。

图 10 不来梅公寓底层南向的商业设施

图 11 主入口雨棚

由于德国北部靠近北欧，相近的亚寒带大陆性气候使得该地区冬季漫长、气温较低，因此阿尔托于芬兰、德国设计的许多建筑作品中，主入口都设计有双层门斗，此公寓住宅也不例外（图 12）。建筑的底层为南北纵向流通的门厅空间，其中包括接待空间、一间办公室、对内服务的商店、服务台、邮箱、书报栏，楼梯、电梯等交通空间以及垃圾竖井等多种功能（图 13），且并未设置公寓住宿内容。楼、电梯，服务设施、设备管井等都集中布置于住宅东侧居中的位置，其中门厅当中的楼梯采用长短跑的方式巧妙地将电梯间整合在楼梯间的下方（图 14），交通空间于一侧的集中布置提高了空间效率，凸显出作品功能理性的特征。更具趣味的是，门厅中与楼梯平行处的两根独立支柱，阿尔托采用类似鸡腿柱的形式，并将电线管道设施藏于柱体之内，形成别具雕塑感的造型，这与柯布西耶在马赛公寓、瑞士学生公寓中底层架空的独立支柱颇有几分相似（图 15）。总体看来，建筑底层成为公寓住宅的公共空间（图 16），二层以上均为私密的公寓居住空间。

12 | 13
14 | 15

图 12 主入口双层门斗
图 13 门厅
图 14 电梯间
图 15 底层大厅中的两根巨型独立支柱

公寓的标准层设计充分体现出阿尔托对于公寓式住宅社会集体生活理想价值的追求与探索。公寓每层布置 9 间小型公寓，每间公寓以不规则的 V 字形朝向西侧展开布局，开间、进深、角度各具不同，每层的南北两端分别设置有一套相对较大的公寓户型，剩下的中部 7 间均为一居室公寓。其中一居室公寓内都标准配置有入户玄关、储物间、卫生间、厨房、大起居厅兼卧室（抑或一室一厅）、阳台，并且沿纵向按照三段功能层次做出明确的分区与限定。尤其是每家的入户玄关、储物间与卫生间，设计师将其视为公寓空间的第一层次，通过一道内门加以限定；由于西厨通常采用电磁炉且西餐少油烟，加之必备的上下水系统，餐厨空间置于入户第一层次与内部起居卧室之间，并且靠近管线集中的卫生间；第三段为私密区，户

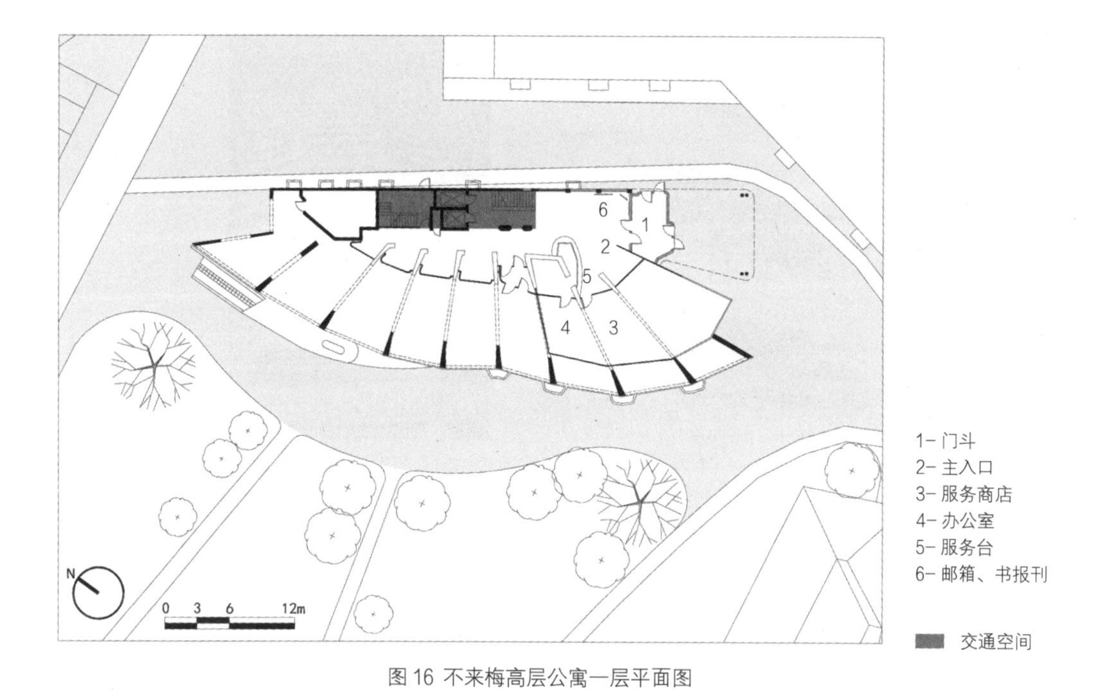

图 16 不来梅高层公寓一层平面图

型开间较小的是针对单身使用者设计的包含开放式卧室的起居厅，开间较大者卧室则被从起居厅中分隔出来形成一室一厅。南北两个端头户型由于开间、进深稍大且具有两个外墙界面，因此又多出一间卧室，形成一室半或两居室户型（图 17）。每间公寓外墙一部分为窗台之上的全玻璃墙面，一部分为多边形的半室外阳台，再结合各户型朝向角度的差异，整个建筑西侧外墙构成了明暗虚实、富于变化的折面肌理（图 18、图 19）。

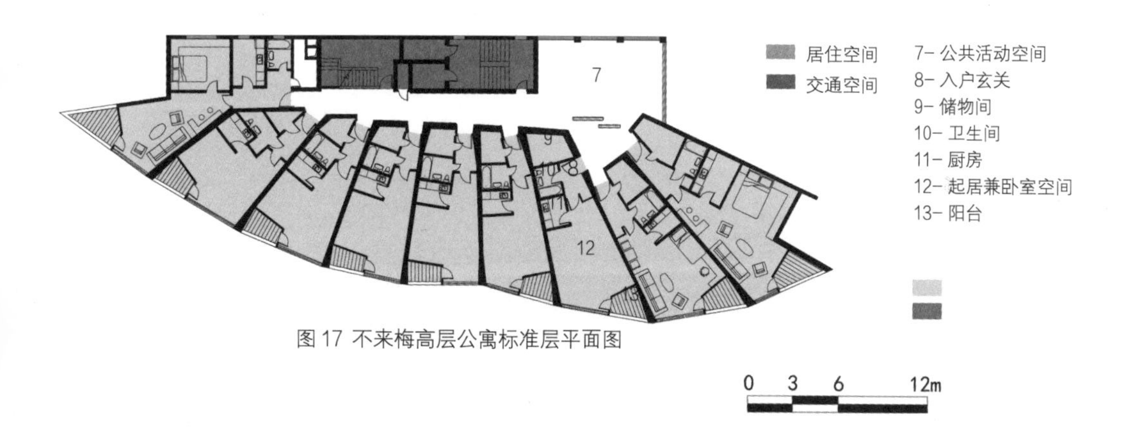

图 17 不来梅高层公寓标准层平面图

图 18 居住单元外侧虚实的空间变化

图 19 曲折的外界面

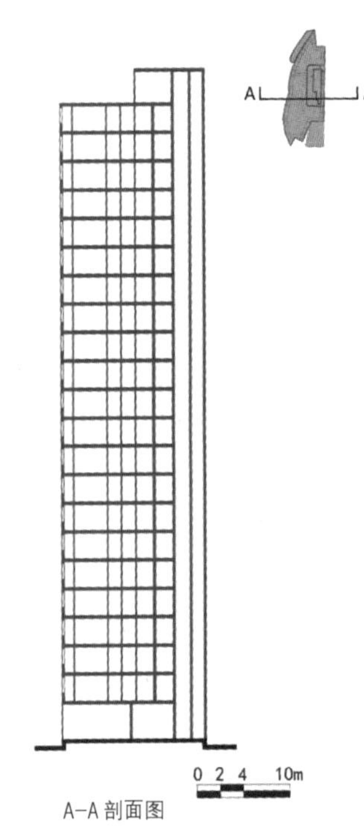

图 20 不来梅高层公寓剖面图

公寓住宅空间占据整个标准层的西侧，而剩余的公共交通及辅助空间则被整合到东侧一个狭长的矩形空间之中。其中设计师于每一层的南向，临近疏散楼梯处均设计有一个大型公共空间供青年人集体活动之用，体现了集合式公寓住宅群体交往的生活特点（图 20 ~ 图 22）；公共空间中水平走廊在此成为半开敞式的内廊（图 23、图 24）；每个寓所的入户空间还通过降低入口玄关的高度以及对入户空间所做的内凹处理，起到限定和隐私保护的作用（图 25）；建筑的屋顶还设置有会所和一个带有顶棚的全景平台，体现出典型的现代建筑的空间特征。整座建筑外墙除采用白色的涂料外，东侧较大的实墙面上还采用了轻质构造的石棉水泥瓦饰面，由于该地区常年风力的影响，高层公寓外墙饰面曾出现过安全隐患，为保持建筑原初的样子，在修复时通过外部固定铁丝网格对局部外墙材料进行过加固（图 26）。

二、阿尔托的“社区乌托邦”

阿尔托对于居住的理解和住宅的实践并非仅限于别墅、私邸等。由于受到 18 世纪西方“乌托邦”思想的影响，阿尔托开始关注普通大众的生活，认为每个人均有自我实现、荣耀和成功的权利，并憧憬人人平等、没有压迫、共同生活的美好社会；有关城市设想方面，他开始重视城市居民的公共生活和集体生活，建立各种公共设施，并将“保证每个市民都有一个像样的家，给他们提供最基本的安全庇护”作为其这一时期执业恪守的信条，理想的社会乌托邦唤醒了阿尔托强烈的公民意识，并对他日后的住宅设计产生了特别的影响。1933年，他在文化杂志《Granskaren》的一篇撰文中又指出了住宅与提供公共服务的多种建筑之间的关系：过去所有一系列功能性活动，包括照料儿童、初等教育、照顾病患、制衣裁剪、食物贮藏以及作曲、游戏等社会交流和文化活动（不包括各种手工艺与受薪工作）都是在家中进行，需要使用大量空间与时间。现在这些功能很大程度上已被转移到公共服务机构当中，如日托中心、学校、医院、制作成衣和加工食品的工厂、洗衣房、舞厅、图书馆、剧院等。家庭不再需要容纳所有的功能，因而住宅尺度可以更小，基本功能可以更加特殊化。同时，采暖、采光和上下水系统已经变得更加有效和便捷。

21		
22	23	
24	25	26

图21 标准层中的南向公共开放空间　图22 宽敞明亮的公共开放空间　图23 紧急疏散楼梯
图24 水平廊道　图25 公寓入户空间　图26 东侧外墙加固的铁丝网格

当时欧洲与阿尔托同样在居住建筑领域中探索理想价值的还有勒·柯布西耶，后者在1952~1960年间于集合住宅如马赛公寓、瑞士学生公寓中所探索实践的“理想居住单元”与阿尔托畅想的“社区乌托邦”在精神层面达成共识，诸如能够容纳一定数量的住户，通过空间活力的营造把人们从乏味的生活中唤醒，体会到社区的魅力，超市、餐馆、运动中心、洗衣房、理发室、邮局等基本生活设施应相当完备，满足居民自由、平等地享受配套服务等。当精神文化物化于建筑，两者却并未导致统一的价值认同和普遍居住模式的出现，柯布西耶将住宅当作批量生产的产品看待，建筑语汇强调具备放之四海皆准的普适性，具备相似的外观、内部结构、户型组合甚至是建造方式，并将其作为快速批量复制的基础；公寓户型可以满足当时各种家庭规模的需求，底层架空可以满足停车、通风和入户，屋顶设置幼儿园，成人健身房和一定的公共活动空间，此外公共社区服务功能如商业内街、幼儿园、邮局、小型超市全都植入公寓住宅内部，并将各种空间的尺度都通过柯布西耶模数加以控制。与柯布西耶一应俱全的“理想居住单元”模式不同，阿尔托的“社区乌托邦”围绕公共服务设施建造高层公寓住宅的方式更具功能理性，更易于街区、社区活力的营造，诚如前者的实践证明也并非成功；另外阿尔托在追求平等社会的同时，还着力在围护个体的独立性，追求自由且凸显人性化的尺度，空间组合避免单调的、一模一样的房间，空间形态更是基于自然环境、文脉或通过强调某些与场地相关的特殊因素而寻求具备环境特征的自然形态。不来梅高层公寓住宅之后，阿尔托于1965年在瑞士卢塞恩市又设计了“舒标”（Schönbühl）高层扇形公寓住宅，这是对他“社区乌托邦”居住模式的进一步探索。

三、花之塔——自然的绽放

人与自然的关系是阿尔托为自己和现代建筑提出的最关键问题，他的建筑作品往往意义深刻，而不仅仅是某场所的一种时尚符号。阿尔托所有的社区规划都把与自然的联系作为关键主题，除了阳光与新鲜空气外，还包括视觉与自然的持续接触，阿尔托自宅、玛利亚别墅、卡雷别墅等，不胜枚举，但凡可能的话，阿尔托总要设计出大阳台、小花园以及便捷到达附近树林和水系的路径。同时，不像其他现代主义大师拘泥于单调严肃的几何形体，他还巧妙地将自然融入了他惯用的建筑语汇；有机的房间组合，使用自由的、打破传统欧式几何的形式语言，采用不规则扇形或辐射形等有机形态发展建筑与自然环境间的互动关系。这种独特的、新的模式语言不仅出现在1959年芬兰塞伊奈约基市图书馆（Seinäjoki Library）、1960年罗瓦涅米图书馆（Rovaniemi Library）、1963年沃尔夫斯堡文化中心（Wolfsburg Cultural Centre）等文化建筑当中，也同样应用于普通住宅中，这点我们从不来梅高层公寓与之后的“舒标”公寓中均能有所感悟。

1957年，阿尔托于《建筑师的觉悟》一文中提道：“人们不可能简单地建造一座高层公寓而拥有与独栋住宅相同的品质。然而毕竟我们两者都需要，因此就必须发展出一种高层文化，使其中的生活尽可能地与小的私人住宅大致相同”；“有着开敞的玻璃幕墙和阳台的住宅，人们可以看到其内部活动的每一个细节，而没有提供足够的私密性，我们必须建造这样的住宅，每一个独立的家庭在其中都能够真正地感到私人住宅的感觉，而且尽可能地与邻居相隔离”。该论述在流露出阿尔托居住建筑观念的同时，从侧面也揭示了其自然有机的建筑语境下人文主义的深刻内涵。

阿尔托始终认为大自然，阳光、树木以及空气等都在自然与人类的和谐与平衡间起了相当重要的作用。为了融合自然环境与社会环境，结合高层居住建筑的特点，不来梅高层公寓

图 27 朝向、角度对光线的不同反映

图 28 居住单元外墙的细节处理

中阿尔托化机巧于捕捉光线的角度与方位朝向的微妙变化之中（图 27）。反映在户型平面设计上，则极力避免小公寓时常带给人的沮丧、封闭之感，将每间公寓朝外采光的一侧空间都逐渐变宽，形成近似于梯形的平面，带给居住者更广阔的视野与放松的状态，而整体类似扇形的排布和组织犹如自然界中绽放的花瓣，与传统、狭长的矩形房间组织截然不同。此外，建筑还通过采用窗间隔墙、阳台栏板，以及远离邻近建筑等措施，在满足住户最大程度享受阳光、风景的同时，还有效阻挡了邻居的视线与干扰，积极回应其针对高层住宅所关注的问题（图 28）。建筑中我们还能领略到空间与传统材料的巧妙结合以及精心设计的细节，如底层公共大厅的红色陶砖铺砌，以及棕红色木板条顶棚装饰所带给整个建筑热情温暖的基调（图 29），底层墙面与立柱统一高度上的深蓝色釉面砖装饰，标准层中靠近房间入口侧墙面设置的木质无障碍扶手，水平走廊变化的墙面颜色等（图 30、图 31），在为空间带来亲切感、便捷化、人性化的同时，更多地体现了阿尔托对于传统、自然材料的感悟。

29|30 图 29 底层楼梯间木质板条顶棚的细节处理　图 30 走廊中的木质扶手与墙面色彩对比
31 图 31 疏散楼梯钢板护栏与木质扶手

不来梅高层公寓住宅是阿尔托一次有利于人类福利的环境创造，是其进一步关注“人与社会”，关心普通人生活，并由此确立的“以人为本”设计观念的真实写照，更让我们领略了有机建筑的自然洒脱；正是对于关心普通人生活的努力，让我们也了解到了设计更深层的含义，以及设计师的责任——找回居住的真正意义，找回诗意的居住，找回我们应有的居住文化，创建有益于人类的世界观和价值观。阿尔托的实践与哲学的反思也提醒我们：倘若我们的目的是提供有意义的、人性化的场所，那么在追求这个目标时就必须警醒，建筑语言的多样性不应被时髦科技和流行时尚左右，更不应在全球化、标准化语境中消失。

10

伟大的空间

西班牙巴塞罗那国际博览会德国馆

Barcelona Pavilion

10 西班牙巴塞罗那国际博览会德国馆

Barcelona Pavilion

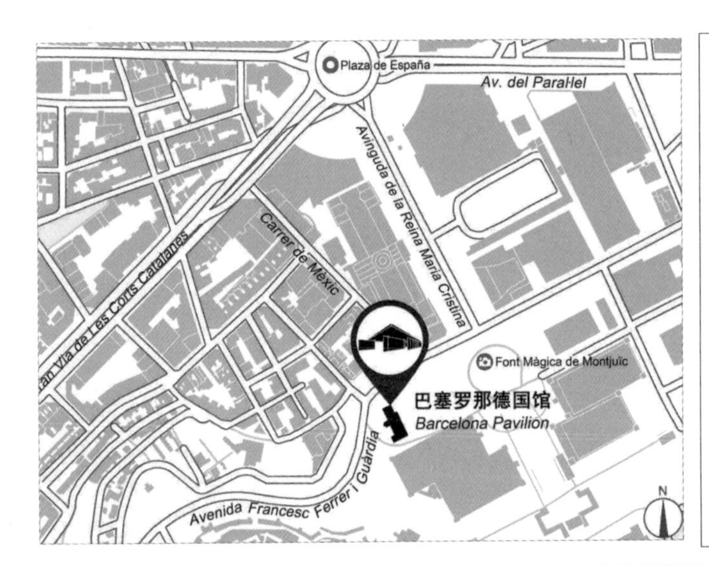

建筑名称：
巴塞罗那国际博览会德国馆（Barcelona Pavilion）
造访时间：
2007年12月24日
建造地点：
巴塞罗那市蒙锥克公园（Parc de Montjuïc）内弗朗西斯·费雷尔·瓜迪亚大街7号（Av. Francesc Ferrer i Guàrdia 7）
设计时间：
1929年
建造时间：
1929年；1983年重建
建筑师：
路德维希·密斯·凡·德·罗（Ludwig Mies van der Rohe）

历史成就：
现代建筑史中里程碑式的建筑；展现了密斯“少就是多”的设计哲学与流动空间的概念主张；2011年入选世界文化和自然遗产；2011年入选世界文化和自然遗产。
交通方式：
在巴塞罗那市内乘地铁 L1、L3或乘坐大眼睛观光巴士至西班牙广场站（Espanya）下车，然后沿着玛丽亚·克里斯蒂娜（Reina Maria Cristina）女皇大道朝宫殿方向前进，在到达台阶之前向右转向可米拉斯伯爵（Marques de Comillas）大街即可到达。

路德维希·密斯·凡·德·罗[1]
（Ludwig Mies van der Rohe）

现代主义建筑思想奠基者之一，卓越的建筑教育家；作为钢结构与玻璃建筑的创始者，提出了“少就是多”创作理念，探索出“全面空间”、“纯净形式”、“模数构图”的设计手法，开创了现代建筑的新语言。

建筑师大事记和作品列表：

1886年	3月27日出生于德国亚琛一个石匠家庭；
1899~1903年	在亚琛工厂车间学习粉刷与装饰；
1905~1907年	在布鲁诺·保罗（Bruno Paul）事务所工作，后在慕尼黑应用艺术学校学习；
1908~1911年	进入彼得·贝伦斯（Peter Behrens）事务所工作；
从1911年	开始在柏林成为自由的职业建筑师；

1.路德维希·密斯·凡·德·罗图片来源：http://houshidai.com/master/mies-van-der-rohe.html

1921~1924年　在摩天大楼、别墅与办公楼领域从事着研究与实践；
1927年　任斯图加特魏森霍夫住宅社区展览会负责人；
1929年　任西班牙巴塞罗那国际博览会德国馆设计负责人；
1928~1930年　设计捷克布尔诺吐根哈特住宅；
1930~1933年　任德绍包豪斯学校校长；
1938年　移居芝加哥；
1944年　入美国籍；
1938~1958年　任芝加哥阿尔莫理工学院建筑系主任（1940年后改名为伊利诺伊理工学院）；
1946~1951年　设计伊利诺伊普莱诺范斯沃斯住宅；
1948~1951年　设计芝加哥湖滨大道860-880公寓摩天大楼；
1954~1958年　设计纽约西格拉姆大厦；
1959年　获英国皇家建筑师学会金质奖章；
1960年　获美国建筑师学会金质奖章；
1962~1967年　设计柏林新国家画廊；
1969年　8月17日于芝加哥逝世。

巴塞罗那德国馆总平面图

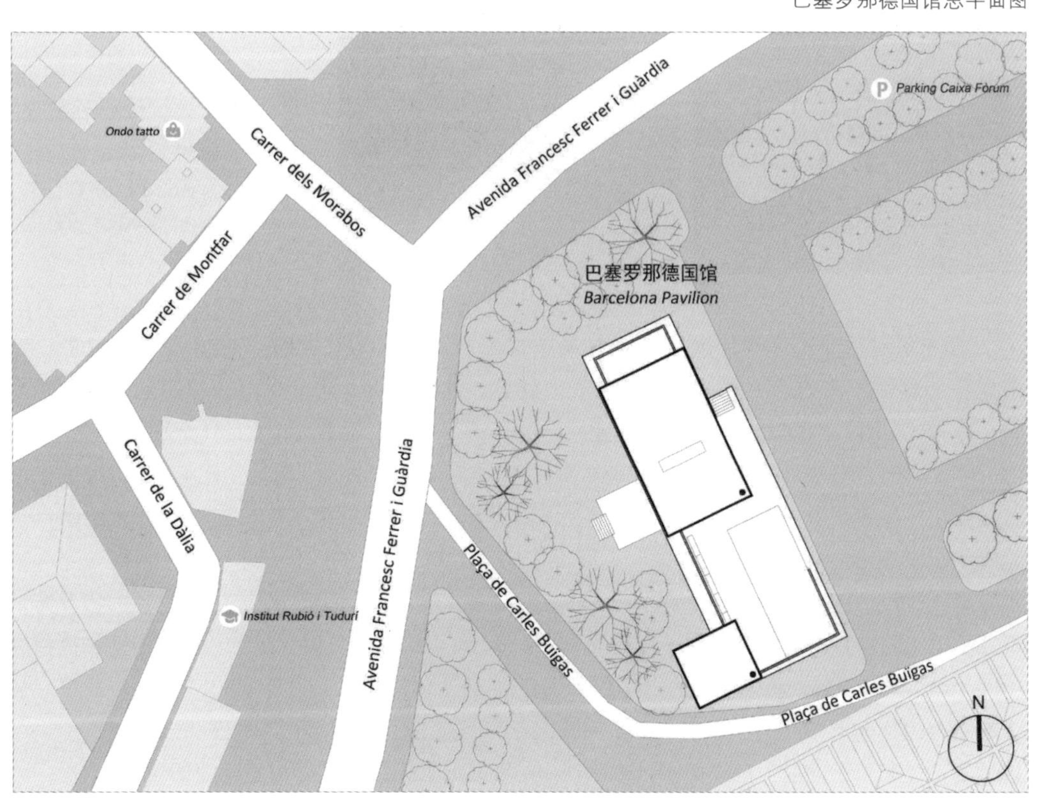

1	2
3	4

图 1圣家族教堂
图 2米拉公寓
图 3巴特略公寓
图 4古埃尔公园

巴塞罗那，西班牙第二大城市，加泰罗尼亚自治区首府，热情、艺术的海滨城市，建筑学子们趋之若鹜的艺术之都。说到近现代建筑，这里可谓是星光灿烂、流光溢彩：安东尼奥·高迪（Antoni Gaudí）塑造了这座城市的灵魂—— La Sagrada Familia圣家族教堂、La Pedrera米拉公寓、Casa Batlló巴特略公寓、Parque Güell古埃尔公园、Finca Miralles米拉莱斯之门……各个激动人心（图 1～图 4），何塞普·路易斯·塞尔特（Josep Lluís Sert）设计的米罗基金会美术馆，理查德·迈耶（Richard Meier）的现代艺术博物馆，恩瑞克·米拉莱斯（Enric Miralles）和贝娜蒂塔·塔格利亚布（Benedetta Tagliabue）设计的极具艺术范儿的圣卡特琳娜市场，弗兰克·盖里（Frank Owen Gehry）的Fish鱼灯，赫尔佐格和德梅隆（Herzog & de Meuron）设计的巴塞罗那2004国际论坛建筑等（图 5～图 9），精彩纷呈，各个都堪称建筑学子们心有所属的目标。然而浩浩洋洋之中让人仰之弥高的是，现代建筑历史中堪称开创变革新纪元的一座小而不凡的建筑——西班牙巴塞罗那国际博览会德国馆。

5	6
7	8
9	

图 5 米罗基金会美术馆
图 6 现代艺术博物馆
图 7 圣卡特琳娜市场
图 8 Fish鱼灯
图 9 巴塞罗那 2004国际论坛建筑

一、巴塞罗那德国馆的建造历史

德国在第一次世界大战之后的1924年利用道威斯计划（Dawes Plan），经济逐渐复苏，在西班牙巴塞罗那国际博览会开幕前夕，德国政府想要通过现代建筑的艺术媒介为世界展现一个民主、文明、繁荣与和平精神的新国家形象。由此可见，德国馆是一座不受使用条件限制的建筑，唯一目的就是在巴塞罗那国际博览会上表现德国。1929年5月巴塞罗那德国馆（图10）的落成果然不负众望，建筑结构由八根十字形断面钢柱来支撑，三个等量的长方形开间，出檐深远的平屋顶，由大理石和玻璃构成的墙面自由划分着空间；这里没有一处空间是封闭的，任何空间都和相邻室内或室外自由联系，简单的空间围合变得复杂而丰富，在这里空间与运动，空间与时间密切关联，一个全新的“流动空间”概念由此诞生了。德国馆暴露的骨架、整洁的外观、灵活多变的流动空间以及简练而精致的细部，开创了现代建筑模式的新语言，当时轰动了整个欧洲建筑界，对后来的建筑也产生了深远的影响。博览会闭幕后德国馆于1930年年初被拆毁。

这一20世纪现代主义建筑的杰作始建迄今也近百年了，大凡流传至今的历史胜迹，总是拥有生生不息、吐纳百代的独特禀赋，德国馆作为现代建筑萌芽展现的结晶，现代建筑发展中的里程碑，密斯“流动空间”思想的代表作，其对建筑历史的深远影响是永不磨灭的。鉴于此，根据保留下来的图纸照片资料，一支西班牙天才的建筑师团队于1983~1986年间经过认真的考证研究，主持重建起了该建筑。德国馆于1983在原址复建并于1986年密斯100周年诞辰时，再次展现于世人面前。

二、巴塞罗那德国馆的空间体验

德国馆在选址上就体现了密斯的匠心独运。同为1929年世界博览会修建的西班牙广场，从玛利亚・克里斯蒂娜王后大道起点的威尼斯双塔、会展中心直至台地之上的国家宫，无不展现了西班牙文艺复兴时期的古典风格，而地处国家宫西侧的德国馆，足以体现场地因素被密斯考虑在了设计之中，在这样的古典氛围中，密斯是想创造一个新的建筑，新的时代！（图 11 ~ 图 13）

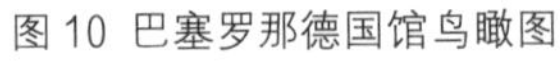
图 10 巴塞罗那德国馆鸟瞰图

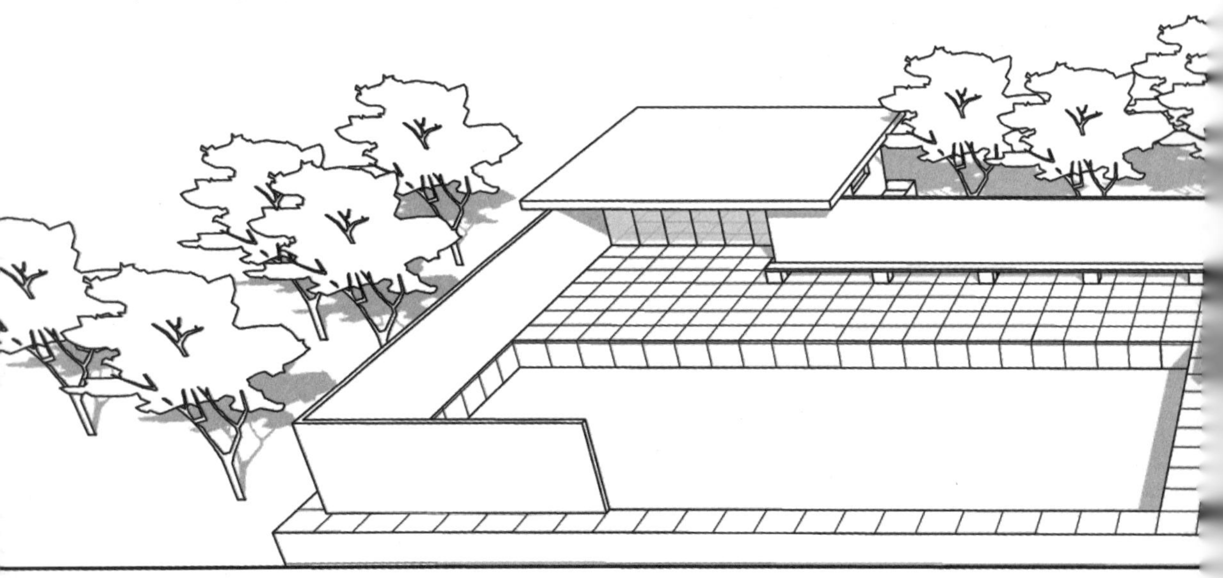

11|12
13|

图 11 西班牙广场上的威尼斯双塔与会展中心
图 12 台地之上的国家宫
图 13 巴塞罗那德国馆远景

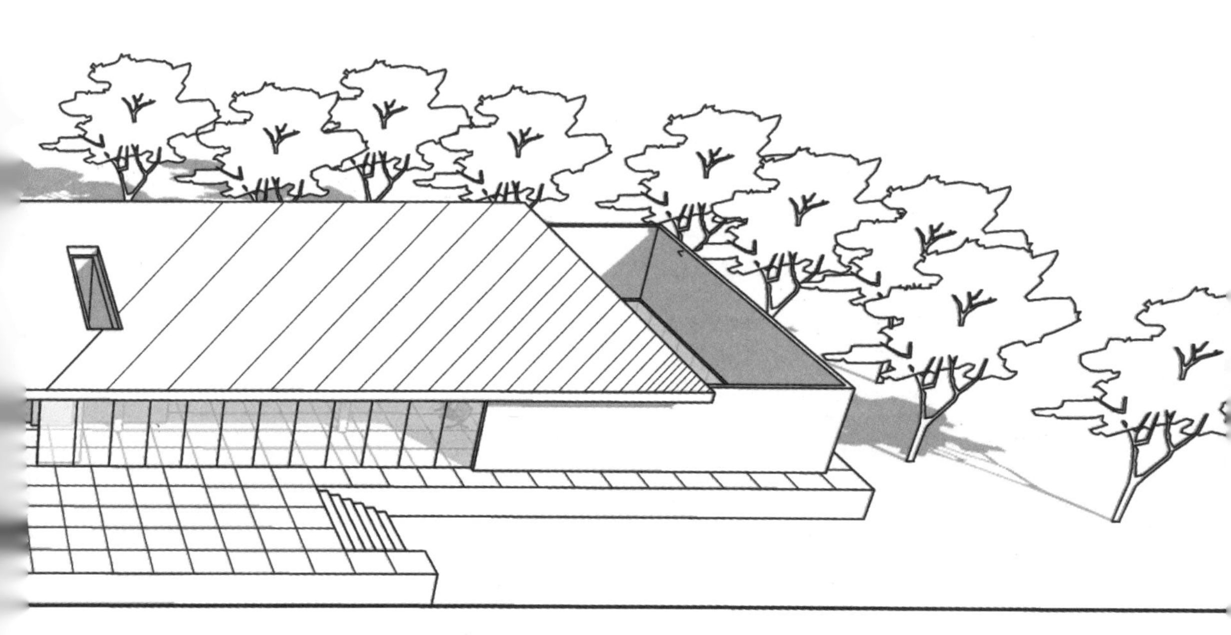

由于基地西高东低，德国馆的场地限定是由基底抬升开始的。整个展厅建在一个约1.2米高的石砌平台基座上（图 14），全长约40米，宽边约18米，仿佛古老的寺庙坐落在大理石基座上，所有三个展示空间与两方水景交融的室内外流动空间凝聚的智慧与机巧，密斯现代主义自由的计划与流动的空间均在此限定中完美绽放。与此类似的限定方式在密斯随后的作品中也都屡试不爽，如范斯沃斯住宅、德国新国家画廊。德国馆实体空间主要由一个大的主厅和一个附属用房组成，两部分在平面上相对独立，之间由一条长长的大理石墙连接。主入口平台较大的庭院景观水池延伸向东南，展厅北侧还有一处四面围合向天空开敞的较小的水池，两者前后呼应，水池边缘的地板向水面做了延伸处理，带给人们的感受是水池在基座下由外向内是连续贯通的（图 15～图 17）。

图 14 1.2米高大理石基座

图 15 主入口平台庭院景观水池

图 16 北侧水池内院

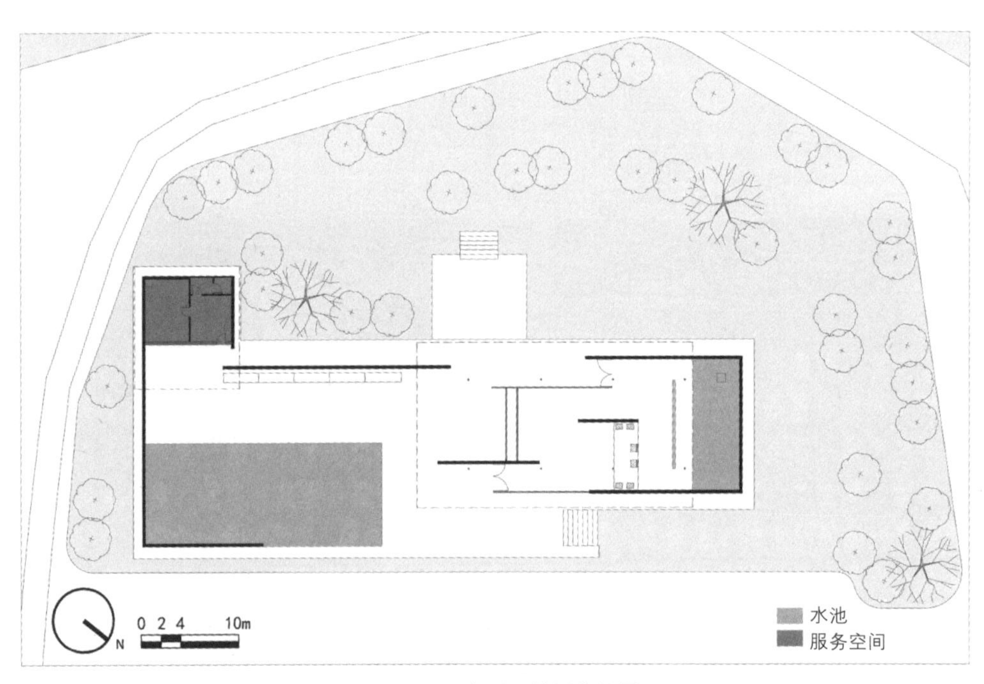

图 17 巴塞罗那德国馆平面图

德国馆空间突破了传统砖石承重结构必然造成的封闭、孤立的室内空间，采用钢框架结构，用板片构件限定组织流动空间并随着人的运动与行为的展开变换着板片的材料与透明性。主展厅承重结构是8根十字形断面的镀铬钢柱，平面为三开间开放式布局，每开间宽为4.8米，进深5.4米，顶部覆盖一块向四面悬挑的钢筋混凝土屋面板，板上没有主梁与次梁等结构形式。室内所有纵横交错的大理石墙与玻璃隔断均不起承重作用，只作为空间划分的手段：有的独立布置，有的组合关联，有的从室内延伸到屋面以外，形成了似分似隔，似封闭似开敞的流动空间印象。墙体的不对称与随心所欲的布局，和规整排布的钢柱相比，表现出密斯探索自由平面的精神（图18～图20）。主展厅内唯一的陈设是三对钢管椅——靠椅和平椅，这是密斯当时为迎接国际博览会西班牙国王和王后造访德国馆特意设计的巴塞罗那椅，其舒展的形体与开敞的建筑非常匹配（图21），而皮革拉扣加钢管自然也成为密斯室内空间陈设艺术品中常用的材料及特点。室内家具、陈设艺术品与空间的全面设计在现代主义大师作品中我们也屡见不鲜，柯布西耶、阿尔托等，各具特色，这不仅表达出他们对建筑的控制力，也为建筑倾注了人文色彩，体现出他们对建筑的理解。

18 | 19
20 | 21

图18 展厅主入口
图19 主展厅内景
图20 轻盈的结构系统
图21 巴塞罗那椅

由主展厅步入相邻半室外水池院落是整个流动空间处理的高潮。内外空间结合的焦点是位于水池中凸出基座上矗立着的真人大小般的少女雕像，由德国著名雕塑家格奥尔格·科尔贝（Georg Kolbe）设计完成，主题为“Morning”，在冷峻的青绿色背景中，雕塑那柔美的曲线和灵动的姿态酷似一个蒙太奇化的生动人影（图 22～图 24）。记得第二次造访德国馆是在2007年西方平安夜的早晨，冬日艳阳天且弥漫着浓郁节日的味道，记忆深刻。当我刚步入展厅，空无一人，一缕冬日暖阳掠过绿色大理石外墙飘洒进静谧的水院，将冰冷青铜铸就的少女雕塑沐浴得如同焕发了生机，此时此景才让我读懂了她的主题，她那下意识的姿态以至于她在水院中所处的方位、尺度等尽显玄妙之处。

离开主题雕塑逆时针左转，经过华丽的玛瑙石背景墙，进入建筑中央位置的光箱空间，从这里不仅可以随意游离出展厅，进入西班牙广场所处的蒙锥克山浓郁的传统乡土民居当中感受别样的美妙，也可继续向左转入乳化玻璃光箱以外覆盖有较长悬挑屋面的檐廊下，再次俯瞰到入口平台偌大的露天水池（图 25～图 27）；沿着水池的长边设计有石灰华大理石条凳供人休息

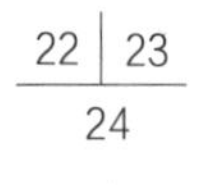

图 22 展厅与水院的内外渗透

图 23 “Morning”雕塑

图 24 四面围合天井水院

冥想，坐在长条石凳上可远观西班牙广场主轴线上的国家宫、魔幻喷泉，向左一瞥，走廊尽端科尔贝青铜少女雕塑仍然静静地散发着现代艺术的光辉，这里不禁让人将密斯的流动空间与中国古典园林中对景、借景、框景等造园手法联想在一起，这里的流动不仅在于空间限定，更是升华为人的心里行为深层次的感受（图28）。

南侧由相同石材限定出的小型U形空间作为附属设施，最初为两间辅助用房和一个盥洗室，负责展厅的日常运营（图29、图30）。目前，密斯·凡·德·罗基金会在这里设立了一个建筑书店，主要售卖密斯和巴塞罗那德国馆的相关著作以及现代建筑方面的图书，大家去的话可千万别错过！

25	26
27	28
29	30

图25 经过展厅中央的玛瑙石背景墙　图26 室内外空间的流动流通
图27 覆盖有悬挑屋面的檐廊　图28 休憩空间处内外对景的交流
图29 与主展厅形式呼应的附属用房　图30 主次空间在结构与视线上的关联

德国馆体量虽小，立面和平面图画起来也寥寥几笔，但内部空间却能如此鬼斧神工，它所使用的钢结构与玻璃可以追溯到彼得·贝伦斯现代主义新技术、新材料的应用，它所呈现的精确比例可以追溯到卡尔·弗雷德里希·辛克尔的古典主义，它的平面构成和风格派绘画相似，乃至构成主义和立体主义等现代艺术。由此，我们深感密斯在仰承师教的同时，其在技术的精确度和艺术创造的灵活性之间更是寻求到了一个完美的平衡。

三、建筑细部与材料表情

正如同时期伟大的现代建筑大师赖特深有感触地说道："材料因体现了本性而获得了价值"，密斯在以新的语言方式表达自己精神意义的同时，也深谙材料与细节处理之道。尽管密斯未在大学读过建筑学，但石匠家庭的出身，十几岁时便在亚琛工厂车间实践学习装饰技艺，造就了其对装饰选材、处理拥有相当敏锐的感觉，对传统石材性质与施工技艺更是驾轻就熟。德国馆的建筑美学效果也是得益于新旧材料的搭配应用与建筑材料自身天然的质地、纹理和色泽来表现的。

德国馆从平面到造型，简洁明了，一反传统繁琐的装饰，结构形式极致简化，表现出现代建筑理性的逻辑。所有墙体与8根钢柱都是从地面直通到顶部，干净利落，不作任何过渡交接处理，结构明确，泾渭分明，互不混淆，仔细观察还不难发现，一些隔墙虽然沿着柱网布置，并且距离钢柱只有几厘米，却相互独立，不做任何连接，表现出结构逻辑的清晰与不同材料的独立特性（图 31、图 32）；而十字形截面更使得本就纤细的钢柱进一步缩小尺度，弱化消解了其结构功能与存在感，密斯这样做目的只有一个——空间，更大、完整的空间，即"少就是多"（图 33、图 34）。密斯在向现代主义的世界贡献极少性的同时，还通过大面积着色玻璃（灰色、绿色、白色和半透明）的应用贡献了透明性，正如他所说的："用玻璃来做外墙，我们就能看到新结构原则"。

图 31 镀铬钢柱与玻璃界面的关系

图 32 钢柱与地面屋面的交接

图 33 十字形截面钢柱局部

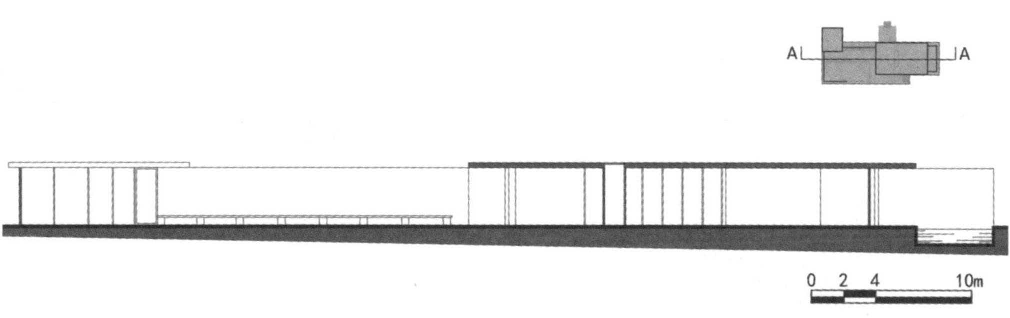

图 34 巴塞罗那德国馆剖面图

展厅内最为浓墨重彩的当属各种石材的搭配与表现，天然大理石、玛瑙石千变万化的纹路与图案像是展厅空间中的主角，让人沉迷陶醉（图 35）。德国馆全部地面均用石灰华大理石铺装，外墙则用青绿色的大理石围合，主厅内中央一片独立的背景墙还特别选用了金色缟玛瑙石拼花构成（图 36）。德国馆没有采用传统的浮雕与壁画装饰，取而代之的是色彩斑斓的大理石墙面，镀铬钢柱与纯净的玻璃隔墙有机结合，构成了不同材料自然质地的对比，塑造了明确的空间感。密斯崇尚“细节就是上帝”，虽然展厅细部精简到了极致，但整洁和骨架露明的外观，炫美璀璨的石墙与地面更为空间增添了高贵与雅致，密斯在技术的精确度和艺术创造的灵活性之间找到了一个完美的平衡，极具新时代特色。

图 35 各种石材、钢、玻璃等材料的搭配组合

图 36 金色缟玛瑙石拼花背景墙

图 37 展厅中央的玻璃光箱

此外，展厅中部半透明玻璃发光箱同样也展现了现代建筑的王道——自然光的利用（图 37）。密斯采用了双层乳化玻璃，空心夹层内的上部设有矩形天窗，自然光通过二次透射进入室内，整个夹层犹如一个自然光井，带给馆厅昏暗的中部必要柔和的自然光线，这种建筑中充分利用自然光的细节我们在柯布西耶、阿尔托的作品中也都屡见不鲜。

诚然，作为一个临时性的展馆，德国馆最初的建造也受到时间限制与预算削减等因素影响，以及当时由于装配式操作建造方法经验不足而导致出现明显的屋面防水问题。而这都不影响德国馆带给我们尤其是初涉建筑藩篱的同学们一个颠扑不破的真理：设计先要人与材料物质对话，设计最初就要考虑最终的细节，而这一切都源于我们对生活入微的观察和细致的品味。

巴塞罗那德国馆极简的结构与净化的形式隐匿着多元多变的无限空间，平静的水面，水平线构图，净白简洁的风格让人心如止水，澄澈己心；那一份静谧，那一份安宁，无以复加，无与伦比。

11

理性与浪漫的交织

德国沃尔夫斯堡文化中心

Wolfsburg Cultural Center

11 德国沃尔夫斯堡文化中心
Wolfsburg Cultural Center

建筑名称：
沃尔夫斯堡文化中心（Wolfsburg Cultural Center）
造访时间：
2007年11月13、22日，2008年1月25日
建造地点：
沃尔夫斯堡市保时捷大街（Porschestrasse）南侧，与市政厅同侧相邻
设计时间：
1958年
建造时间：
1963年
建 筑 师：
阿尔瓦·阿尔托（Alvar Aalto）
历史成就：
综合展现阿尔托个性化、独创性设计系统的集大成者；融合阿尔托功能理性与民族浪漫主义的典范作品；德国早期成人教育、“社区大学”纳入公益性建筑的有效尝试；被认为是阿尔托在德国最重要的建筑作品。
交通方式：
从沃尔夫斯堡中央火车站出来向东经过站前广场、沃尔夫斯堡科技中心，进入南北向城市主干道保时捷大街（Porschestrasse），沿大街向南步行1公里左右即可到达。

阿尔瓦·阿尔托[1]

沃尔夫斯堡文化中心总平面图

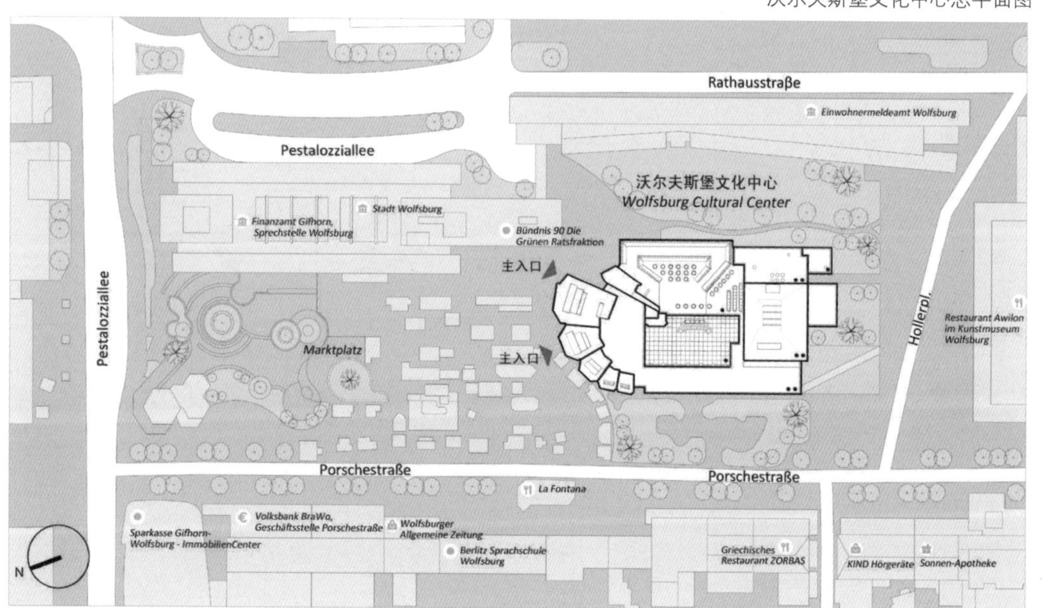

1.阿尔瓦·阿尔托图片来源：https://www.artek.fi/en/company/designers http://www.sohu.com/a/198700099_563942）

一、沃尔夫斯堡文化中心的前世与今生

沃尔夫斯堡文化中心（图 1）的前身最早可追溯到第二次世界大战后的 1947 年，作为德国 20 世纪规划建造的三座城市之一的汽车城，在公众的倡议下该城成立第一个“社区大学”，为市民开展各项人文科学普及与新的民主教育活动。同时，作为第二次世界大战后曾被英国占领的城市，该所社区大学还受到了这个在成人教育领域具有悠久传统国家的帮助与支持，社区大学的举办地也由最初海因里希·海涅大街（Heinrich-Heine）上的军营迁到之后的赫尔曼·隆斯（Hermann-Löns）校舍中。1956 年，沃尔夫斯堡城市议会正式将这所社区大学定性为城市公益性设施，除城市图书馆、戏剧舞台等功能外，这里还应成为从工厂到市政府管理人员定期举办讲座、课程，提供给青年人学习深造的文化场所。与此同时，进入 20 世纪 50 年代，沃尔夫斯堡 12 岁以下青少年比例远高于德国其他城市平均水平，青少年的关怀一时间又成为突出的城市问题，此时的联邦德国从政府到工商界团体对此相关的政策和计划却极不完善。随着青年人对于自由发展、文化生活的迫切需求，市政府颁布了相关政策用以保

图 1 沃尔夫斯堡文化中心鸟瞰图

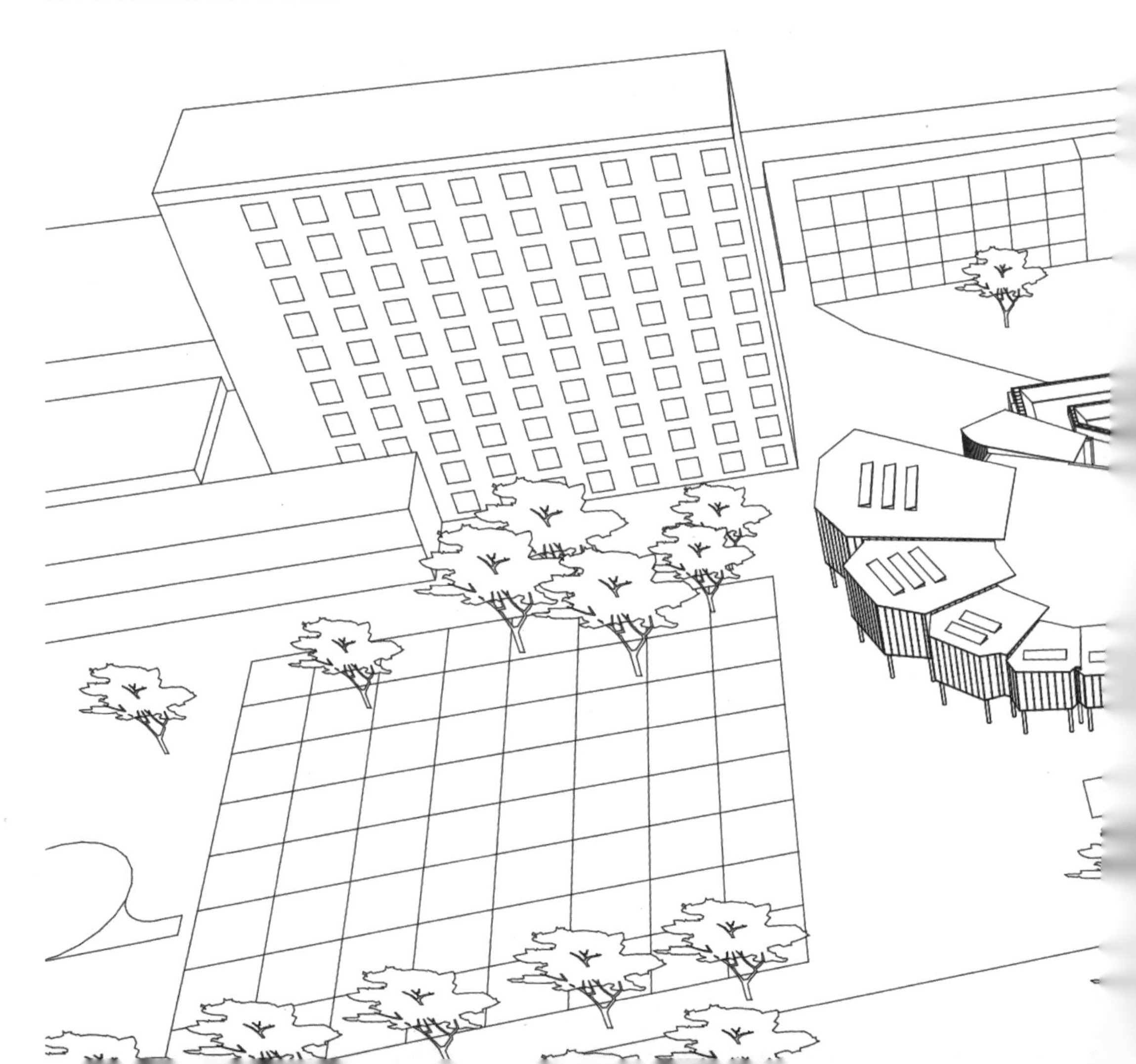

障青年人的各项权益，这直接启发后来的文化中心成为青少年“开放之家”的设计构想。

基于诸多社会需求的激增、广大市民的强烈意愿与现有活动场地局限所迫，城市议会就有了将社区大学、图书馆和青少年活动中心结合起来的设想，并最终于 1958 年 7 月 1 日于市政厅广场宣布该城即将规划建设一个具有重大意义的文化中心，旨在为这座工业城市提供市民聚会和文化活动的多用途场所。在随后的方案国际竞赛中，阿尔瓦·阿尔托从城市实质性需求出发，方案以综合性、紧凑集约化的文化综合体模式，通过系统化、个性化的空间功能、结构与形式，以及细致入微的人文关怀，更完美地契合了公众生活与社会意义而首屈一指。

作为文化中心核心功能的青少年活动中心，自建成除了为 10~25 岁的青少年提供交往、阅读学习等自由活动项目，同时还为兴趣爱好各异的年轻人提供多元化的主题课程以供选择。青少年于此除享有信赖有加的照料，还必须接受严格纪律的约束，譬如整个文化中心内的酒精禁令以及运营数月后颁布的吸烟禁令。此外，随着文化中心里的市立图书馆、社区大学两

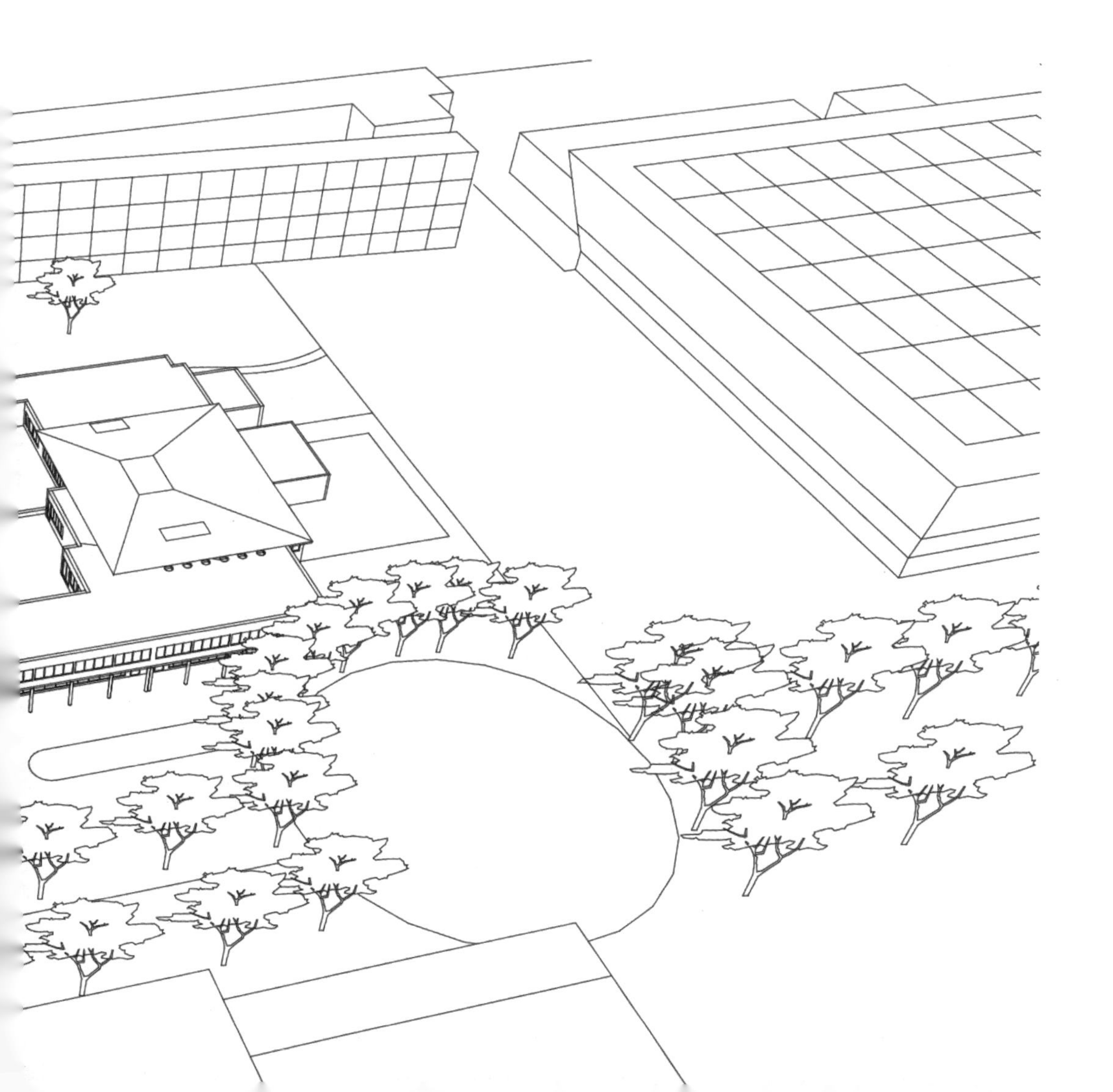

大功能社会需求的与日俱增，仅1970年社区大学开办的课程数量就已是1956年的十倍之多，文化中心很快显露出空间规模的局限性。加之20世纪60年代后期青年一代的思想解放，越来越多的烟酒问题和席卷全球的“反文化”运动以及来自社会公众大量的举报投诉带给文化中心极大的负面影响。于是，功能之一的青少年活动中心在1977年5月逐渐从文化中心脱离，迁移到就近的一座旅馆建筑中，这尽管为文化中心置换出部分空间，无奈社区大学所需的阶梯教室、报告厅数量依旧不能满足使用，只得采用外包课程的方式加以解决，从早年的思想政治教育到20世纪70年代之后越来越多的职业技能培训，社区大学已逐渐升级成为社会极具竞争力的成人教育机构。

二、空间的秩序与古典意义

阿尔托认为：建筑最基本的任务之一便是理想化的秩序。沃尔夫斯堡文化中心运用自然途径改善环境与塑造场所精神的表征，反映了文明与原始，自然与技术，工业化与地景间的和谐秩序。阿尔托于该作品中采用的“自由平面”原则摆脱了教条式的严谨，以简单的元素与其谨守的有机手法，搭建功能、结构与形式等独特的叙事方式，对当代建筑师仍不乏巨大的吸引力。文化中心坐落于市政厅及城市广场南侧，包含四大功能区：城市图书馆、社区大学、爱好与娱乐休闲区和一个为俱乐部和社区服务的办公区，如此庞杂的功能组成按照系统的顺序构成连续的单元，亦分亦合，为整个城市创建了一个文化集市。

今天，功能流线与空间组织作为设计中最基本的目标，更是繁复的文化综合体设计中的不刊之论。文化中心纷繁的功能空间与自然不羁的空间形态如何通过抽象的几何化秩序构建成为空间有机体，极大程度归因于他基于古典与现代建筑规律的秉承融合而独创出的等级化空间序列，以及廊、厅、院等交通性、多义性空间元素灵活娴熟的应用，从而达到建筑合乎物质功能与其追求精神审美的逻辑。

建筑底层功能（图2）分为核心的、面向东侧园林的城市图书馆，相邻西侧主干道保时捷大街一边对外经营的文化用品商店，位于中央封闭空间内设置的书库以及位于南侧中部布置的水吧、乒乓球活动室等服务空间。建筑二层（图3）由北边社区大学、艺术家工作室，西、南两边的旅游局办事处与为俱乐部、社区文化服务的办公区，以及位于几何中心处三边围合东侧开敞的屋顶广场组成。

面向北侧的建筑主入口是一个向室外开放的、架空的底层入口，与对应二层布置的社区大学报告厅与各教室封闭厚重的实体空间形成竖向虚实构图，宽阔的出挑形成的单层柱廊突出强调了建筑入口的空透性，同时又营造出尺度亲切、宜人的室内外过渡空间，这种上部空间被底层圆形支柱架空托起所形成入口空间的方式是阿尔托惯用的建筑入口处理手法（图4、图5）。

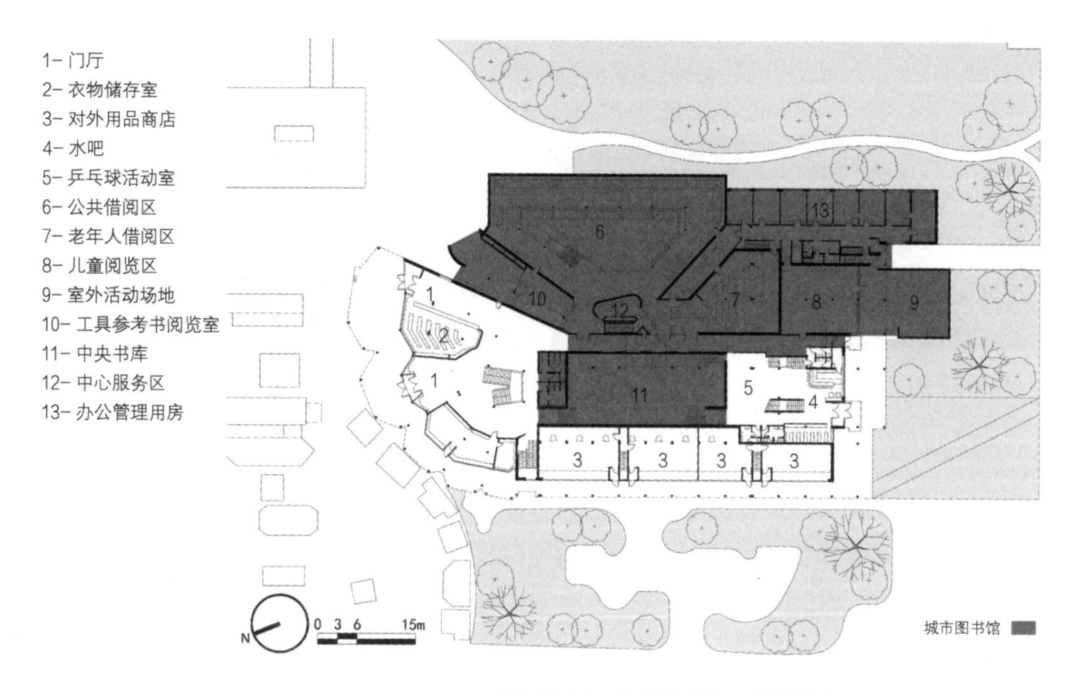

图 2 沃尔夫斯堡文化中心一层平面图

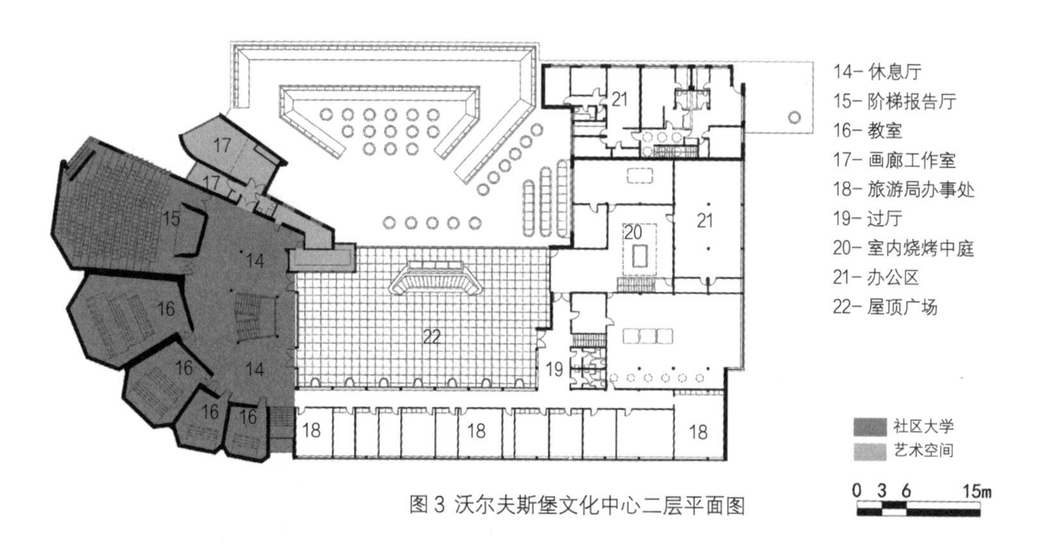

图 3 沃尔夫斯堡文化中心二层平面图

图 4 市政广场

图 5 建筑主入口外观

空间组织上阿尔托突出了底层门厅、交通走廊、中央开放式楼梯，二层休息厅、屋顶中心庭院以及办公区室内烧烤厅等交通、过渡空间的视觉关联性使得各功能分区被有机地贯穿起来。尤为独特创新之处的是，为满足市图书馆与社区大学两大功能空间高效便捷的流线组织，宽敞、自由形态的门厅被设计为分隔与联系空间的元素，两个独立对外开放的出入口所对应的两股交通流线被位于之间的衣物存储服务区分隔开来（图 6、图 7）；门厅中心的主楼梯，除了明确的理性提示、门厅区域的划分，楼梯转折平台直接面对的二层屋顶平台巨大的南向外窗为低矮并缺失自然光的门厅中央带来异乎寻常的入射光，给人强烈的精神指引（图 8）；环绕中央楼梯，联系二层社区大学五个扇形教学空间与艺术家工作室的休息厅，串接西侧办公区的单外廊与充分展现阿尔托浪漫主义色彩的南侧室内烧烤厅，分别通过连续围合的玻璃外墙与室外屋顶广场紧密结合，不同的功能用房也通过厅廊围绕中心广场被有序地组织分布（图 9 ~ 图 12）。

文化中心的空间布局不仅能让我们在建筑与城市空间关系上找到圆满的逻辑解释，其个性化的空间序列、超越现代建筑五要素的表现形式已然突破了功能主义的疆域。特别是屋顶的中心广场无论从位置、尺度、功能，早已拓展了“屋顶花园”的外延，其中心汇聚的空间仪式感、序列引导的指向性，隐约体现出超越物质的精神性，蕴含着古典的寓意。追本溯源，阿尔托早期受浪漫古典主义思想影响至深，从英国的哥特复兴，申克尔的浪漫古典主义，到斯堪的纳维亚地区瑞典、丹麦兴起的浪漫古典主义，除导师乌斯科・尼斯特伦的瓦格纳学派，真正对其深刻影响的还有瑞典著名建筑师居纳尔・阿斯普伦德 (Gunnar Asplund, 1885~1940)，其将功能主义与北欧新古典主义结合的表现风格令阿尔托后来在自己的现代主义创作中始终没有放弃古典主义意识。此外，20 世纪 20 年代对希腊、意大利的游历也对“功能主义”时期的阿尔托影响深远。通过关注古典的特征、借鉴古希腊山上的村庄或者庙宇中被置于山顶中心显要位置的市集广场，阿尔托通过建筑的屋顶广场在追溯着一种古老的模式，一种场所精神的实践，也更显露出该空间对城市的意义所在（图 13）。

图 6 直通二层的主入口大厅　图 7 直达城市图书馆的次入口通道　图 8 位于底层中心的主楼梯
图 9 二层休息大厅　图 10 办公区进入室外屋顶广场的过厅　图 11 室内烧烤中庭
图 12 通过单外廊与室外屋顶广场联系的办公区

6		7
8		9
10	11	12

图 13 屋顶中心广场

三、主要功能空间

1. 城市图书馆

图书馆按使用人群可分为：公共借阅区、老年人借阅区和一个连接室外活动场地的儿童阅览区，各专属阅览空间尽显阿尔托建树的以人为中心的观点，不同的空间变化、尺度、采光等设计细节分别对应出不同空间人行为的差异（图 14 ~ 图 16）。此外还设置有独立的工具参考书、报刊阅览室与办公管理用房，以及底层平面中央处的半下沉书库（图 17 ~ 图 19）。

图 14 公共借阅区 图 15 老年人借阅区 图 16 儿童阅览区 图 17 工具参考书阅览室
图 18 办公管理区 图 19 中央书库

14		
15	16	
17	18	19

从1927~1935年的维堡图书馆（Viipuri library）开始，阿尔托陆续设计有二十个图书馆，其中围绕中央半下沉阅览区错层展开逐级递减的阶梯状布局，并在水平与垂直标高上连续形成的空间有机体已成为阿尔托定义图书馆的惯用形式（图20～图22）。这一精神化的场所空间不禁令我们联想到路易斯·布雷（Étienne-Louis Boullée）设计的图书馆和建筑上空悬挂着巨大球体的牛顿纪念馆方案，和对其影响至深的瑞典建筑师居纳尔·阿斯普伦德于1924~1928年设计建造的斯德哥尔摩公共图书馆；同时图书馆下沉的公共阅览区域，与180度放射分布并集中汇聚于中心服务区的空间布局与形态，似乎还保留着阿尔托对于希腊古都特尔斐（Delphi）阿波罗神殿废墟上的剧场、雅典狄奥尼索斯剧场的古典印记（图23）。

20 | 21 | 22

图20 立体化阅览空间
图21 半下沉阅览空间
图22 中心服务区

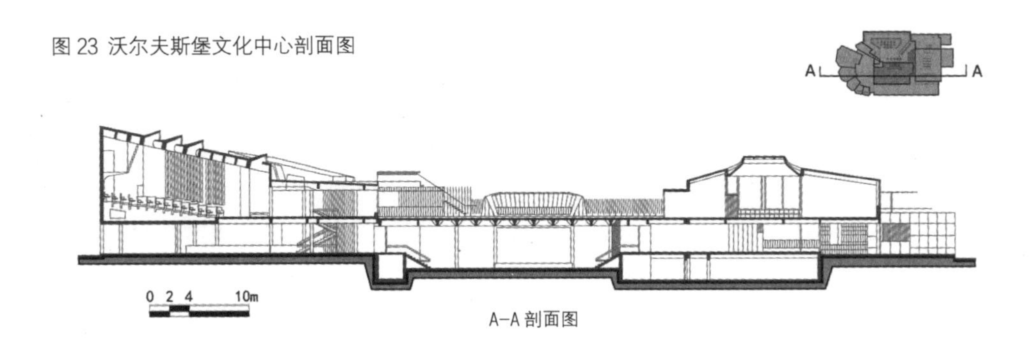

图23 沃尔夫斯堡文化中心剖面图

阿尔托还始终关注空间的总体氛围，并深谙运用声、光和热的反应性渗透去调节空间氛围之道。这里图书与读者间的关系至关重要，阿尔托用个性的方式解决了下沉空间、图书和光源之间的连接问题。例如，公共借阅区所有时间均为间接采光——白天通过主空间屋顶的14个圆形天窗漏斗和环绕一周的线性采光带均匀地分散光线，晚上利用屋顶室外聚光灯的折射光与采光漏斗反射侧壁安置的人工光源以保证充足的照明（图24～图26）。自20世纪40年代阿尔托开始在芬兰的市政厅、公共图书馆、教堂、文化中心设计中便十分关注建筑社区服务的功能，尽其所能地为那里的人们提供各种非正式的聚会以度过北欧漫长的冬季，而执着于自然光、穷尽一切地施展光的智慧，不仅仅因为间接的自然光从天窗进入室内本身能召唤一种神圣的气氛，还因为北欧半年以上的时间里光照都是短暂的、稀缺的（图27），由此可见，阿尔托的智慧与技巧更是理性的回归。

24 | 25
26 | 27

图24 公共借阅区天窗采光内景

图25 圆形漏斗型天窗

图26 线性环绕型天窗采光细部

图27 天窗采光结合人工光源组织的各种形式

2. 社区大学

作为文化中心的前身，二层设置的社区大学在功能构成、空间形式与逻辑上也足以与底层的城市图书馆等量齐观。该部分主要由一个可容纳约230人的阶梯报告厅（图28）与四个规模渐次缩小的教室组成——分别能满足80人、50人、30人及20人培训使用，另外设置的两间用于木材、金属、陶瓷艺术创作，更加凸显了社区大学职业教育的特色。值得我们透彻观照的是这五个多边形平面犹如独特的花瓣状，从小到大以扇形平面的秩序面朝市政广场渐次展开，丰富界面、明晰功能的同时，体现着阿尔托理想化的秩序，这仍可追溯到那些古老的模式中。作为阿尔托反复出现的主题，与图书馆各部分通过一个焦点集中向心一样，这里每间教室向内的空间延伸线都可集中于休息厅当中某一中心点位置，产生向心指引的精神力量，休息厅中放射状分割的枫木天花板装饰，还进一步强调了这种放射状的空间逻辑（图29）。

图 28 容纳 230 人的报告厅

图 29 二层休息厅线性放射状条木栅格天棚

除了最大的报告厅，其余四个教室鉴于功能所需与避免外部噪声的干扰，外墙均未做开窗，而是通过屋顶天窗来满足采光需求；报告厅除了可调节的天窗设计，外墙还另外设置有手动调节的木质侧光叶片。每间教室的背景墙与天窗，阿尔托均采用一种相似的形式——自由流动、弯曲起伏的木质天花板，这一代表阿尔托典型风格的弯曲有机自然形式，我们不仅在建筑形体中，在其家具、花瓶等建筑细节方面也能洞悉；另一方面作为类似剧场声学构造中的反声板，阿尔托在此提出关于声学技术的科学运算，通过起伏的形式可以在立方体空间中均匀地反射声波，实现科学理性与建筑艺术的充分融合（图 30 ~ 图 33）。

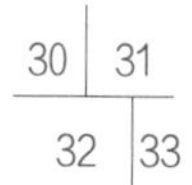

图 30 报告厅木质曲面背景墙

图 31 报告厅可调节的木质曲面天棚

图 32 中型培训教室的木质天棚与背景墙

图 33 小型培训教室的天窗与背景墙

3.艺术空间

绘画始终被阿尔托认为是各种文化艺术的最高表现形式，作为文化中心里最小的功能个体——画廊工作室，虽为二层社区大学教学空间的附属部分，却被置于五个不同尺寸教室所形成的旋转辐射空间的顶端，处于整个渐变序列高潮和结束最为重要的位置。为更好地适应艺术活动的需要，两间穿套的画室用房，分别对应着一个单层和一个两层通高的空间，轻微漏斗状的空间形态也足以满足所需的空间感以及大尺度的开窗，由于主画室局部的夹层空间还创造了一个不同的视角，从而对于特定对象使用者还可从俯视角度观察与绘画（图 34）。东北方的朝向不仅使得室内光线均匀且没有直射阳光，理性的外窗视角还巧妙地避开了北侧市政广场的喧嚣（图 35）。见微知著，通过画廊工作室的空间布局与特征足以体现阿尔托对于艺术空间塑造的理想价值。

图 34 含有夹层空间的画廊工作室

图 35 画廊工作室的空间形态与朝向

四、建筑细部

阿尔托从未落入现代主义材料与技术的形式窠臼中，他认为：纯功能性建筑与注重文化性建筑之间的差异，并非能在其设计或建造方式中找到，而要通过精致细节或内部空间品质去表达。这里绝大部分保留着阿尔托原初的设计，诸如灯具、壁板、立柱、桌椅等，阿尔托不仅注重这些建筑要素的形状、质感或导光特性，对于建筑技术方面进行的功能优化，如通风、建筑声学等方面，以及满足人心理和生理上的需求也都进行了精心刻画。

文化中心建筑外观主要采用白色大理石与少量白色涂料结合横向长窗、格栅窗构成，极尽展现了阿尔托第二白色时期变化丰富的空间构成，以及建筑构图真实反映物质功能同时十分重视艺术效果的特点（图 36 ~ 图 38）。例如，为使人们感受到建筑北立面主入口与众不同的特征，并使其上空五个渐变大小的封闭立方体变得丰富生动，阿尔托通过运用材料变化、渐变的形体尺度、连续的外墙倒角等细节处理，赋予空间丰富的节奏变化。入口上部外立面采用三种天然石材交错分割，大面积横向交替的蓝白两色卡拉拉大理石构成了建筑整体的色调，而等距间隔的黑色花岗岩垂直线条又使这两层的建筑在入口处显得异常挺拔（图 39）。

36	37
38	39

图 36 文化中心东南向外观　图 37 横向长窗
图 38 南向格栅窗　图 39 主入口立面效果

在室内，彰显阿尔托崇尚人性与自然理性的设计细节更是不胜枚举，木材、毛织品、皮革、大理石和黄铜等自然有机材料大行其道，在表现其真实色彩、气味、触感、热导率或声效特性同时，被熟练地应用于室内的装饰细节之中。门厅、休息厅、走廊乃至屋顶中心广场等公共交通空间内外贯通的大理石铺地（图 40），墙面与地面交接处统一的实木踢脚板，阿尔托通过材料的纯粹性表达强化着连续空间的特点；实木、纺织品和皮革等富有弹性、暖意的材料则被大量应用于满足不同人群读书、学习、工作和休息的图书馆、社区大学和公共服务区域当中：阿尔托使用木材制作桌椅、书架、自由弧线的台柜以及所有教室中的实木地板、曲面吊顶等（图 41、图 42），运用皮革制造椅子、沙发及书桌台面（图 43），毛织品则作为公共借阅、老年人借阅、后勤办公区域地毯外罩的基本材料，金属则被用来制作门把手、栏杆以及照明用具；再如主交通楼梯，外侧竖向的木条格栅与内侧排列紧密的金属栏杆内外呼应，限定出竖向、虚化特征的交通空间，给人透过层层树林的感觉，由白色金属栏杆过渡到黄铜管的楼梯扶手和大理石阶梯上附加的实木踢面，材料、形态之变化均可谓独具匠心（图 44、45），这一楼梯做法我们从阿尔托早期的玛利亚别墅（1938~1939 年）当中也可见一斑，这里阿尔托对于装饰造型与建筑构件的定义是模糊的，其设计既融入了艺术的烙印而又不失暖意和实用性。

40		
41	42	45
43		44

图 40 公共空间连贯的大理石铺地　图 41 木质服务台柜　图 42 儿童阅览室的木质装修
图 43 木质皮革座椅　图 44 木条格栅限定的主楼梯　图 45 黄铜扶手与金属栏杆细部

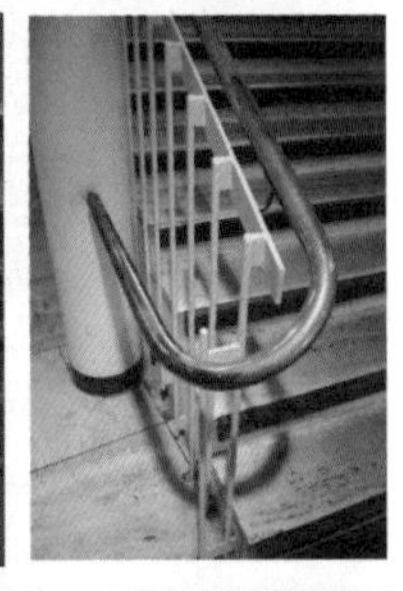

46 | 47
48

图 46 底层大厅覆盖有蓝色陶瓷片的内墙面

图 47 包裹了白色陶瓷片的圆柱

图 48 室内外各种构造细部

同时，建筑中许多结构构件也被巧妙地转化为精致的装饰。最突出的便是底层大厅的圆柱和内墙面分别使用了白色和深蓝色上釉的陶瓷墙砖（图 46、图 47），这些由芬兰抑或阿拉伯工厂特殊烧制而成的马蹄形截面陶瓷片，成为阿尔托 20 世纪 50 年代之后于公共空间广泛使用的装饰材料，如芬兰国家年金协会大楼（1952~1956 年）、赫尔辛基劳泰塔洛大厦（1953~1955 年）、埃森歌剧院（1958~1959 年）等，这一细节构造在丰富结构的同时，还达到了高效的声学效果，在阿尔托创造的空间序列中逐渐延伸出个性化的空间配色系统。此外，白色的木格栅天棚，三层碟形顶灯，屋顶广场上的形态各异的采光天窗，前文提到的室内采光井构造，办公中庭的烧烤装置，凡此种种，不一而足（图 48），阿尔托独具特色的空间细节充分地将其自然原则融入人造环境，无形中调动起使用者的所有感官，成了实体空间的有益补充。

沃尔夫斯堡文化中心作为阿尔瓦·阿尔托晚期集大成之作品，并未禁锢于现代主义的均质文化和普遍风格，其不忘初心崇尚自然的理性主义，使得阿尔托的建筑设计始终采用“场所性”和地域设计要素对抗支配的、模式化的普遍建筑秩序，他模仿自然的秩序和有机生长的结构来解释建筑的形式、空间，以及建筑与城市、人的关系，找回了城市建筑中最宝贵的场所感。

12

阿尔瓦·阿尔托人生舞台的终曲

德国埃森歌剧院

Opera House in Essen

12 德国埃森歌剧院
Opera House in Essen

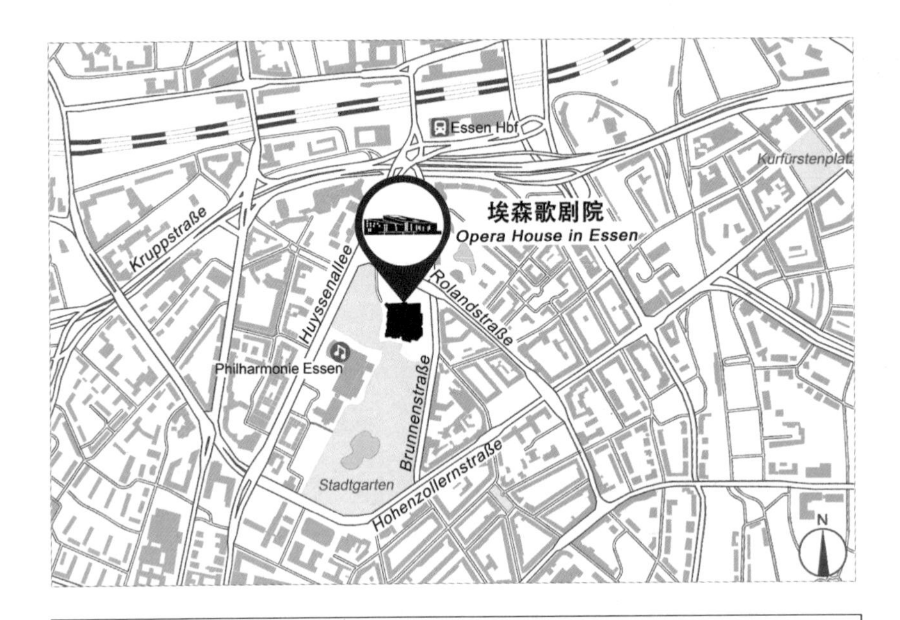

建筑名称
德国埃森歌剧院（Opera House in Essen）
造访时间
2008年2月15日
建造地点
莱茵河西岸，埃森市中心罗兰德大街（Rolandstrasse）与布鲁嫩大街（Brunnenstrae）交汇处，城市公园内
设计时间
1958年
建造时间
1988年
建 筑 师
阿尔瓦·阿尔托（Alvar Aalto）[注1]
历史成就
阿尔瓦·阿尔托设计建成的最后一座建筑；法兰克福汇报（FAZ）评论这座建筑是：自1945年以后德国最美丽的剧院，是一个与任何当代建筑相比都堪称经典的作品。
交通方式
由埃森市中央火车站（Essen Hbf）沿雷林豪森路（rellinghauser str.）步行20分钟即可到达。

阿尔瓦·阿尔托[1]

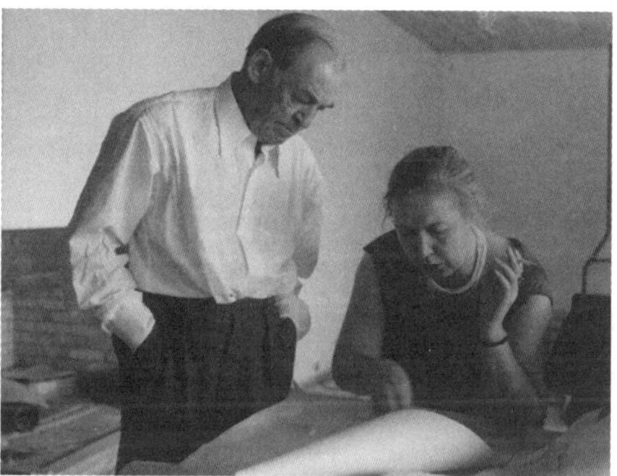

埃森歌剧院总平面图

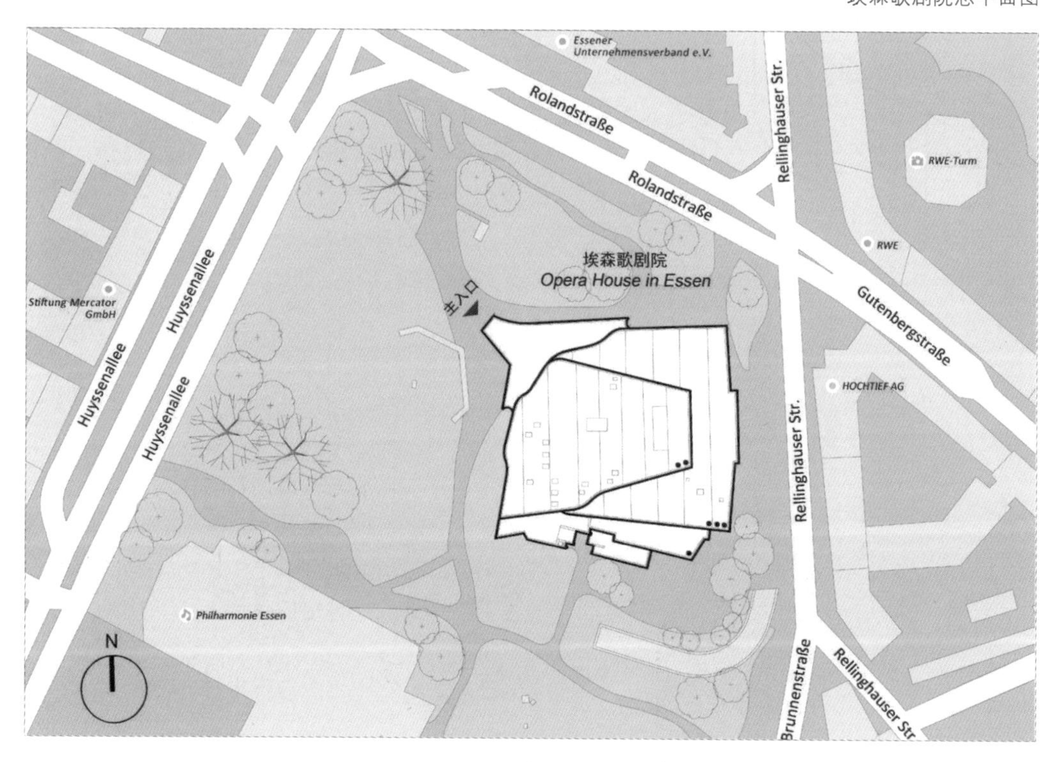

1.阿尔瓦·阿尔托图片来源：http://chuansong.me/n/1581640652056　https://read01.com/zh-sg/deNz4o.html

位于德国北莱茵-威斯特法伦州（原鲁尔工业区）的埃森歌剧院（图1）设计源于1958年的一次公开设计竞标，芬兰建筑师阿尔瓦·阿尔托以稔熟的地域化、人性化建筑思想，崇尚自然的理性主义赢得最终设计。然而，之后的歌剧院工程计划虽然屡次启动，却又始终延缓，直至1976年，阿尔瓦·阿尔托去世时埃森歌剧院还未真正意义的建造。1981年，在德国建筑师哈拉尔德·德尔曼（Harald Deilmann）[注1]、芬兰建筑师爱丽莎·阿尔托（Elissa Aalto）[注2]与舞台设计师佐兹曼教授（Professor Zotzmann）的通力合作下，埃森歌剧院建设工程得以再次启动；在实际条件发生变化的形势下，作为阿尔托的妻子，总体工程艺术顾问爱丽莎·阿尔托，在对歌剧院与周围环境协调处理上、人体尺度、使用材料、建筑细部与如何巧妙设置光源等诸多设计要旨方面，始终秉承阿尔瓦·阿尔托的原创性、艺术性，工程最终于1988年9月25日正式落成。埃森歌剧院从阿尔瓦·阿尔托的设计到最终的建成经历了整整三十年时间。

[1] 哈拉尔德·德尔曼

哈拉尔德·德尔曼（Harald Deilmann）（1920年8月30日～2008年1月1日），德国建筑师，其作品以剧院、博物馆等公共空间设计著称于德国乃至世界；曾作为柏林艺术学会成员以及在汉诺威的德国城市与区域规划学会成员；最著名的建筑作品包括明斯特城市剧院以及埃森歌剧院；德尔曼于1985年正式退休，但仍继续兼职工作直到在明斯特去世。

[2] 爱丽莎·阿尔托

爱丽莎·阿尔托（Elissa Aalto）（1922年11月22日～1994年4月12日），芬兰建筑师、作家，作为阿尔瓦·阿尔托第二任妻子，一直伴随着丈夫与哈拉尔德·德尔曼设计德国北威州埃森歌剧院。在阿尔瓦·阿尔托 1976年逝世之后，爱丽莎·阿尔托继续肩负着丈夫未完成的项目，并始终秉承延续了阿尔瓦·阿尔托的原创性、艺术性，直至工程竣工。除了埃森歌剧院工程以外，其作品还有丹麦奥尔堡的艺术博物馆以及瑞士卢塞恩的房地产项目；1981年爱丽莎·阿尔托担任为美国建筑师协会荣誉会员；爱丽莎·阿尔托作为芬兰建筑卓越的形象大使，其贡献被芬兰建筑师协会成员 Matti Vatilo誉为："芬兰建筑的时代伴随着爱丽莎·阿尔托的逝去也随之结束"。

图 1 埃森歌剧院鸟瞰图

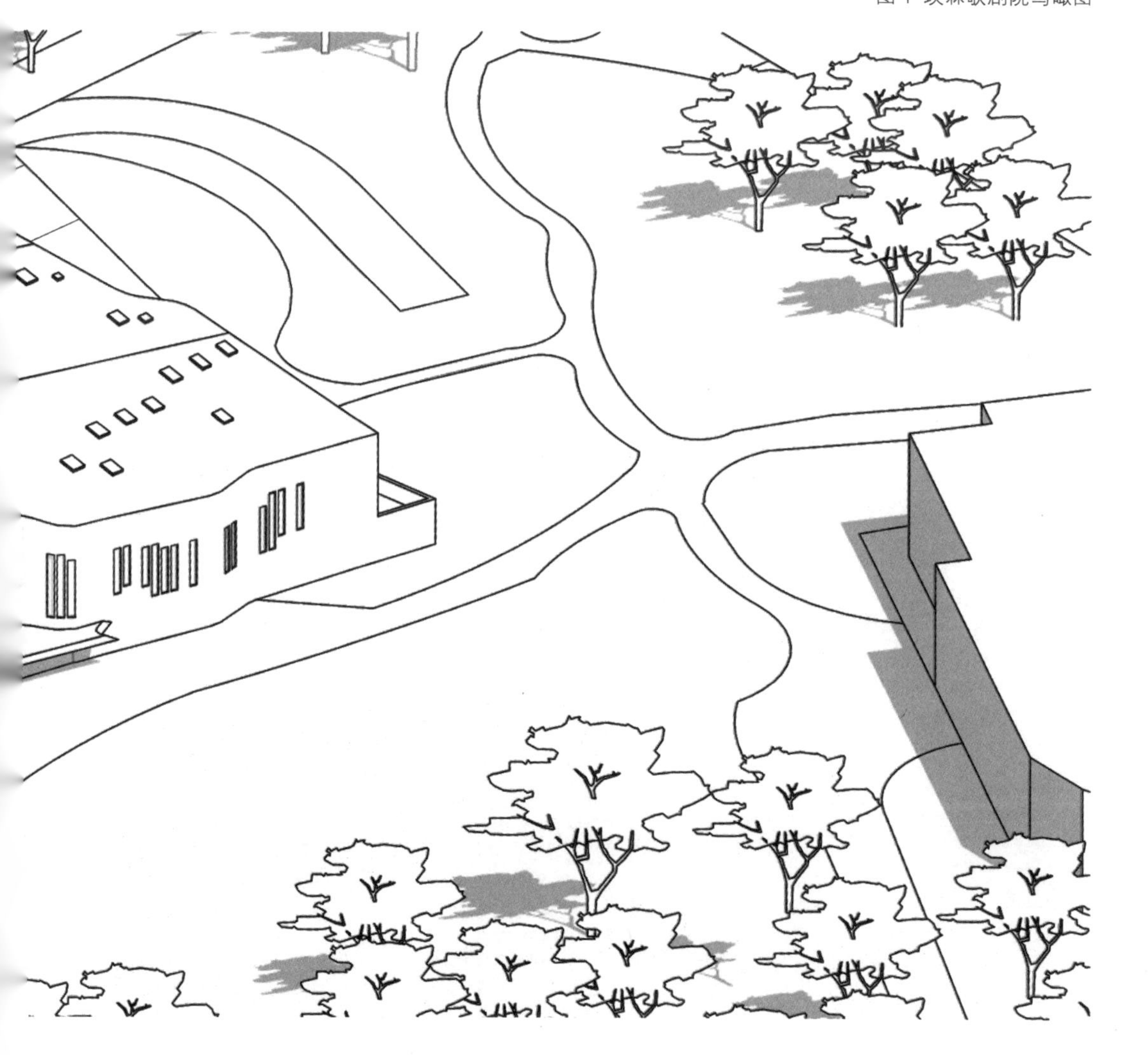

一、埃森歌剧院的创作构思

关于设计初衷，阿尔托曾提到过两个方面：一是剧院必须与周围其他城市建筑，诸如教堂、办公楼或者工业厂房能够区分开来，充分体现其文化使命；二是古希腊、古罗马时期的剧场功能仅限于单一的艺术种类，现今则要找到相应的解决方法，使得一个剧院能够上演戏剧、歌剧抑或芭蕾舞剧。毋庸置疑这一最初的设计脚本，已由落成后的埃森歌剧院完美演绎出来。

阿尔瓦·阿尔托典型的设计理念并非照搬欧美国家的潮流，而是有明显的崇尚人性与自然的理性主义。他曾对埃森歌剧院有如下评论："城市公园广阔地貌提供给设计师无限的自由，这激发了我的灵感，不应当在公园里建造一个突兀生硬的建筑物，剧院从本质上来讲是一个幻想的媒介，它应当是有血有肉的、有机的，将自由活跃的元素组合在一起的，这也促使我使用非对称的形式"。

这种崇尚自然的理性主义在埃森歌剧院的外观形体上便体现得淋漓尽致。由弧线自由组成的有机建筑外观让人联想到自然界山脉抑或树桩的形态，原本高耸突兀的舞台部分在这里不见了踪影，舞台设备等不可或缺的工作区域通过倾斜延伸的双层屋面，自然融入整个建筑空间中，使得歌剧院造型与城市公园蓊郁翠秀的风景相互融合，协调统一（图 2～图 5）。

图 2 总体鸟瞰图[2] 图 3 倾斜的双层屋面与西侧自由曲面
图 4 外观透视（远处为德国能源巨头莱茵集团 RWE 大楼） 图 5 夜景透视

2.图2来源：http://m.bbs.zhulong.com/101010_group_201808/detail10005217/p1.html?louzhu=0

二、埃森歌剧院的外部空间设计

歌剧院位于埃森最美的城市公园当中，这里一年四季绿草如茵，树木繁茂，同样坐落于此的还有爱乐音乐厅，二者分别占据城市公园的东北角与西南部分。作为公园的设计者——德国景观建筑师罗斯·赫尔兹曼（Rose Herzmann），在这样一个承载着两座伟大建筑的城市公共开放空间中进行景观设计时，并未采用过多的景观元素，而是以大面积的草坪、树木从公园南面延伸至许森大道（Huyssenallee）与罗兰德大街（Rolandstrasse）的交汇处（图5）。这不但留给歌剧院充足的外部空间，还使得那布满竖向长窗的歌剧院西立面优雅的曲线与倾斜的屋顶形态在此极尽展现（图6）。公园中独立或成排的树木与建筑物都保持着一定距离，构成外部空间时断时续的一个个焦点，使人在欣赏歌剧院同时又游走于城市森林当中。

在室外，由阿尔托设计的曲线型铜质路灯界定出道路的边界，引导观众通往歌剧院的主入口（图7）；停车场被设置在歌剧院北边草地之下，避免对整个公园环境景观的影响；更值一提的是由公园西北角入口与歌剧院之间蜿蜒着由德国雕塑家尤瑞·若克瑞恩（Ulrich Ruckriem）采用天然白云岩塑造而成的一段段石墙，石墙的主题为“分割”，沿着草地起伏的地势与边界自由的曲线，雕塑石墙依势连贯、交错变化，除本身的艺术观赏性外，通过渐变收缩的限定方式以及具有倾斜角度的雕塑墙面，均对人流起到了明确的导向。

在阿尔托的建筑思想、若克瑞恩的雕塑与赫尔兹曼营造的城市公园的对话中，埃森歌剧院散发出一种浑然的和谐，那些走向歌剧院的观众都能直接感受到这种谦恭随和的氛围。

图 6 歌剧院优雅的曲面及西北角主入口空间[3]

图 7 路灯与门廊界定的外部交通空间

3.图5来源：截自 Google Earth并进行整理而成

三、埃森歌剧院的室内空间设计

1.出入口

歌剧院的主要出入口集中在整个建筑空间的西北角，宽敞的流线型门廊与西立面富于韵律的曲面自然衔接、浑然一体（图6~图8），斜向面对公园西北方两条大街交汇的十字路口（图9、图10）；与主体外墙浑厚饱满的石材面相比，主入口门廊却十分精巧轻盈、尺度宜人，加之光线下深邃的阴影效果，凸显入口空间的主导性功能；作为室内空间序列的起始，岛式售票厅不但空间醒目，还自然划分出进入与疏散两股人流（图11）。

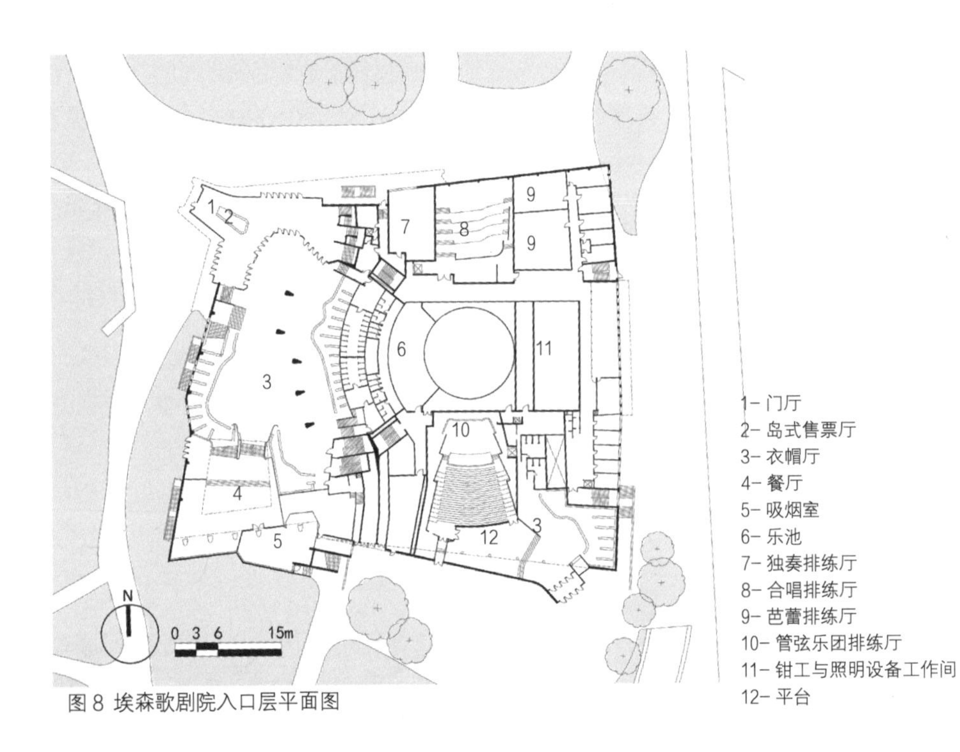

图8 埃森歌剧院入口层平面图

图9 主入口

图10 入口门廊面向城市道路交汇处

图11 售票厅

2.衣帽厅

衣帽厅位于主门厅与观众厅下方，是从室外进入主门厅以及观众离开歌剧院必不可少的人性化过渡空间，此处除提供给观众衣帽存取的服务功能外，充足的交通空间也同样重要（图12）。白色的大理石地面，白色弧形陶瓷包裹的柱子，暖色木质衣帽架与服务台，辅以明亮的浅色调使得层高有限的衣帽厅，丝毫未显得压抑。典型的阿尔托人文化的空间细节在此通过照明设备，柱表面装饰构造以及曲线形服务台已初见端倪（图13、图14）。

12
13 | 14 图12 宽敞的衣帽厅空间 图13 衣帽架与服务台一 图14 衣帽架与服务台二

3.门厅与门廊

通过宽大的白色大理石台阶上升至剧场通高开阔的主门厅，出现了强烈的空间反差，阿尔托是以先抑后扬的方式让观众体验门厅即将被释放开来的空间（图15）。从衣帽厅逐级而上的楼梯平台连接有餐厅，主门厅南边靠近外墙处还设置有与户外城市公园联系的咖啡厅，门厅、餐厅、咖啡厅三者围绕宽大的楼梯形成阶梯状立体空间（图16），这种空间流通的方式通过楼梯踏步又继续延伸拓展到各层观众厅的门廊，使得主门厅与各层门廊眺台整合成一个立体化、多层次、互相流通的公共空间系统。

15
16|17

图 15 通高开阔的主门厅

图 16 餐厅、门厅与咖啡厅形成的阶梯状立体空间

图 17 门厅内的空间渗透

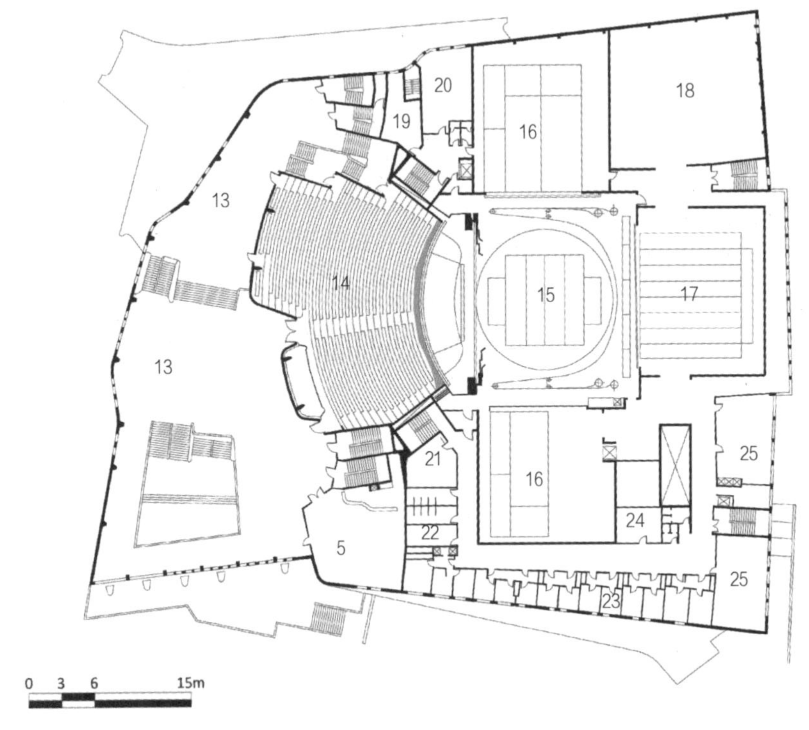

13- 主门厅、休息厅
14- 观众厅
15- 舞台
16- 侧台
17- 后舞台
18- 仓库
19- 乐队指挥室
20- 剧院主管
21- 道具室
22- 舞蹈演员休息室
23- 化妆室
24- 服装室
25- 更衣室

图 18 埃森歌剧院观众厅和主休息厅层平面图

图 19 埃森歌剧院剖面图

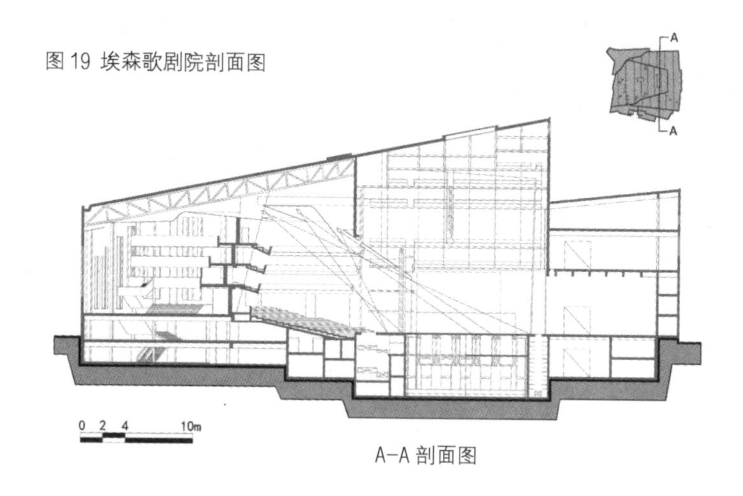

A-A 剖面图

主门厅上方的两个楼座层门廊，水平自由流动的边界与自由曲面的建筑外墙相互协调，活泼且有动势（图 20、图 21），观众可以在演出开始或者中间休息时段在此交流互动；为达到空间视线的全面联系，楼座门廊也采用逐层退台的方式；另外，主门厅与各层门廊均设置有精致的服务台与餐台，以满足短暂休息期间观众的需求。这些都会让人深刻体会到歌剧院空间整体的连贯性、流通性与给予人的全面关怀。整个门厅地面由灰色地毯覆盖，墙壁为白色乳胶漆抹面，与衣帽厅一样，所有家具陈设都是由阿尔托特别为歌剧院而设计的（图 22 ~ 图 24）。

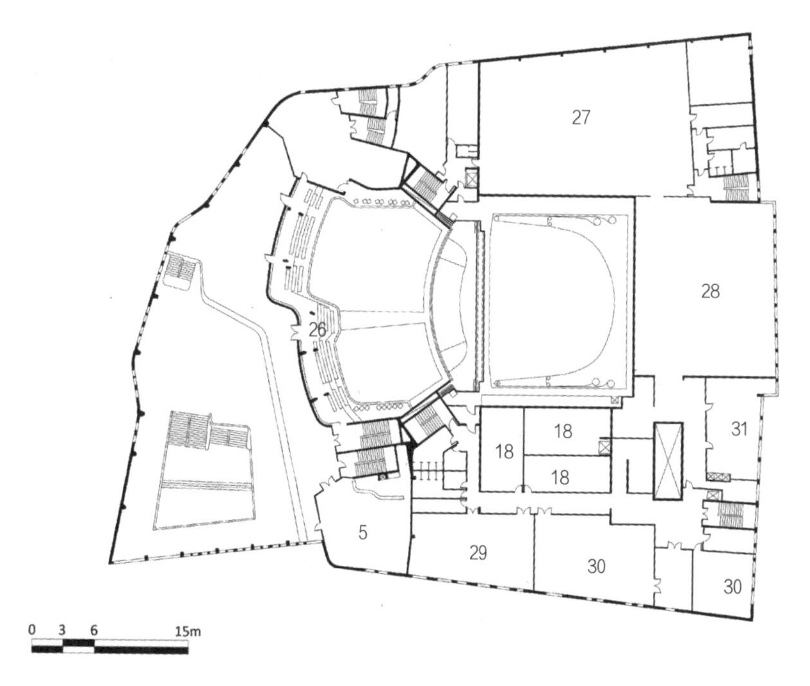

图 20 埃森歌剧院包厢楼座层平面图

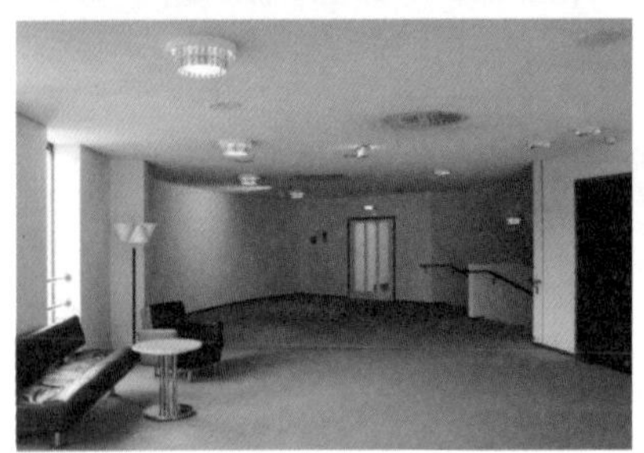

21 22 图 21 流动活泼的楼座门廊眺台 图 22 一层楼座的门廊空间
23 24 图 23 二层楼座的门廊空间一 图 24 二层楼座的门廊空间二

4.观众厅

作为歌剧院的核心空间，对称的阶梯式观众厅一共可容纳1125名观众，其中最接近舞台的主厅池座，座椅以弧形环绕着乐池展开，右侧座位区由 15排座位组成，左侧是21排，共包含790个座席，其中还有10个残疾人座席；主观众厅上方是两层作为包厢区的楼座，层层波浪形包厢眺台有力地烘托出歌剧院生动的场景氛围，其中第一层楼座提供143个座席与舞台控制、灯光控制、投影设备等空间，二层提供192个座席；包厢区上方第三层空间专用于舞台照明及音响等设备（图 25、图 26）。

观众厅空间整体为靛蓝色，阿尔托于墙面上设计有竖向浅浮雕（图27），与深色背景相应的是由白色大理石构成的水平波浪形包厢眺台，弯曲的栏杆及眺台外墙平整的大理石面与竖条状大理石格栅间隔而成的表面肌理，显得生动别致（图 28、图 29）。竖向浮雕与格栅除了起到空间装饰的作用，某种程度也有利于歌剧院声环境的调节。

观众厅上方的伞形顶棚由穿孔金属板构成，照明设备镶嵌其中，在可渗透声音的伞形顶棚之上的回声区域还安装有反声装置。此外，接近舞台侧壁的材料以及竖向雕塑侧面的反声器均可将声音能量向开阔的观众区域扩散。观众厅的空调设备与座椅直接结合，进风是通过座椅背后的通风口输送，而这些都是通过座椅脚与观众席下面的压力室相连而实现的，吹风的角度、风速、温度等均能满足人舒适度的要求。

25 26 27 28 29

图 25 观众厅空间 图 26 包厢楼座层空间 图 27 靛蓝色背景
图 28 包厢楼座的布局 图 29 包厢楼座的护栏细部

5.舞台及辅助用房

埃森剧院以表演歌剧为主，其舞台及其辅助功能可谓配套完善、一应俱全。主舞台、后舞台以及两侧台为歌舞剧的完美演绎提供了充分的空间与景深（图30）；右侧舞台下方还设置合唱排练厅、芭蕾排练厅以及独奏排练厅等；左侧舞台下方则是管弦乐团排练厅所在；舞台后方的上一层是一个带有家具制作的艺术家作坊，钳工与照明设备的工作间则位于舞台后方的下一层；舞台背景存放在与舞台同一层的仓库与最底层的几个仓库里，服装道具仓库则分散于主门厅的最上方与主舞台的下方处（图 31 ~ 图 33）。

这里垂直运输工具除四个楼梯外还有三部电梯，其中包括一部3米宽、14.26米长、8米高，可容纳一辆载重货车的货物升降梯，这使得大型背景道具从仓库可直接装运至舞台，进行同一水平方向上的装配及卸载（图 34、图 35）。艺术家、舞台人员及管理人员的出入口位于剧院东面，人们从后勤入口经过较短的路程就可到达剧院的所有区域，舞台及辅助空间走廊里均使用引导色以增强空间的识别性（图 36）。

各舞台、排练厅以及工作室用房布局紧凑，为了尽可能地避免各部分之间的噪声干扰，舞台及辅助用房处多采用双层隔墙的构造措施，软质的走廊地面也起到了降噪的作用。

30 | 31 | 32 图 30 主舞台空间 图 31 服装裁剪室 图 32 钳工车间 图 33 道具室
33 | 34 | 35 | 36 图 34 大型货物升降梯 图 35 背景道具出入口 图 36 后勤辅助空间的色彩指示

6.建筑细部与人性化

阿尔瓦·阿尔托在设计每一个建筑物的同时，也设计了众多个人风格的家具、灯具、陈设艺术品与其他装潢的细部，对于细节的描绘，往往是通过合理的使用各种材料，如木材、布料、皮革与金属，这些材料经过阿尔托的匠心独运，都具备了悦人心意的特性。

“我的家具总体而言不是作为一个个体，而是在一个建筑整体的框架内设计出来的。也就是说是针对一个公共建筑的具体用途进行构思，以这种方式来设计家具对我而言是一种特别的享受。”这再次强调了其对建筑整体的构想。

埃森歌剧院中同样包含着大量由阿尔托设计的家具及空间细节。如参观者在歌剧院入口的门上就已经可以将阿尔托的细节设计“握在手里”——两个上下连接的门把手，很明显这是以人的身高为参照标准而设计的；由青铜支柱支撑着由黄铜管组成的扶手，顺着楼梯向上逐渐包裹了黑色的皮革，摸起来手感极佳并且由于皮革本身的天然纹理可以起到防滑作用（图37）；此外还有木制的椅子、衣柜，运用皮革制成的沙发椅，铜制照明灯具等（图38～图40）。尽管这些设计是在20世纪50年代末期完成，但由于其出色的质量和独一无二的风格迄今都不显得

图 37 黄铜制楼梯扶手

图 38 门廊下的吸顶灯

图 39 室内顶灯

图 40 阿尔瓦·阿尔托头像

过时。

埃森歌剧院作为阿尔瓦·阿尔托人生舞台的终曲，再次让我们领略到他那由心而发的纯朴风格，品味他那将人性、人情、人气融入建筑的理性与浪漫交织的人性化建筑思想，让我们这些时常被华而不实的表象吸引，被时髦科技和流行时尚左右的建筑师们找回设计中最初的意义所在。

13

理性主义的地方性折射

西班牙巴塞罗那胡·安米罗基金会

Fundaci ó Joan Mir ó

13 西班牙巴塞罗那胡安·米罗基金会
Fundació Joan Miró

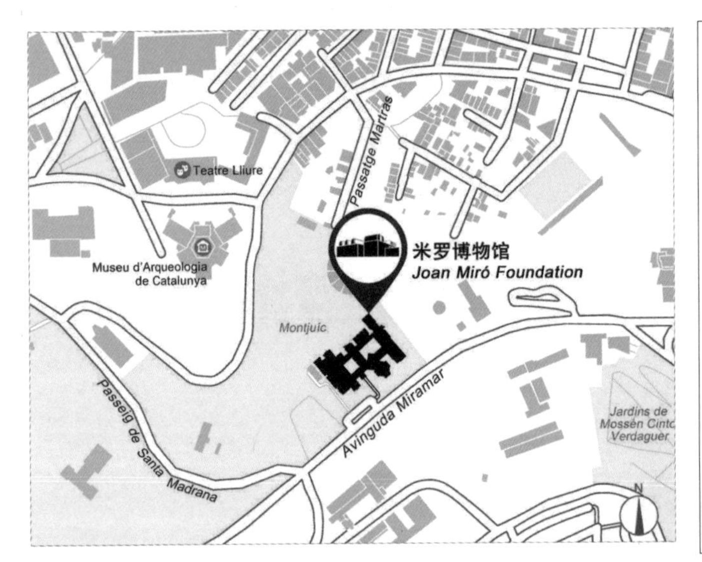

建筑名称：
胡安·米罗基金会（Fundació Joan Miró）
造访时间：
2007年12月19日
建造地点：
巴塞罗那市区西南部蒙锥克(Montjuic)山
设计时间：
20世纪60年代末
建造时间：
1971~1975年，1988年（扩建）
建 筑 师：
何塞普·路易斯·塞尔特（Josep Lluís Sert）

历史成就：
理性主义经典之作；当代艺术研究中心；2002年度美国建筑师学会AIA“25年建筑奖”。
交通方式：
巴塞罗那市区乘坐大眼睛观光巴士可方便到达。

何塞普·路易斯·塞尔特[1]（Josep Lluís Sert）

西班牙理性主义建筑师和城市规划师，美国现代主义建筑运动早期倡导者之一，曾长期担任美国哈佛大学设计学院的建筑系主任和教授。

建筑师大事记和作品列表：

1902年	出生于加泰罗尼亚一个富裕的艺术世家；
1921~1928年	大学时曾游学巴黎；
1927年	在柯布西耶巴黎工作室工作，期间接触了毕加索、米罗等艺术家，谈论艺术与建筑；
1929年	作为主创人成立了加泰罗尼亚建筑师当代建筑促进会(GATCPAC)；
1936~1939年	第二次世界大战与西班牙内战终结了现代化的希望，法西斯主义上台后取缔了GATCPAC，塞尔特流亡海外；
1943年	在美国纽约塞尔特开始了事业新篇章，发表了“Can Our Cities Survive?”，后为美国各大建筑院校必修的著作；

1.何塞普·路易斯·塞尔特图片来源：https://circarq.wordpress.com/2014/05/19/josep-lluis-sert-lopez-1902-1983/

1945年　创立了城市规划协会，针对拉美国家城市、社区出现的边缘化、贫困以及气候等社会问题探求新的城市发展之路；

1953年　接替沃尔特·格罗皮乌斯当选为哈佛大学设计学院建筑系主任，期间组建了塞尔特和杰克逊事务所（Sert Jackson and Associates）；

1969年　以极高的声誉从哈佛大学建筑系主任和教授的位置上退休；

1975年　设计完成了米罗基金会并返回巴塞罗那；

1983年　卒于自己的故乡。

建筑理念：

1.提倡建筑表达的纯粹性和对地域传统的尊重。

2.倡导符合现代建筑逻辑和严谨的、最简单的建筑表现形式，体现一种比例美、秩序美还有均衡美；主张将建筑带回到自然的表达形式之中，将他们与技术、社会及经济条件紧密连接起来。

米罗基金会总平面图

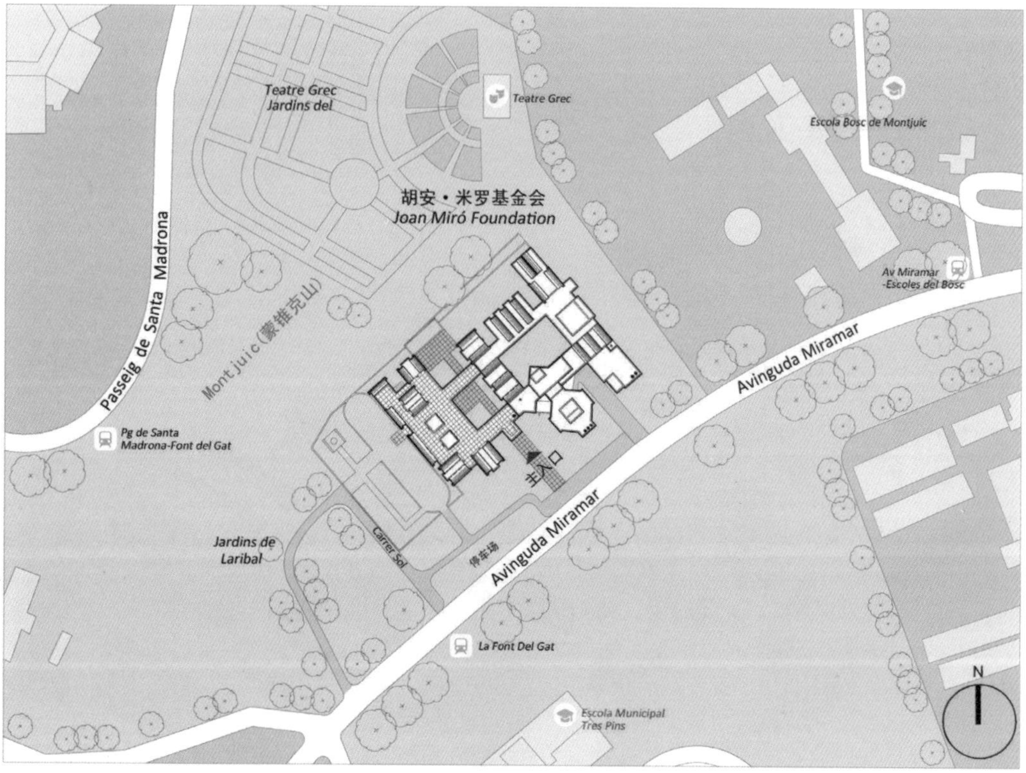

胡安·米罗基金会（以下简称基金会）（图1）位于巴塞罗那西南部蒙锥克 (Montjuic) 山的半山坡，北接希腊剧院花园，南临米拉玛大道（Av. Miramar），距离奥运中心步行仅需15分钟，是由20世纪西班牙艺术巨匠胡安·米罗（Joan Miró）（以下简称米罗）捐赠、其好友西班牙本土建筑师何塞普·路易斯·塞尔特（Josep Lluís Sert）（以下简称塞尔特）设计。基金会占地56000平方米，总建筑面积约5900平方米。这里不仅展藏着米罗终其一生的艺术遗产（其中包括油画220幅、雕塑153件、全部的版画和五千幅素描等），还是西班牙当代艺术研究中心的总部，基金会于1975年6月建成开放（图2）。

美国著名建筑评论家罗伯特·坎贝尔 (Robert Campbell)[注1]曾认为："这个建筑是塞尔特对自己所深爱的地中海气候和文化的热情回应，他毕生的本土化建筑实践都在追寻一种符合现代建筑的逻辑和严谨，米罗基金会正是他这一长期努力的巅峰之作"。基金会自开放以来已有四十年之久，除了展陈米罗的众多艺术作品，展厅还出色地证明了其展示20世纪与21世纪其他艺术家作品的空间适应能力。这座白色艺术殿堂作为塞尔特最重要的建筑设计作品，迄今仍被认为是世界当代艺术馆中的重量级代表，并于2002年获得美国AIA"25年大奖"。

一、建筑师及其设计理念

塞尔特，西班牙理性主义建筑师和城市规划师，美国现代主义建筑运动早期倡导者之一，曾长期担任美国哈佛大学设计学院建筑系主任和教授。他于1902年生于西班牙加泰罗尼亚一个

[1] 罗伯特·坎贝尔 (Robert Campbell) 美国艺术与科学学院院士，《波士顿环球报》建筑评论家，1996年普利策建筑评论奖获得者。他曾任教于哈佛大学建筑设计研究生院、波

图1 胡安·米罗基金会鸟瞰图

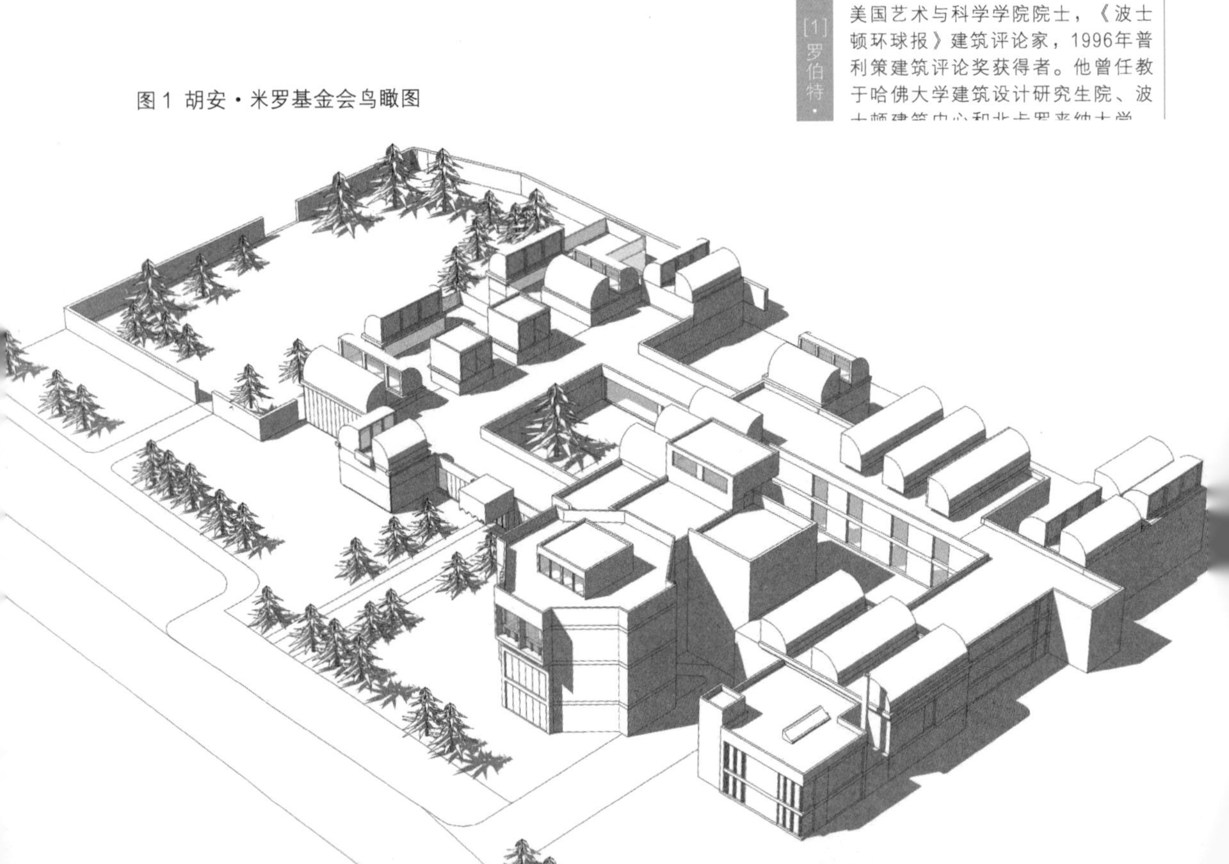

富裕的艺术世家，1921~1928年大学时曾游学巴黎，1927年在柯布西耶巴黎工作室工作，期间还结识了同样来自加泰罗尼亚的毕加索、米罗等现代艺术家。同一代人，相似的生活经历，铸就了塞尔特与这些伟大的艺术家们深厚的友谊和强烈的地中海西班牙情结。1929年，他作为主创人组织成立了加泰罗尼亚建筑师当代建筑促进会（GATCPAC），秉持当时激进的白色现代风格，为加泰罗尼亚自治区政府的学校、医院和公用设施的规划建设发挥了巨大作用；1936~1939年第二次世界大战与西班牙内战期间，法西斯政府取缔了GATCPAC，塞尔特流亡海外。之后，在美国纽约塞尔特开始了事业新篇章，1943年他发表“Can Our Cities Survive? ”，该书收集了CIAM欧洲成员的大量作品，后为美国各大建筑院校必修著作，并密切展开与包括密斯·凡·德·罗在内的其他欧洲流亡建筑师的交流活动；1945年塞尔特等人创立了城市规划协会，针对拉美国家城市、社区边缘化、贫困以及气候等社会问题探求新的城市发展之路，并在巴西、秘鲁等地广泛应用其应对自然环境的适应性设计策略；1953年塞尔特接替沃尔特·格鲁皮乌斯当选为哈佛大学设计学院建筑系主任，这期间塞尔特又组建塞尔特和杰克逊事务所（Sert Jackson and Associates），许多代表作品在这期间也相继完成。随着西班牙佛朗哥独裁统治逐渐瓦解，塞尔特与家乡加泰罗尼亚的联系也逐渐频繁。1975年，塞尔特设计完成了胡安·米罗基金会并返回其故乡巴塞罗那。

图 2 建筑外观

图 3 绝佳的城市望点

图 4 主入口透视

由此可见，塞尔特受教育的年代恰逢现代主义在欧洲兴起的年代，年轻的塞尔特深受柯布西耶的影响，较早接受了理性主义的建筑哲学，摒弃设计的虚假与装饰，反对过度、背离本真的设计，注重建筑的整体性、逻辑清晰的必要性、简洁性和有效合理性等；随后他在拉美国家就城市、社区，自然环境等问题的多年探索与实践，使其在恪守理性分析和思维的同时，更加关注传统历史、人性等多方面诉求，更加注重自然环境与地域气候，倡导建筑回归本土化，在形式上更多样，空间上更丰富，内涵更广泛，拓展了早期理性主义的范畴，也使其创作中渗透的理性主义思想内涵更为全面和深刻。本书试图从基金会建筑本体出发，从环境——功能、地域——空间、理性——细节三方面就其理性主义的地域性表达进行分析。

二、基于环境—功能因素的设计

作为西班牙加泰罗尼亚自治区首府，巴塞罗那这座热情、艺术的海滨城市拥有为数众多的知名艺术馆、展览馆，无论是1929年巴塞罗那国际博览会上的德国馆，还是1995年建成的理查德·迈耶（Richard Meier）设计的现代艺术博物馆，都以其简洁明晰的艺术取向、富有冲击力的几何形体、新颖精致的材料成为城市中的经典标志。而与前两者不同，基金会位于巴塞罗那西南部自然环境绝佳的山林地带，这里曾作为该城在军事及海事上的战略要地，并且巴塞罗那历史上举办过的三次世界级盛会（1888年、1929年国际博览会，1992年夏季奥运会）也都选址此处，这里还拥有从西南方向俯瞰整个城市的绝佳视角（图3）。

面对如此完美的地理位置和历史背景，塞尔特表现得异常平静、谦卑，建筑高度主体不超过两层，鉴于较大的基地面积，基金会南向主界面针对主干道还做了近40米的退让，最大限度使得空间体量消隐在绿树丛林中。建筑主入口也未采用常规宏大的尺度或强烈的对比手法来突出，仅通过一个宽度不足6米、四个小尺度连续的拱形天棚和厚重的平顶构成的挑檐加以限定，尺度亲切宜人，再通过一条从南向主干道引入的笔直步道加以提示，没有任何繁冗之处（图4）。

进入建筑内部，则是单层东西向延伸的过厅，除了设置储存、休息等服务设施外，便是明确的线性路径导向。参观者由此便置身一个多维流线导向下的流动空间，无论顺时针或逆时针行进，都可以依次欣赏完10个分时期的主题展厅，以及为当代先锋艺术家施展才华的临时性展厅（图5、图6）。主入口东侧与东西向通廊衔接着基金会唯一一处异形空间：三层八角形的研究中心，含首层报告厅、二层档案馆和三层的图书馆，作为基金会的行政管理区域，功能集中且独立（图7、图8）。

图5 米罗基金会一层、地下一层平面图

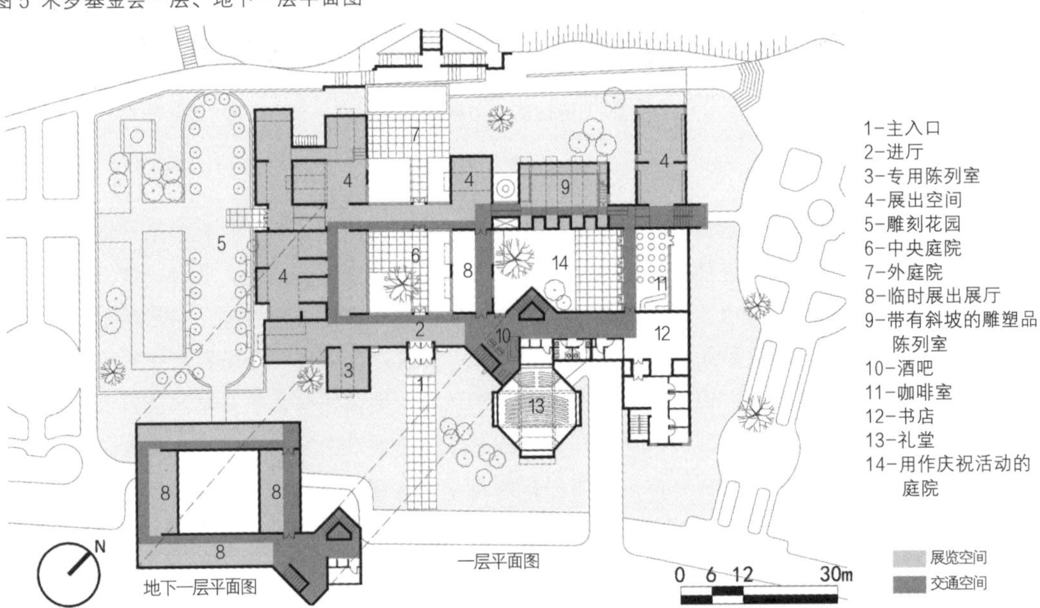

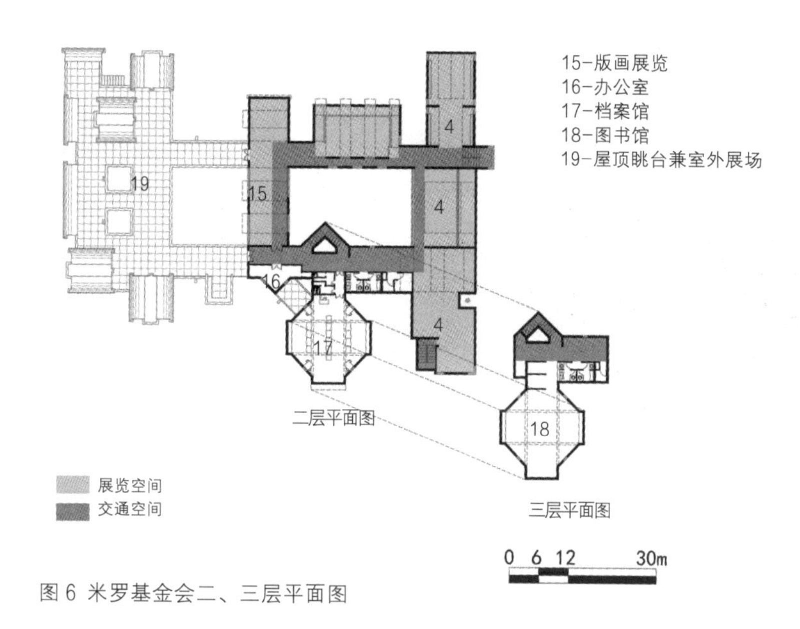

图 6 米罗基金会二、三层平面图

基金会的总体布局注重保护基地的地景要素，力求建筑尺度与环境取得平衡。同时针对基地西侧城市花园，生长在基地中央的一株古树被塞尔特加以保护，最大限度尊重场地内的自然环境要素（图 9）。

基金会采用传统院落式布局，创造四个大小不一、开放程度不同的庭院，分别是主入口门厅正对的、保留有古树的中央庭院，西侧与基金会接壤，被赋予新功能且面积最大的雕刻花园，中央庭院北侧可俯瞰城市全貌的外部庭院以及研究中心北侧用作庆祝活动的横向长方形庭院。尤其西班牙文称Patio的方形中央庭院，作为午后茶歇、沐浴阳光的场所（图10），功能犹如客厅，更是西班牙传统建筑中不可或缺的部分，建筑师在此将现代建筑语汇和传统建筑元素进行有机结合。虽然四个庭院的位置、功能及环境条件不尽相同，但作为内部展示空间的补充延伸，与室外屋顶眺台均被赋予多义性，为参观者营造交流聚会的场所空间（图 11、图 12）。

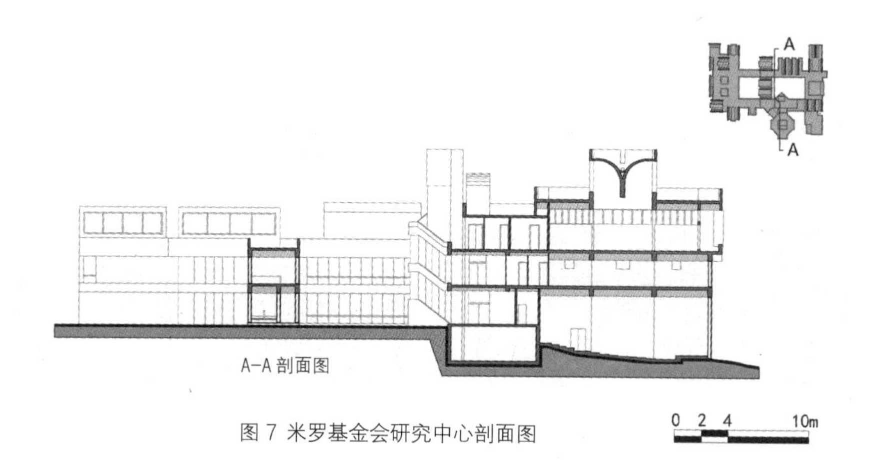

图 7 米罗基金会研究中心剖面图

图 8 图书馆

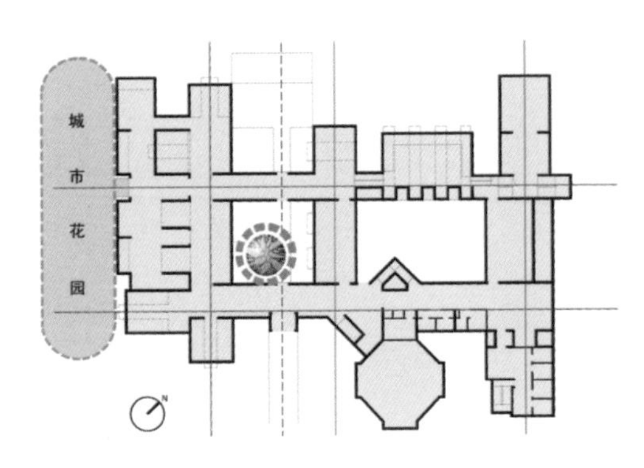

图 9 建筑布局与地景之间的关系

与艺术馆中环绕中央共享大厅布置展厅，抑或途经非线性流通空间到达各展厅的方式不同，基金会围绕四个庭院按照两横三纵的线性空间布局：首层布置有六个相对集中的主题展厅，一间临时展厅和一间通高带有坡道的雕塑陈列室；二层主要设置版画展览，三间连通的主题展厅及大面积室外平台；局部地下一层设置三间陈列室。通过这种分散式的小体量空间组合，不仅满足较大规模的展览，还提供给空间极大的自由度，使建筑灵活性、适应性大大增强。1988年基金会由塞尔特的学生兼好友豪梅·弗雷克萨（Jaume Freixa）主持进行了设计扩建，用以获得更多的展览空间（图 13）。整体来看，基金会室内组织着展示、研究中心等核心的使用功能，而多义性空间则主要分布于室外，这样的空间组织不仅创造了开阔的视野和丰富的空间层次，还使人与自然保持密切联系。由此可见，米罗基金会这座自然园林式的建筑，是从与自然环境协调的角度来体现建筑师回归自然的设计哲学，是对现代理性主义的有益补充。

图 10 中心庭院

图 11 兼顾休憩功能的长方形庭院

（图 8来源：https://ca.wikipedia.org/wiki/ Fundació_Joan_Miró）

图 12 兼做展场的室外平台

（图 12来源：https://parclick.es/parking/parkings-cerca-la-fundacion-joan-miro/）

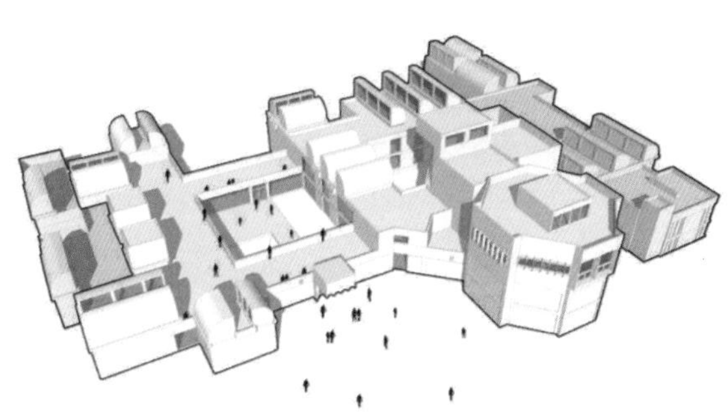

图 13 基金会的空间扩建

三、基于地域一空间因素的设计

基金会水平向展开的院落式布局，高低错落的形态，化整为零后各单元空间的相似性，使得面积本不大的一个建筑，却带给人一组大型建筑群的错觉（图14）。这种布局方式塞尔特早在 1964年的 Marguerite博物馆与1968年法国地区艺术学校中就采用过，其目的不仅是通过空间体量达到和整个环境的协调，更是为营造出一种村落的影像，唤醒人们对于当地传统村落的回忆，在此设计师再次运用现代方式诠释对于传统的、地方性的尊崇和对理性建构秩序的探索。正如阿尔多·罗西（Aldo Rossi）所说：“建筑产生于它的自身合理性，只有通过这种生存过程，建筑才能与它周围人为的或自然的环境融为一体。当它通过自己的本原建立起一种逻辑关系时，建筑就产生了；然后，它就形成了一种场所”。基金会看似松散的布局中，却隐含着理性秩序。

图 14 总体鸟瞰[2]　2.图 14来源：https://ca.wikipedia.org/Fundació_Joan_Miró

设计师利用室内通廊形成纵横双向的轴线控制，也形成了均衡的空间秩序（图15）。由于各空间大小差异明显，为了保持较好的空间整体性，塞尔特在此沿用了柯布西耶的模数理论，使得各类展厅、通廊空间的尺寸都有一种“modulor”比例关系，强调建筑物之间的整体性而非个性（图16）。从整体风格上讲，基金会体现的仍然是简洁明晰的艺术追求，拥有鲜明的几何形体和组合秩序。

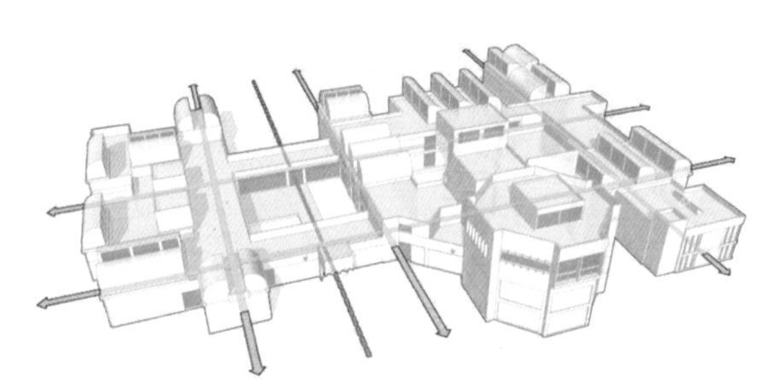

图 15 院落式两横三纵的空间秩序

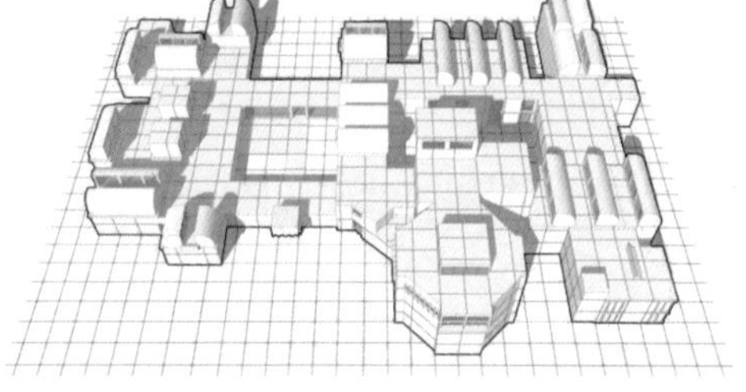

图 16 建筑的“modulor”比例关系

观展动线设计对于艺术馆的空间体验至关重要，正如塞尔特提到：“如果建筑师被迫需要意识到展出事物的主题和材料包括它的内容、强度、质地，那么艺术家也应对空间、顺序和相互的关系保持高度的敏感和理解。在所有这些当中，光线是最为重要的，需要补充的是展览建筑中开放与封闭空间的流通和关系，而这也很重要”。现代主义的建筑往往在严格的几何形体围合成的内部空间中进行复杂的功能区划和流线布局，而塞尔特则从现代生活的复杂多样性——人的心理和行为特点出发，将参观者的流通循环作为空间限定与组织的重要因素，引入“开放式”展厅的概念，突破程式化、单一乏味的空间架构，摒弃了严格分隔的展厅模式。其展区间的过渡均采用不设门的通廊自然衔接（图17），这不仅保持了展示空间的连续完整，还可获得灵活的空间组织形式；除了基本交通功能，通廊在尽端和转折处通过限定还能形成展廊，这样的组织方式使空间变得多元、动态，大大增强了人在其中的体验感，体现出建筑功能理性与人文关怀的特点（图18）。

而在这样一个水平展开、绵延连续的空间中发挥核心作用的便是墙，建筑中墙既作为承载绘画艺术作品的背景，还发挥了明确的导向作用，使得参观者无须往返徘徊于各展厅间（图19）。为增加室内展示面，建筑除首层围绕两个内庭院的界面为落地玻璃外，其余均为实体外墙（图20），同时，纵横的穿堂通廊与庭院的紧密衔接，还产生了穿堂风这种被动式的降温效果，这与建筑的封闭外观、通体白色抹灰表面的特征也有着内在的功能逻辑，即缓解当地湿热气候和强烈光照。气候因素是建筑地方性中唯一永久的因素，基金会则在空间构成方面积极探索理性主义更为真实的地域表达。

通过以上动线设计，建筑室内整体空间相对均衡，唯一通高的雕塑展厅可算是较为活跃的空间：坡道的组织、一二层的密切联系，人的驻足停留等，起到了流线转换的空间提示作用（图 21）。在空间导向性方面，建筑师还通过加强空间界面材质的连续化处理从而明晰出内在的功能逻辑和观展路径，例如室内连续的展墙与对应的外墙面统一采用西班牙传统的手工白色抹灰墙(STUCCO)（图 22）；室外院落直至室内的通廊地面也均采用深色陶砖铺地（图 23），竖向净白的限定要素与深色附带铺装拼缝的地面间的反差，既强调了路径交通，又明确出了空间限定要素的意义。

17	18
19 / 20 / 21	
22	23

图 17 开放式展厅　图 18 通廊尽端形成展厅
图 19 墙体的导向功能　图 20 外墙的虚实处理　图 21 雕塑展厅[3]
图 22 白色手工抹灰墙　图 23 统一的深色陶砖铺地[4]

3.图 21来源：http://www.ncltours.co.uk/destinations/europe/spain/barcelona/joan-mir%C3%B3-foundation.aspx
4.图23来源：https://www.art.com/products/p12341066-sa-i798107/joan-miro-personagge-devan-le-soleil.htm

至丁展览建筑中最重要的光线，在此塞尔特采用了极具特色的形式。天窗作为基金会室内展厅最主要的采光途径，数量众多，其构造是在屋顶局部凸起一侧弯曲，形成半圆形断面，犹如潜望镜一般。光线通过有选择性地被透射与漫射，向室内均匀扩散，避免了当地的曝晒以及直射光线不稳定使室内产生明暗变化的现象。而成组排列的采光天窗以其简单、圆润的线条构成连续起伏的实体，赋予建筑外观与众不同的真实形态，体现出功能与形式的统一。在屋顶平台上可随处近距离感知这一雕塑般的理性构造（图 24、图 25）。

图 24 采光天窗一

图 25 采光天窗二

四、基于理性—细节因素的设计

理性主义反对虚假与装饰，基金会的室内外细节也极好地体现了此方面。塞尔特针对空间的主角——墙，以统一的材质、色调体现展示空间清晰的特性。在这里材料的简单性与空间形式的弱化均以突出米罗艺术作品为目的。如同密斯在建筑设计中探索对柱、墙体、顶棚进行分离的结构逻辑一样，基金会内部连续的墙体、立柱与天棚也都体现着各自的建构秩序。尤其是天棚，由连续的小尺度拱形天棚肋组建，梁、展厅射灯均被整合、隐匿在了这些拱形天棚的交接处，天棚在净化展厅空间元素的同时，也强调了模数的韵律关系（图26）。在此，设计师以极简的手法抽象化地再现着加泰罗尼亚地区传统的拱券形式。作品中我们还可清晰地看到混凝土拆模后在墙体上留下的板缝以及粗糙的接茬，塞尔特通过保留施工痕迹唤起传统工艺的记忆，兼顾当地强烈的太阳辐射，将白石灰涂料直接添加到拆模后的混凝土墙面上，木质模具留下的压痕被明晰地展现出来，这也是基金会设计中非常显著的细节特征（图27）。建筑整体外观所表现的通透与封闭完全反映出建筑内部展示与公共开放的功能逻辑，体现了建构秩序的严谨性，而以往那种通过打造建筑外部形象而提升其价值意义的思想逻辑被彻底抛弃了。基金会的细节深刻地反映出塞尔特基于功能理性下结合地域气候和传统工艺，以及摸索和实践适应环境、融入地方的建筑营造方法。

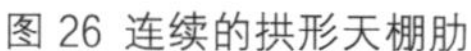
图 26 连续的拱形天棚肋

图 27 留有工艺痕迹的外墙

五、结论

20世纪60年代以来，理性主义在多元化走向的当代呈现出更为全面、深刻的发展趋向与更为旺盛的生命力。通过对米罗基金会多角度的理性剖析，发现其更为深刻的设计内容——注重对环境和地域，功能、空间和细节等方面的深入挖掘以及对建筑生成手法的深度探析，避免只停留在形式表面而忽视建筑的内在精髓；同时它也比现代主义时期容纳了更为复杂的情感诉求，建筑的环境观与地域化成为其设计哲学的主要方面。

设计的魔力能把偌大世界的生僻角落变成人人心中的故乡。米罗基金会以平实率真、朴拙大方的姿态带给了我们清新的感受；塞尔特对理性化、地域化的深刻解读，以及对生活的观察和细致的品位，带给了我们更广泛的理性化思考，也为喧哗浮躁的我们澄澈己心，树立健康的建筑观提供了极好的补课意义。

14

Phæno，城市中的「城市」

德国沃尔夫斯堡科技中心

The Phæno Science Centre

Phæno 并不属于本书收录的 20 世纪欧洲现代经典建筑的范畴，谨以此篇向在 2016 年 3 月 31 日去世的先锋派女建筑师、建筑界的“迪娃”扎哈·哈迪德致敬！

14 德国沃尔夫斯堡科技中心
The Phæno Science Centre

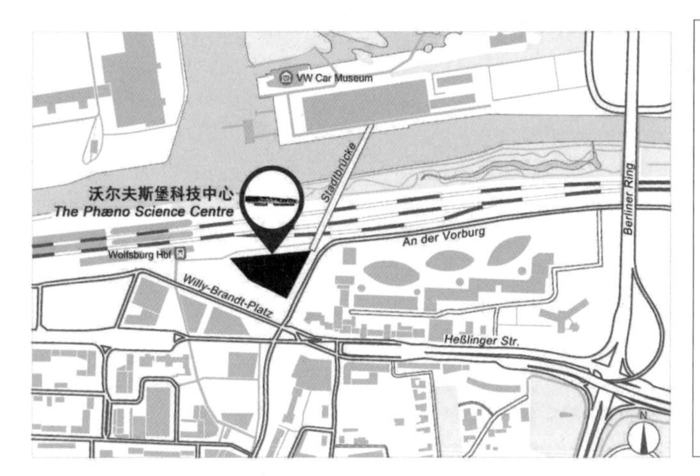

建筑名称：
德国沃尔夫斯堡科技中心（The Phæno Science Centre）
造访时间：
2007年11月13日，2008年1月25日
建造地点：
沃尔夫斯堡中央火车站站前广场东侧
设计时间：
2000年
建造时间：
2005年 11月
建 筑 师：
扎哈·哈迪德（Zaha Hadid）

历史成就：
欧洲迄今为止最大的“自密实混凝土”建筑，作为建筑学领域自密实混凝土应用技术的参考范本；体现扎哈·哈迪德设计理论的重要作品；被誉为“德国最大可穿越式的城市雕塑”。
交通方式：
沃尔夫斯堡中央火车站出站后，由站前广场向东步行即可到达。

扎哈·哈迪德[1]（Zaha Hadid）

当代建筑界中极富原创性和开拓性的建筑师之一、先锋派建筑师之一，建筑界的“迪娃”，建筑舞台上的强势女主角。

建筑师大事记和作品列表：

1950年 出生于伊拉克首都巴格达。当时的伊拉克经济兴旺、社会繁荣，奉行自由主义和非教派主义，父亲是政治家、经济学家和实业家，自幼受到良好教育，幼年常到欧洲游览，从小就孕育了西方激进、开放的思想和文化。

1968~1971年 在黎巴嫩首都贝鲁特美国大学攻读数学，为她奠定了非常严谨和周密的方法论。

1972~1977年 在伦敦建筑联盟学院（AA）学习建筑学，获得硕士学位。

1977~1979年 毕业后进入库哈斯主持的大都会建筑事务所（Office for Metropolitan Architecture）工作并成为合伙人之一，同时，在AA建筑学院执教。

1.扎哈·哈迪德图片来源：http://magazine.chinatimes.com/cn/lavie/20100819002820-300307

1979年　离开大都会建筑事务所，在伦敦独立开业。

1988年　应邀参加了在纽约现代艺术博物馆举办的“解构建筑七人展”，进一步确立了她在国际建筑界中的主流地位。

1993年　德国魏尔市维特拉家具厂消防站落成，终于使得哈迪德拥有了从业以来的第一个建成作品，轰动了建筑界。

2004年　荣获了普利茨克建筑奖，进一步奠定了她世界级建筑大师的地位。普利茨克奖评委会评价哈迪德说：“作为一名实践型建筑师，她同时进行着理论与学术研究，坚定不移地坚持着现代主义精神。她极富创造力，突破了已有的类型学、高技派等限制，革新了建筑几何学”。

2005~2015年　这十年，扎哈·哈迪德业绩辉煌，作品遍布欧美、亚洲、中东诸国，在学术界和公众中赢得了更广泛的声誉。

2015年　获得英国建筑界最高奖项“皇家金奖”，成为该奖项历史上的首位女性获奖者。

2016年　3月 31日在美国迈阿密病逝。

建筑理念：

1.通过对传统观念的批判，进而对建筑的本质进行重新定义，从而发展适合新时代的建筑；她的创作中以时代的复杂性作为设计的总策略，以发展的眼光重新定义了“理性”的内涵，这种设计理念催生了个性化的设计手法。

2.继承了俄罗斯先锋派艺术中的构成主义和至上主义，以及荷兰风格派的创作理念，并进一步发展成的结构主义，早期倾向将物体解析成几何或立体形式的单元，并将这些元素重新组合成凝练的具有韵律感的空间结构；后期则注重对建筑复杂性的关注，倡导随机、流动、自由、非标准、不规则的非线性流动空间去消解形式主义的完整与和谐原则。

3.主张用纯粹的抽象形态表现纯粹的精神，提倡数学精神，即“数字化”设计，认为数学能够提供相当周密与严谨的创作方法，数学的极致，就是艺术。

沃尔夫斯堡科技中心总平面图

沃尔夫斯堡是德国很典型的以大众汽车（Auto Stadt）的生产制造发展起来的老牌工业城市，于1938年由当时年轻的建筑师皮特·科勒（Peter Koller）在当时鲜有新城出现的德国规划而成。伴随着工业经济的强劲发展势头，沃尔夫斯堡的城市文化也有了同步发展，由阿尔瓦·阿尔托（Alvar Aalto）于1962年设计建成的沃尔夫斯堡文化中心（图1）与2000年大众汽车主题公园的开放都为城市文化发展架设了新的桥梁，再到2005年由普利兹克奖得主英国著名建筑师扎哈·哈迪德（zaha hadid）设计的科技中心 Phæno（以下简称 Phæno）的落成，更为该城建构了一个公共文化娱乐的新地标，Phæno通过新颖的造型和丰富的内部功能在带来高科技生活体验、彰显科技之城和创新精神的同时，其强大的毕尔巴鄂效应更为这座城市增添了吸引力。

图1 沃尔夫斯堡科技中心鸟瞰图

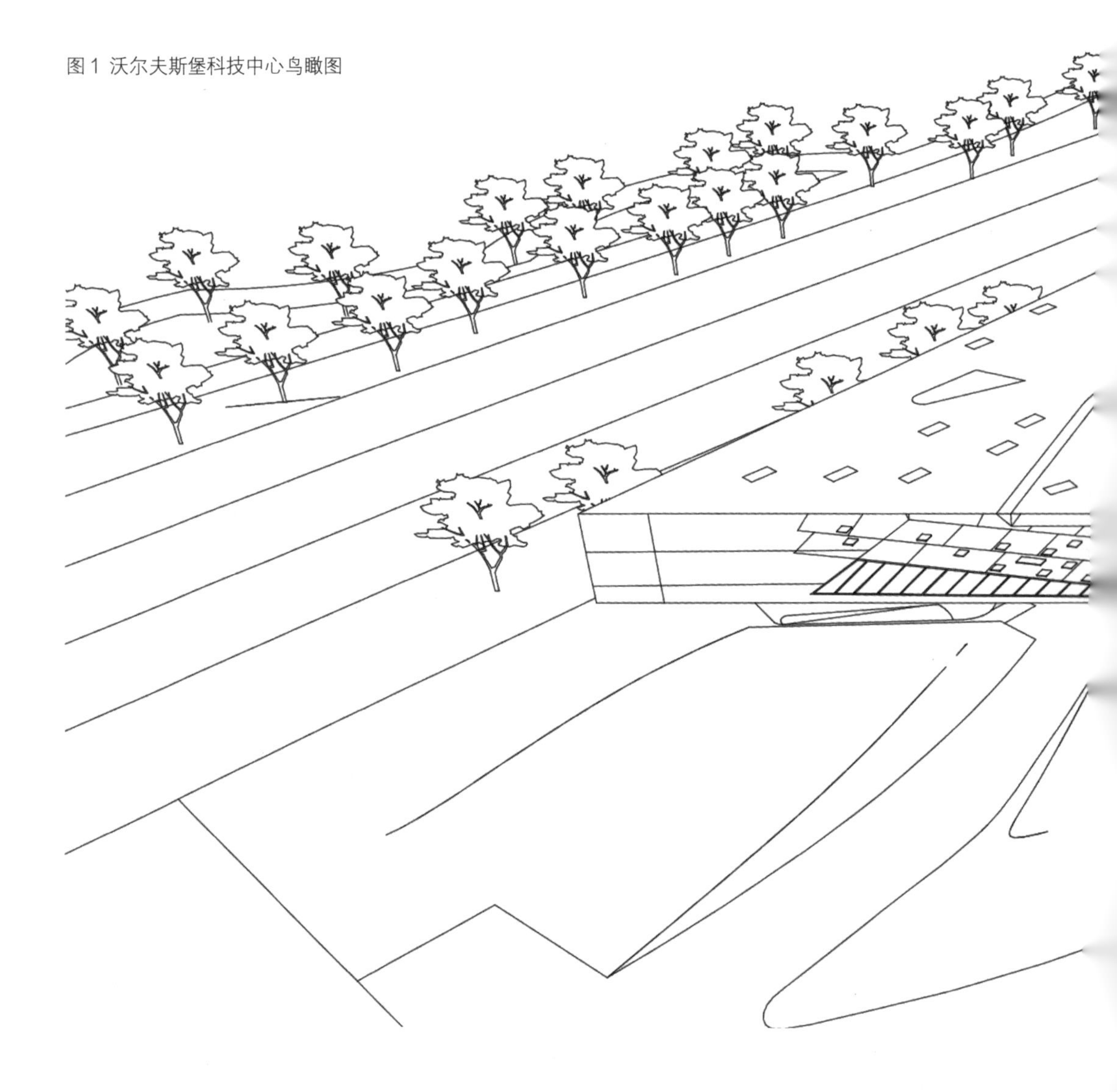

Phæno位置显著，备受城市关注。它紧邻沃尔夫斯堡市火车总站南侧，面对着火车站北侧的大众汽车城，占地面积约7000平方米。2000年1月，沃尔夫斯堡市政府曾邀请了包括西班牙天才建筑师恩里克·米拉莱斯（Enric Miralles）、西班牙当代传奇女建筑师贝娜蒂塔·塔格利亚布（Benedetta Tagliabue）、奥地利先锋解构派蓝天组（Coop Himmelblau）以及英国两届斯特林大奖得主克里斯·威尔金森（Chris Wilkinson）等来自8个国家的23人角逐该建筑的设计方案，扎哈·哈迪德（zaha hadid）以锥形基底支撑起全面流动性展厅的特点、整体化的空间环境、先进的制造技术和高品位的灯光设计，赢得了众多竞赛方案中无可非议的冠军。之后在长达四年的时间里，沃尔夫斯堡市政府共投资7900万欧元用于这座极具先锋实验性项目的建造，而后这座在许多领域突破陈规、别开生面的科技中心于2005年11月25日对公众开放。

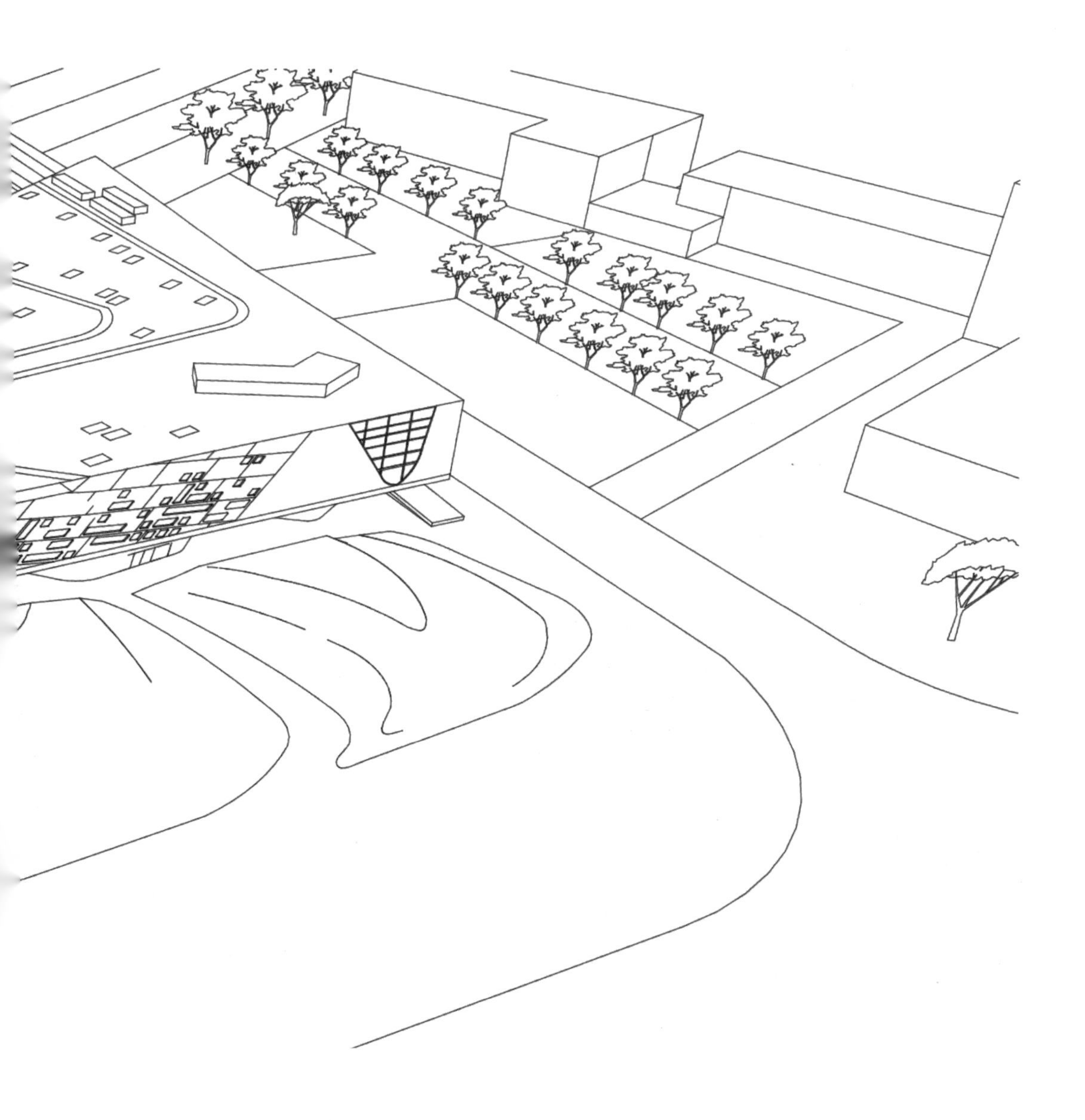

一、Phæno的城市坐标

扎哈·哈迪德的建筑创作总是强烈关注项目所在城市的公共环境，正如她在Phæno正式开放之前接受《建筑细部》杂志专访时提到："沃尔夫斯堡科技中心的设计方式是这样的，建筑在近人的高度中不应遮挡两个相邻部分的城市景观；我们在这里建造一座科技馆之前，首先创造的是一个公共的城市空间。博物馆全天对外开放，无论你来自对面的大众汽车城、毗邻的中央火车站还是城市其他地方，都会被直接吸引进Phæno的内部。傍晚时，广场上和建筑下方近9000多平方米的活动空间充满生机，形成了一个流动的开放空间。所有这些都是在为合理地将Phæno融入城市空间中去的目的而服务的。"

Phæno是一个城市中的城市，设计师从城市设计视角出发，系统分析了沃尔夫斯堡城市功能、交通、景观等方面内容，采用整体设计，旨在构建起一个城市空间链接发展的桥梁。哈迪德将 Phæno作为一个开放流动的枢纽空间加以利用：被定位在主要道路 Porschestrasse的最北端，也作为游览沃尔夫斯堡城市的开端，通往北侧大众汽车城的高架桥依附于科技中心东侧，架空的底层空间还为中央火车站的人流疏散提供了站前场地的补充（图2～图4）。此外，火车总站北侧的大众汽车总部以其功能性、超大尺度性、高效密集性的工业化特点（图5），凸显出在城市空间中较强的独立性，Phæno在此又恰当地以其开放的体系与信息交流的平台打破了这种功能区域的分界，形成与先前以单一传统汽车工业为特征的沃尔夫斯堡城市空间的显著对比（图6）。

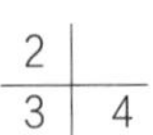

图 2 Phæno位置紧邻在市火车站南侧
图 3 Phæno与火车总站站前广场的关系
图 4 Phæno东侧通往大众汽车总部的高架桥

图 5 火车总站北侧的大众汽车总部

图 6 从 Porschestrasse看去 Phæno的城市空间及其与大众汽车总部的关系

Phæno的世界里不存在明显的边界，从整体布局与外部空间，我们可以感受到建筑与城市空间的融合并一直延续到科技中心的内部，体现出城市空间的漂移，主入口在尺度与空间处理上的弱化使人在不经意间完成从外到内的过渡，完全感觉不到建筑的门槛，它如同建造在移动之中（图 7、图 8）。

图 7 Phæno与城市空间的结合

图 8 Phæno底层模糊的界面

二、Phæno的空间建构

正如哈迪德将其描述为迷你城市一般，Phæno的空间特征在于它整体的连贯性，既满足自身功能又塑造了一个建筑、道路、景观集约型的城市复合空间，具有强大的空间感与控制力，成为一个场所塑造的典范。Phæno包括三个主要的空间构成：一个15000平方米的地下停车场、一个12000平方米的地上展览空间以及二者之间的城市公共空间。

Phæno整体结构建造在高于周边街道的平台之上，10根不规则倒圆锥的混凝土“柱子”拔地而起，支撑起整个建筑，给人强烈的空间力度，建筑整体材料统一，外观看来就像一个浇铸而成的雕塑（图 9）。首层架空的地面反映出人工地景的塑造手法，地表高低起伏、时缓时急，形成了和缓的“山丘与谷地”，并在倒圆锥“柱子”四周截止固化，其中地形凹陷如“峡谷”处布置交通动线，较平缓的“平原”之处用作广场与室外展陈。从某种意义讲，Phæno不愧被誉为是德国最大的可穿越式城市雕塑（图10）。众所周知，首层架空源自勒·柯布西耶现代主义建筑五要素之一，在这里哈迪德却将其赋予了新的含义并塑造成为最具活力的建筑元素。

图 9 十根倒圆锥“柱子”架起的底层公共空间

图 10 底层地面的起伏变化

Phæno底层空间的10个不规则倒圆锥体“柱子”不仅是建筑的支撑结构，每个倒椎体内部都是大小不一的空腔，包含各种设施用房，除南侧居中椎体布置通往二层展厅的主出入口外，其他几个则容纳有230座的科学剧场、书店、小型餐厅、咖啡厅、商店等服务空间（图11～图17）。二层核心展示空间整体被抬升至离地8米高，由一个单层、高7米、不规则多边形的巨大

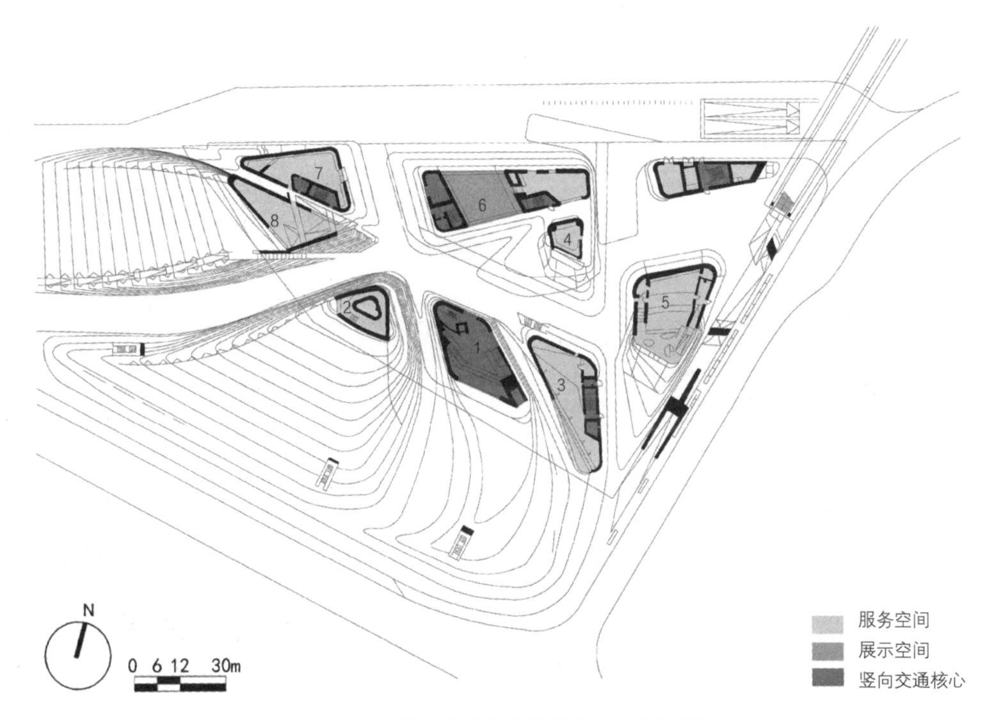

图 11 沃尔夫斯堡科技中心底层平面图

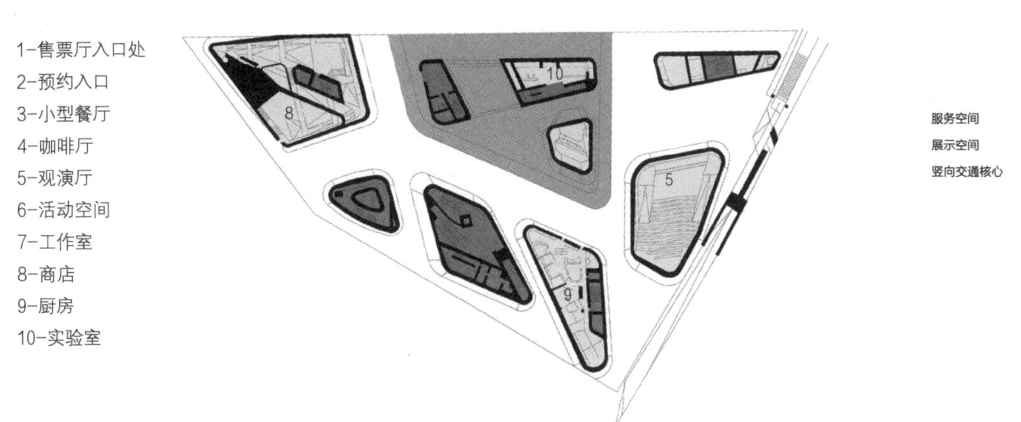

图 12 沃尔夫斯堡科技中心夹层平面图

图 13 主入口空间

14	15
16	17

图 14 230人科学剧场　图 15 会议研讨空间
图 16 咖啡室　图 17 夹层办公空间

空间构成（图 18）。架空底层人工地景的概念也延伸到了二层展厅，1.2万平方米的巨大空间分为上下两个高程的展示平台，整个展厅没有明确和限定的参观路线，人在其中可自由游历，其间共提供有 250个参与体验式的互动展览装置，这是一个能够吸引大众通过实验验证自然规律，让人以全新的方式接触自然科学与技术以及体验独创性发明甚至促使头脑突发奇想的场所（图 19、图 20）。

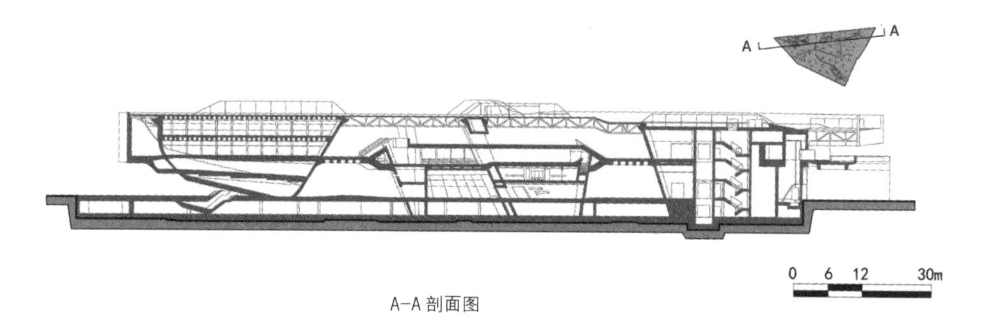

图 18 沃尔夫斯堡科技中心剖面图

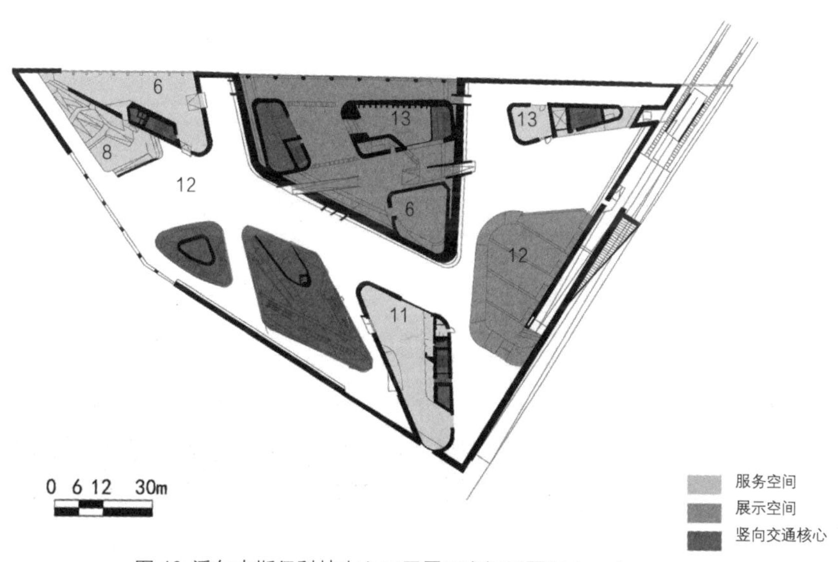

图 19 沃尔夫斯堡科技中心二层展示空间平面图（一）

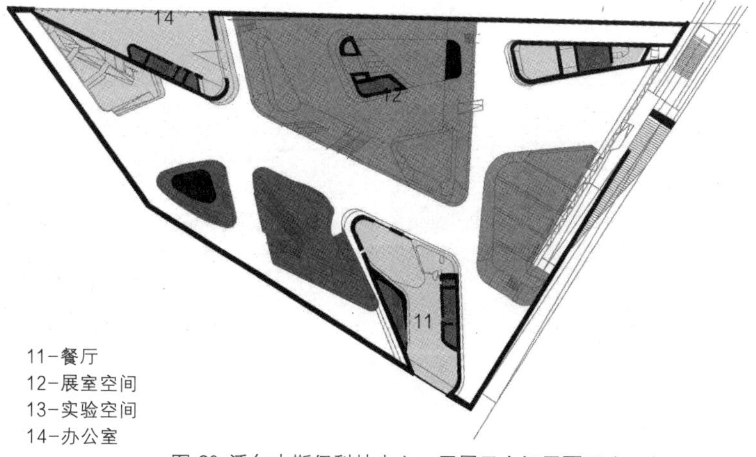

图 20 沃尔夫斯堡科技中心二层展示空间平面图（二）

Phæno建筑的墙体、地面、护栏、展台等空间要素在这个科学的世界里也仿佛突破常规，产生多种多样的选择，恰如其分地具备了科幻空间的特质（图21～图24）。与扎哈·哈迪德以往的许多作品一样，Phæno表现出了其流动空间中独特又惯用的连续不断面的应用，通过对面的平展、拉伸、折叠、扭曲等，戏剧化地生成了一系列特殊的、变幻无常的内部空间形态：有的如连绵的山丘，有的像突兀的火山，有的形似光怪陆离的洞穴，还有的犹如等待起飞的宇宙飞船，众多科技展示项目穿插其间，每一个位置不光是传递科学信息的舞台，还是一个个艺术化的动态空间（图25～图27），带给人新颖独特的动态体验。此外，展厅内部没有任何阻挡视线的隔墙或列柱，参观者可以随时观察到各处的实验活动，自由自在地漫步其间。

21 | 22
23 | 24

图21 内部主要交通　图22 展示层内景一
图23 展示层内景二　图24 展示层内景三

图 25 连贯的展示空间　图 26 动态展示空间一
图 27 动态展示空间二

三、Phæno的制造艺术

Phæno被视为具有实验性的先锋建筑在建筑技术史上书写的崭新篇章，主要归功于我们既熟悉又陌生的建筑材料——混凝土的创新应用。由于整个空间形态都没有采用一个直角，绝大部分墙体不是竖直而是倾斜或弯曲的，并且厚薄不一，其中有些墙体的倾斜角度还达到40度，建筑形体如此复杂，建造过程就不能按照寻常的支撑、搭梁和盖顶等建筑步骤进行，而是要求如同雕塑般整体塑形。所以，Phæno整体是由27000立方米自密实混凝土构成，与传统的标准钢筋混凝土建筑不同，这需要使用大规模、复杂的现浇模板技术、水泥注灌技术，其中还包括大量非标准、个性化定制的模板与支护技术。在此，扎哈·哈迪德大胆挑战传统的做法，在手工制作模板过程中结合了先进的计算机分析技术，将其先锋派的建筑理念运用到真正的建造艺术之上，完成了一个艰巨复杂的工程技术挑战。

自密实混凝土建筑的营造是以雕塑的形式在每个空间上体现的，它在现浇过程中拥有良好的流动性和凝固性，像蜂蜜一样可以流动到现浇模板的每一个角落，使得很多传统建造中的不可能变为可能，因此被广泛地应用到 Phæno的建造过程中。更值一提的是施工工艺的考究，清水混凝土墙体上现浇模板拆模后的板缝印痕即使在现场用肉眼也无法察觉，同时墙体表面非常平整光滑，几乎没有因为空气所产生的孔洞，10根形态各异的“柱子”和 40° 倾角的墙体也都达到非常高的精准度（图 28、图 29）。据统计 Phæno使用了1400个模板部件，拼凑起来可以铺满一整个足球场，而加固这些模板的支撑铁架总重量相当于 5000辆小汽车。

28 | 29
30 | 31

图 28 40度倾角的墙体　图 29 平整的表面，精准的交接
图 30 钢结构屋顶一　图 31 钢结构屋顶二

该建筑屋顶的建造也颇具难度，50米的跨度，通过倾斜变化着的钢结构网架来解决曲折的屋面形式，这些起支撑作用的轻钢网架体系并非常规平行结构，而是一片一片焊接而成的，所以每个联结点都各不相同，整个钢网架总共由3000个不同的点联结而成（图 30、图 31）。另外，大小不一、形态各异的玻璃窗最大的重达500公斤，面对如此之大的施工难度，Phæno都充分表现出精良的制造工艺，不禁令人深刻感悟到建筑实乃功能、技术、艺术三位一体的艺术门类。

Phæno在2005年最初开放的前四个月里接待游客超过10万，现在每年的接待量也超过18万，作为21世纪之初扎哈·哈迪德的一个代表作品，作为一个影响着城市的“城市”，理应值得人们去走进它，认识它，并从中得到更多的启示。

15

现代设计思想的发源地

德国德绍包豪斯学院

Bauhaus Dessau

15 德国德绍包豪斯学院
Bauhaus Dessau

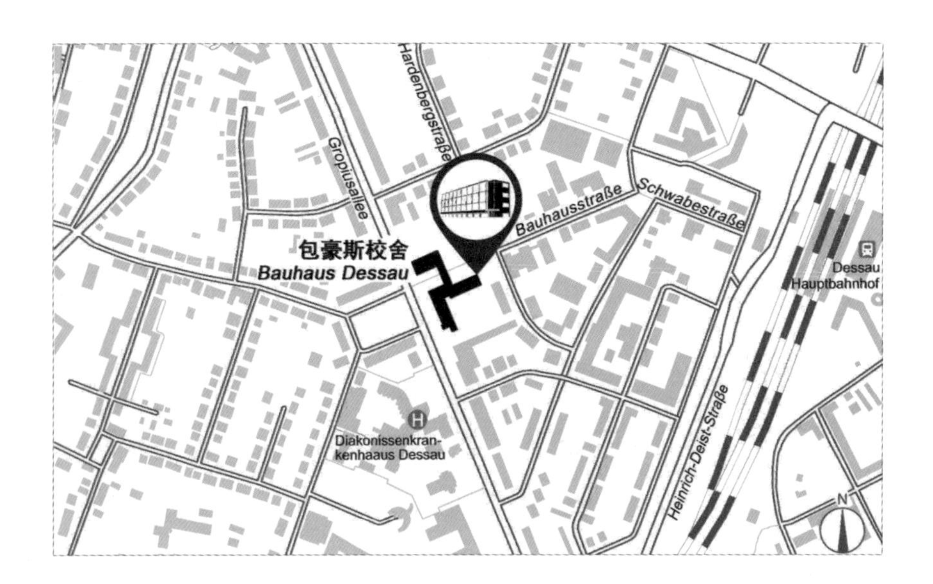

建筑名称：
德国德绍包豪斯设计学院（Bauhaus Dessau）
造访时间：
2007年10月24日
交通方式：
从德绍中央火车站出来向北沿舒贝大街（schwabestraße）、包豪斯大街（Bauhausstraße），步行 20分钟左右即可到达。
建造地点：
德绍市包豪斯大街（Bauhausstraße）与格罗皮乌斯大道（Gropiusallee）交汇处
设计时间：
1925年
建造时间：
1925～1926年
建 筑 师：
沃尔特·格罗皮乌斯（Walter Gropius）与阿道夫·迈耶（Adolf Meyer）
历史成就：
世界上第一所完全为发展现代设计教育而建立的学院，世界现代主义建筑的先声和典范，是现代建筑史上的里程碑；促进了国际建筑风格的形成，为 20世纪建筑的发展奠定了基础；“包豪斯”校舍建筑于 1996年被联合国教科文组织列为世界文化遗产。

沃尔特·格罗皮乌斯[1]

包豪斯学院总平面图

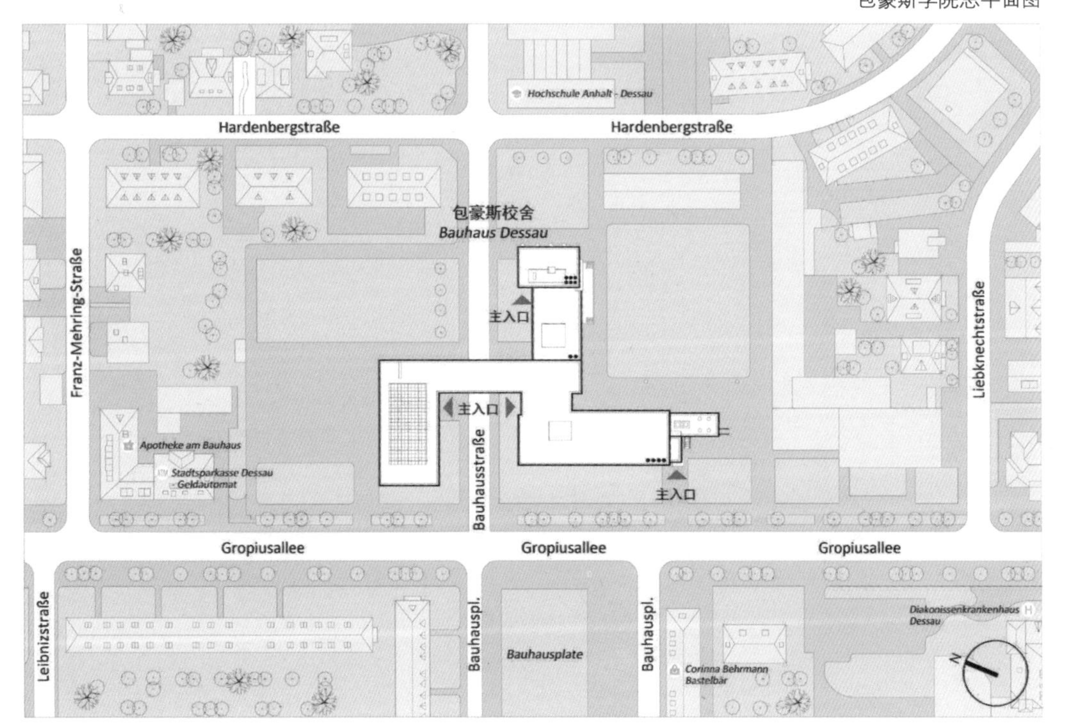

1.沃尔特·格罗皮乌斯图片来源：https://www.universalis.fr/encyclopedie/walter-gropius/
https://www.bauhaus.de/en/das_bauhaus/48_1919_1933/

一.包豪斯的历史

关于这所近百年的院校历史，可以追溯到包豪斯（图1）的前身，由比利时建筑师亨利·凡·德·费尔德（Henry van de Velde）[注1]在1904～1911年间创建的魏玛大公国工艺美术学院。作为当时的艺术之都，战前的魏玛经济主要依靠农业和小型手工业支撑，为振兴当地手工业和工业，魏玛工艺美术学院教授印刷、编织、陶瓷、装订和精细铁艺制品，大力支持手工业与工业生产，免费向每位匠人或工业家提供建议，帮助他们分析与改进产品，某种程度上讲该学院较早地实现了之后德意志制造联盟与包豪斯“让艺术家、工匠与工业家进行合作”的梦想。魏玛工艺美术学院是德国进入20世纪为改革应用美术教育而不断努力的结果，与此同时，为新时代探求新形式的自由艺术代表汉斯·珀尔齐格（Hans Poelzig）[注2]与为新时代提供工程和技术支持的功能性美学代表彼得·贝伦斯（Peter Behrens），也分别于1903

图1 包豪斯学院鸟瞰图

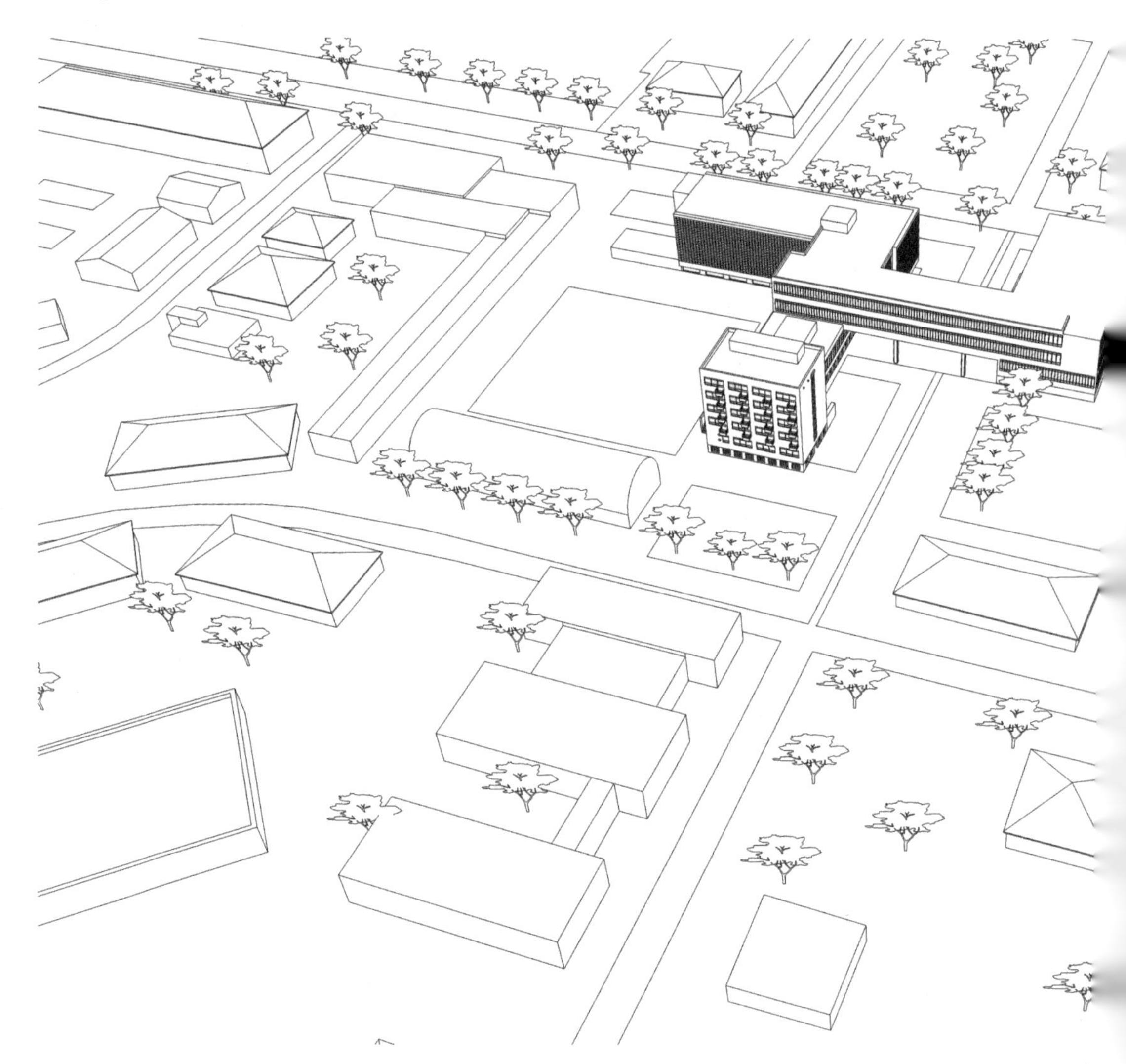

年被委任为布雷斯劳和杜赛尔多夫应用美术学院校长。在当时由于倡导的思想过于激进，魏玛工艺美术学院的办学过程困难重重，1915 年凡・德・费尔德在推举格鲁皮乌斯等三人作为继承人后便辞去职务，学院随后宣告关闭。

1919 年，现代设计思想的发源地——魏玛包豪斯学院正式登上了历史舞台，它是由造型艺术学校和先前的魏玛工艺美术学院合并的一所综合院校，沃尔特・格罗皮乌斯任校长。包豪斯是世界上第一所完全为发展现代设计教育而建立的学院，它的成立标志着现代设计的诞生，它的宗旨和授课方向是使艺术和手工艺与工业社会需求相统一，正如格罗皮乌斯在1924年的一篇文章《国立包豪斯的观念与发展》中坦承“这所学校应该感谢英国的拉斯金和莫里斯，比利时的凡・德・费尔德，德国的奥尔布里希、贝伦斯以及其他一些人，最后还有德意志制造联盟；他们全都苦心探求，并且最先找到了一些方法，重新把工作的世界艺术家们的创造

[1] 亨利・凡・德・费尔德

亨利・凡・德・费尔德（1863~1957），比利时建筑师、设计师、教育家，比利时早期设计运动的核心人物与领导者，德意志制造联盟创始人之一，是“新艺术运动”的重要代表之一，赞成建筑设计应反映并利于其用途的实用主义。早在19世纪末，他就曾经指出“技术是产生新文化的重要因素”，根据理性结构原理所创造出来的完全实用的设计，才是实现美的第一要素；1906年他考虑到设计改革应从教育着手，于是前往德国魏玛，被魏玛大公任命为艺术顾问，在他的倡导下，1908年魏玛市立美术学校被改建成市立工艺学校，成为战后包豪斯设计学院的前身。其代表性作品有：魏玛工艺美术学院、萨克逊工艺美术学院、科隆德意志制造联盟剧院、巴黎、纽约世博会比利时馆、比利时根特大学图书馆等。

[2] 汉斯・珀尔齐格

汉斯・珀尔齐格（1869~1936），德国表现主义代表建筑师，画家和设计师。1916年被任命为德累斯顿的城市设计师，是德意志制造联盟中一位有影响力的成员。早期以折衷主义和晚期古典主义设计为主，该时期设计的哥特风格的别墅，荣获过1896辛克尔奖；后又受彼得・贝伦斯的影响，最后走上了表现主义之路，他与同时代魏玛建筑师陶特（Bruno Taut）和厄恩斯（Ernst May）的作品使表现主义和新客观主义在20世纪20年代中期成为一个更传统的、简练的风格。

结合起来”。但就实际看来，包豪斯源自魏玛工艺美术学院，不光最初的校舍使用凡·德·费尔德设计的房子，许多课程的设置也都延续着这位比利时人最初的设想，由此可见，凡·德·费尔德对于包豪斯的形成与早期的发展可谓居功至伟。

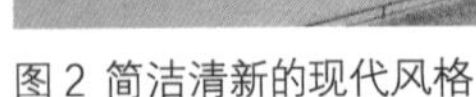
图 2 简洁清新的现代风格

图 3 虚实变化、自由连续的建筑外观

1925 年，包豪斯学院迁至德国东部城市德绍，在这里，格鲁皮乌斯早已筹划着一个新的校舍，一个代表他建筑教育理念的场所空间。新校舍是用现代建筑语言发表的宣言，坚定地确立了现代建筑的风格（图 2、图 3），德绍包豪斯还进行了一系列课程改革，实行设计与制作教学一体化的教学方法，取得了优异成果。1928 年格罗皮乌斯辞去校长职务，由瑞士建筑师汉内斯·梅耶（Hannes Meyer）[注3]继任，梅耶上任后使得包豪斯面临前所未有的政治压力，两年后便被迫辞职。1930 年，路德维希·密斯·凡·德·罗继任第三任校长，面对纳粹的压力，他竭尽全力维持着学校的运转，最终在1932 年10 月纳粹党占据德绍后，学院被迫迁至柏林，密斯又将租用来的一处废弃的电话制造厂改造成为教学用房，由于艺术领域中的现代主义为德国纳粹所不容，遭受全面扼制，面对新上台的纳粹政府，密斯终究无力回天。1933 年11 月包豪斯学院被封闭，结束了14 年的发展历程。众多包豪斯教师因不堪纳粹的迫害流离失所，最终定居美国，除沃尔特·格罗皮乌斯、密斯·凡·得·罗以外，还包括家具设计师马谢·布鲁尔（Macei Breuer）、材料专家约瑟夫·艾伯斯（Josef Albers）、平面设计师和印刷专家赫伯特·拜耳（Herbet Bayer）以及包豪斯初步课程教师拉斯洛·莫合利－那基（Laszlo Moholy-Nagy）。这座几经周折的学院，最终在两德统一后的 1995~1996 年间被德国政府重新复名为包豪斯，成为迄今著名的公立综合设计类大学。

[3] 汉内斯·梅耶

汉内斯·梅耶（1889~1954），瑞士建筑师，教育家和合作运动的强烈支持者，也是坚定的马克思主义者，坚持完全功能主义的观点。1927年开始在德绍包豪斯教学，并于1928-1930年接替格罗皮乌斯成为包豪斯的校长。梅耶认为好的设计不只为少数人，更应该面向大众，建筑不仅仅是形式、风格或设计，其功能应促进社会发展。

二 .包豪斯的理想

说到包豪斯人们会立刻想到，那标志性的红色正方形，黄色三角形以及蓝色圆形，三种形体，三种颜色一一对应，精练地概括了宇宙中的基本形体以及色彩构成（图 4），这是包豪斯的画家、色彩理论家约翰·伊顿在色彩与图形基础课程当中提出的基本原则，该理论运用严格的理性思考，对视觉体验以及艺术创作的本质进行检验，对学生绘画与雕塑、作坊实践发挥着重要的作用。包豪斯学院诸如此类的教育理想与实践不一而足，这里不仅是当时艺术家们向往的“没有领土边界的大同世界”，也是建筑师、艺术家们论文比剑实现各自理想价值的所在，以下从包豪斯三位校长的治学理念也可见一斑。

图 4 包豪斯色彩图形构成理论 [2]

（一）1919~1928年，格罗皮乌斯的理想主义

Ulm设计学校创始人、包豪斯曾经走出的学生，马克思·比尔(Max Bill)在1951年所说“包豪斯是今天德国的一个神话—— 一个理想国”，这与创建包豪斯学院的第一任校长沃尔特·格鲁皮乌斯密不可分（图 5）。经历过第一次世界大战的格罗皮乌斯对工业文明的产物——机械有了新的看法，即机械对人肉体和精神的摧残是非常消极的，由此他便萌生了通过设计教育实现社会大同的乌托邦思想，早期的包豪斯在很大程度上是基于这个思想而建立的。

格罗皮乌斯提出“艺术与技术的新统一”，致力于将包豪斯建成现代设计学校，把艺术从一些特定的阶层、族群垄断中解放出来，服务于社会大众，即实用美学。其理想主义吸引汇聚了当时众多艺术大师：约瑟夫·亚伯斯（Josef Albers）、约翰·伊顿（Johannes Itten）、瓦西里·康定斯基（Wassily Kandinsky）、保罗·克里（Paul Klee）、莫霍利·纳吉（Laszlo Moholy-Nagy）、密斯·凡·德·罗（Ludwig Mies Van der Rohe）等。格罗皮乌斯广招贤能，聘任艺术家与手工匠师为学生授课，形成艺术教育与手工制作相结合的新型教育制度。他要求设计师“向死的机械产品注入灵魂”，他虽是建筑师，但关注的并不局限于建筑，在 1919 年包豪斯宣言中格罗皮乌斯说道：“创造一个将建筑、雕塑和绘画结合而成三位一体的、新的未来的殿堂，并且要用千百万艺术家的双手将之矗立在云霄之巅”。因此，他所建立的体系并不是单单为建筑设计，而是用科学的方法为平面、产品、建筑、家居、舞台等所有设计建立一个体系。在九年多的行政管理工作之后，格罗皮乌斯却毅然决定辞职，潜心于自己热衷的建筑设计当中。

2.图 4来源：http://gotrip.zjol.com.cn/05gotrip/system/2011/05/12/017513513.shtml

（二）1928~1930年，梅耶的共产主义

1927 年汉内斯・梅耶出任刚刚创办的包豪斯建筑系主任，1928 年他继格罗皮乌斯接任包豪斯校长一职（图 6）。作为一个共产主义者，梅耶具有强烈的社会功能主义立场，在其领导之下，包豪斯教育开始走向政治化，他主张忽略美学因素，认为设计是为广大人民群众服务的，建筑目的是要改变社会和人民的生活水平，强调产品与消费者，设计与社会的密切联系，并且将自己的思想灌输到教学当中。梅耶极端左翼和反艺术的立场，使得包豪斯学院逐渐走上了泛政治化道路，因此 1930 年，在政府和学校两方压力下梅耶被迫引咎辞职。

（三）1930~1933年，密斯的建筑至上主义

作为包豪斯第三任校长，密斯・凡・德・罗首先要让包豪斯洗脱政治上的一切污点，扭转梅耶时期的泛政治化倾向；其次，身为建筑师兼教师的密斯认为（图 7），学校课程的中心环节应该是建筑训练，于是他削减大部分艺术课程与作坊实践，并将家具、金工和壁画等作坊组合成一个大系——室内设计系，包豪斯随即被划分成两个主要领域：建筑外形设计与室内设计，这使得包豪斯逐渐成为一所单纯的建筑设计学院，建筑的地位也凌驾于各个作坊之上。为此，密斯在任期间也备受非议，致使曾经参与建校的许多艺术家教员纷纷离开包豪斯。

图 5 沃尔特・格罗皮乌斯[3] 图 6 汉内斯・梅耶[4] 图 7 密斯・凡・德・罗[1]

从格罗皮乌斯的理想主义到梅耶的共产主义，再到密斯的建筑至上主义，乃至众星云集的艺术家教员，包豪斯承载了太多知识分子理想主义的浪漫和乌托邦精神，笔者不禁想起尼采的经典语录并冒昧地将其演绎为：“包豪斯也是一种权力的雄辩术。”

3.图 5来源：http://www.hjdraw.com/desginer/48.html 4.图 6来源：http://www.sohu.com/a/108906696_382624

5图 7来源：http://www.archcy.com/focus/giant/de39e2a61

三 .包豪斯的空间体验

德绍包豪斯学校传统古典大学建筑的痕迹已消失殆尽，取而代之的是非对称布局、不规则构图的建筑综合体，校舍由三个 L 形平面组成风车式的空间结构（图 8）。格罗皮乌斯延续了法古斯鞋楦厂（1911 年）和（AEG）透平机工厂（1908 年）的几何构图方式，并将几何形体运用得更加纯熟，建筑以实用功能为设计出发点，具有清晰的功能分区，众多看似分离却又紧密关联的功能空间根据各自需要和相互关系确定相互位置，这种形式更易让人产生现代化工厂的印象。可事实上，格罗皮乌斯要表达的是一个能够完全为建筑教育服务的场所，能充分体现艺术教育与手工制作相结合的新型教育观念，这里应该融合集结艺术，手工业、工业技术，乃至欧洲中世纪的手工作坊等一切。

校舍面积约 10000 平方米，由三部分空间构成：1. 四层主教学楼（内设行政办公室、教职员工办公室、图书馆、实验室、模型室、地下室等）（图 9）；2. 生活用房（包括学生宿舍、食堂、剧场、厨房等，其中宿舍楼为六层，其余空间为两层）（图 10）；3. 四层的附属职业学校和实习车间（由过街楼与教学楼相连结）（图 11）。整座校舍各部分按不同功能、经济

图 8 包豪斯学院平面图

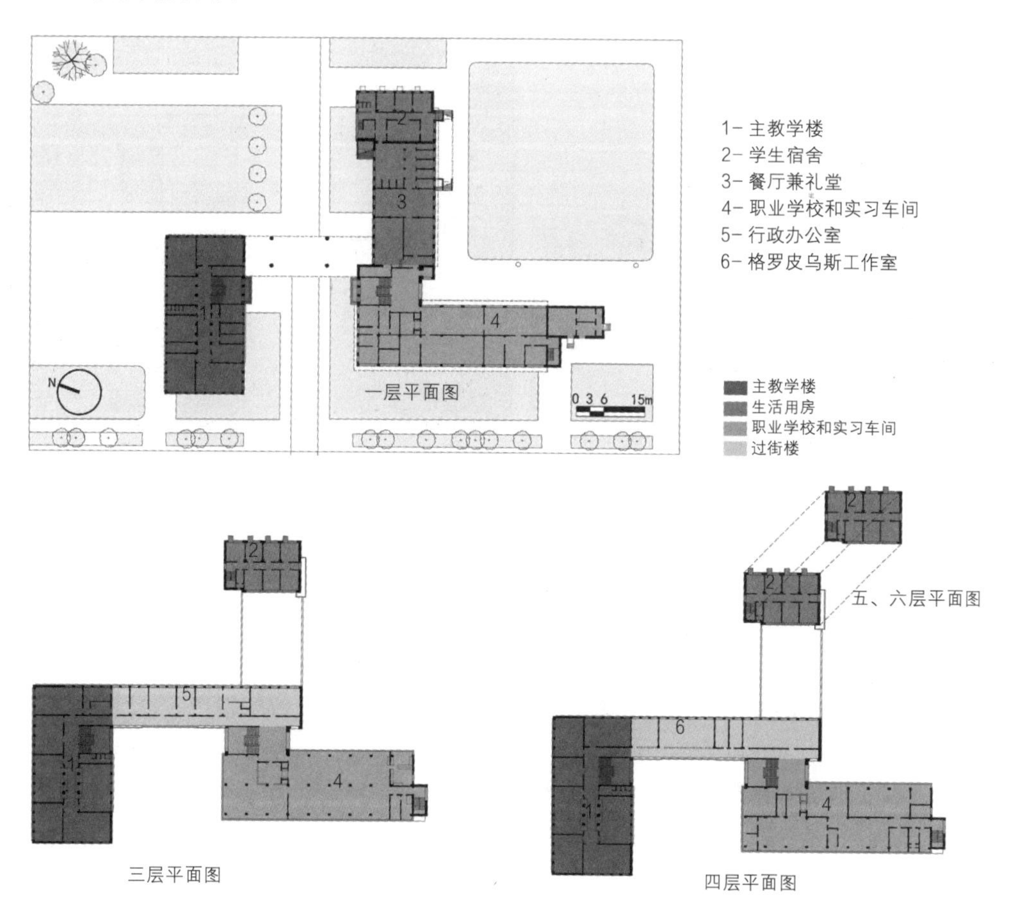

性以及预制装配等工业化建造方式考虑，选择不同的结构形式。教学楼与实习车间是钢筋混凝土框架结构，体现了大空间的特征（图 12），宿舍与其余均为钢筋混凝土楼板和承重砖墙的混合结构，其中部分结构与构造在当时也具有突出的实验性，例如中空的预制板地面、平屋顶上覆盖的防水材料等（图 13）。

9|10 图 9 四层主教学楼 图 10 宿舍楼与生活配套用房
11|12 图 11 附属职业学校和实习车间 图 12 钢筋混凝土框架结构实习车间

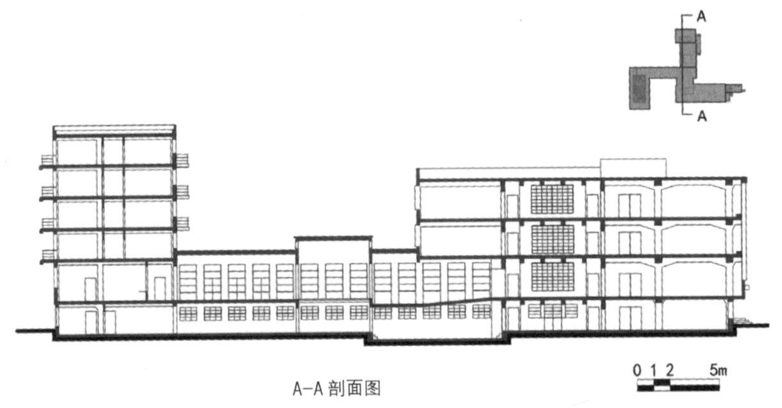

图 13 包豪斯学院剖面图

功能和流线成为校舍空间创造的首要条件，学生可以通过室内通道走到学校的每一个角落。同为四层的教学楼与实习车间位于西南向主入口一侧，面临格罗皮乌斯大道，U形的入口区域为使基地内道路不被建筑阻断，两个长方体主体空间通过一道闭合的双层过街天桥连接（图14），学生不仅在此学习设计理论，还能在各类实习车间制作实践，彰显出包豪斯“艺术与技术相统一”的教育观，各种工作车间可以辅助学生天马行空的想法，在这里实践力是推动设计进步的力量；另外教学楼与实习车间均采用移动隔墙划分空间，满足了未来教室、车间数量和规模变化的需要。在架空的双层空间（即天桥）里，上层是格罗皮乌斯工作室（即后来的建筑系），下层则是行政管理用房（图15、图16）。位于东北侧另一只的主体空间为六层的学生宿舍，这里不仅提供给学生28个画室公寓，还设有屋顶花园，宿舍在一、二层通过餐厅兼礼堂、剧场部分连接至南侧的教学楼和工厂，这里是学生日常休息、交流的重要场所（图17～图19）。其中连接底层餐厅和厨房的食梯可通向公寓楼各层的服务窗口，满足了各层画室公寓以及屋顶花园的使用需要，可谓功能先进配置前卫；位于连接部分的多功能大厅通过折叠式幕布的限定，可在餐厅、舞台、剧场间自如地组合转换。

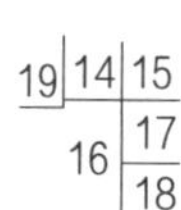

图14 西南侧U形入口区域

图15 连接教学楼与实习车间的双层过街天桥

图16 建筑系内景

图17 宿舍楼通过两层公共空间连接至教学楼与工厂

图18 室内酒吧

图19 餐厅

20
21 22 23 图 20 悬挂玻璃幕墙与室内机械链条联动的开窗方式 图 21 宿舍楼东立面独立悬挑的阳台
图 22 极富韵律与光影效果的外立面 图 23 工艺精湛的阳台细节

包豪斯校舍拒绝对资源贪婪的消费和任何华而不实的装饰，外形极尽展现了现代主义纯粹的几何特征、实用主义，然而格罗皮乌斯在材料、构造、工艺方面却从来不缺少智慧与机巧。在表达空间通透性方面，包豪斯的“悬挂”玻璃幕墙在构造与效果上已然超越了早期的法古斯鞋楦厂，采用钢筋混凝土框架和悬挑楼板的实习车间，外墙与支柱脱离，使得建筑三面得以连续使用悬挂式玻璃幕墙，三层高度贯通的玻璃幕墙挂在出挑的封檐底板上，没有任何分隔线，显得更加完整、纯粹；此外机械链条联动的开窗方式还机巧地解决了高大连通的玻璃幕墙所带来的如何开启高窗通风的问题（图 20），这也凸显了格罗皮乌斯所坚持的人对机器的控制力之价值观。另有学生宿舍楼东北面 16 个独立的悬挑阳台，像跳板一样从白色的塔楼界面上伸出，通过重复产生韵律，形成光影交错的效果，纤细的金属窗棂和曲线的钢管护栏尽显建筑工艺的精湛（图 21 ~ 图 23）。

此外，包豪斯室内环境中的各处工业设计细部，也都由包豪斯的作坊车间共同设计制作并实施安装，特色鲜明、独一无二。如墙面的粉刷由壁画专业统一绘制，充满构成趣味的灯具、金属门窗和钢管家具由金属手工车间完成，字体装饰全由包豪斯印刷厂配送等（图 24 ~ 图 29）。

24	25	26
27	28	29

图 24 充满构成趣味的顶棚灯　图 25 金属成品门　图 26 钢管家具
图 27 办公管理空间内饰　图 28 公共交通空间内饰　图 29 字体标识

包豪斯的产生源于第一次世界大战之后社会物资紧缺，住宅需求量飙升，大力推进工业化、标准化的生产模式背景下的文化诉求和启蒙运动，其代表意义不仅局限于艺术设计领域，而是一个打破传统，挣脱古典束缚，将艺术平民化的革命过程。包豪斯（1919~1933 年）——14 年却影响了整个世界，包豪斯的影响不在于他的实际成就，而在于“包豪斯”精神。

Neumarkt

16

惊艳的街区

瑞士圣加仑的城市「客厅」

Urban Lounge ST. Gallen

16 瑞士圣加仑的城市“客厅”
Urban Lounge ST. Gallen

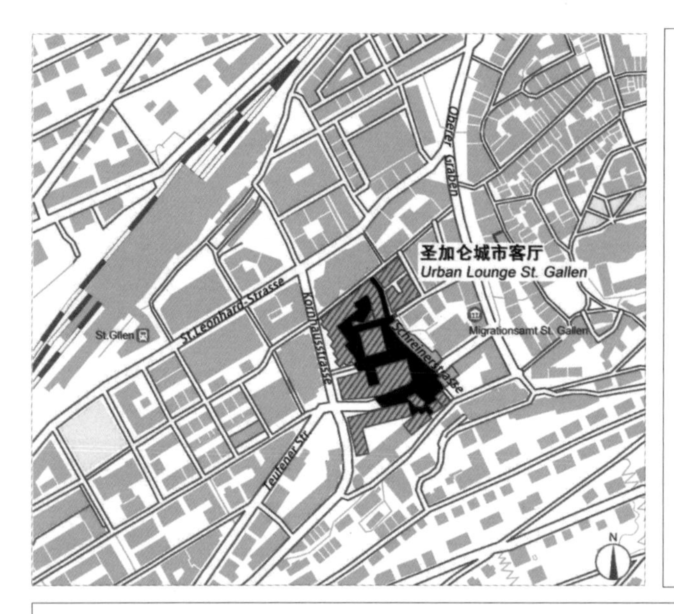

建筑名称：
瑞士圣加仑的城市“客厅”（Urban Lounge ST. Gallen）
造访时间：
2008年2月25日
建造地点：
瑞士圣加仑市希莱纳大街（Schreinerstrasse）
设计时间：
2004~2005年
建造时间：
2006年
建筑师：
皮皮洛蒂·瑞斯特（Pipilotti Rist）、卡洛斯·马丁内斯（Carlos Matinez）

历史成就：
突破了纯艺术创作与城市设计之间的界限；教科书式的外部空间设计，城市旧有街区改造的成功典范。
交通方式：
出圣加仑市（St. Gallen）中央火车站后，往西北方向的老城步行约10分钟即可到达。

皮皮洛蒂·瑞斯特[1]（Pipilotti Rist）

瑞士女艺术家，作品集影像，音乐、行为、装置于一体，在欧洲各国、美国、日本举办过多次个展，其作品被纽约的古根海姆博物馆和洛杉矶当代艺术博物馆等机构永久收藏。

建筑师大事记和作品列表：

1962年 6月21日出生于瑞士圣加仑市；

1982年 开始使用艺名 Pipilotti，这是把自己童年的昵称 Lotti和孩子最喜欢的童话人物PipiLongstoking结合而成；

1.皮皮洛蒂·瑞斯特图片来源：http://www.lizardmanagement.com/photographers/jedd-cooney/personal/

1984年　第一次举办个人艺术展；
1986年　在奥地利维也纳应用艺术大学学习艺术、插画与摄影，后又在瑞士巴塞尔设计学院学习录像；
1988~1994年　成为音乐乐队成员；
1997年　其作品首次出现在威尼斯双年展上；
2000年　获得威尼斯双年展奖；
2002年　作为访问教师应邀在UCLA授课；
2005年　第二次代表瑞士参加威尼斯双年展。

建筑理念：

作品具有色彩绚丽的影像与大众文化的特质，强调视、听、触觉的感官享受。

卡洛斯·马丁内斯[2]（Carlos Matinez）

瑞士建筑师，事务所位于瑞士贝儿内克。

圣加仑的城市“客厅”总平面图

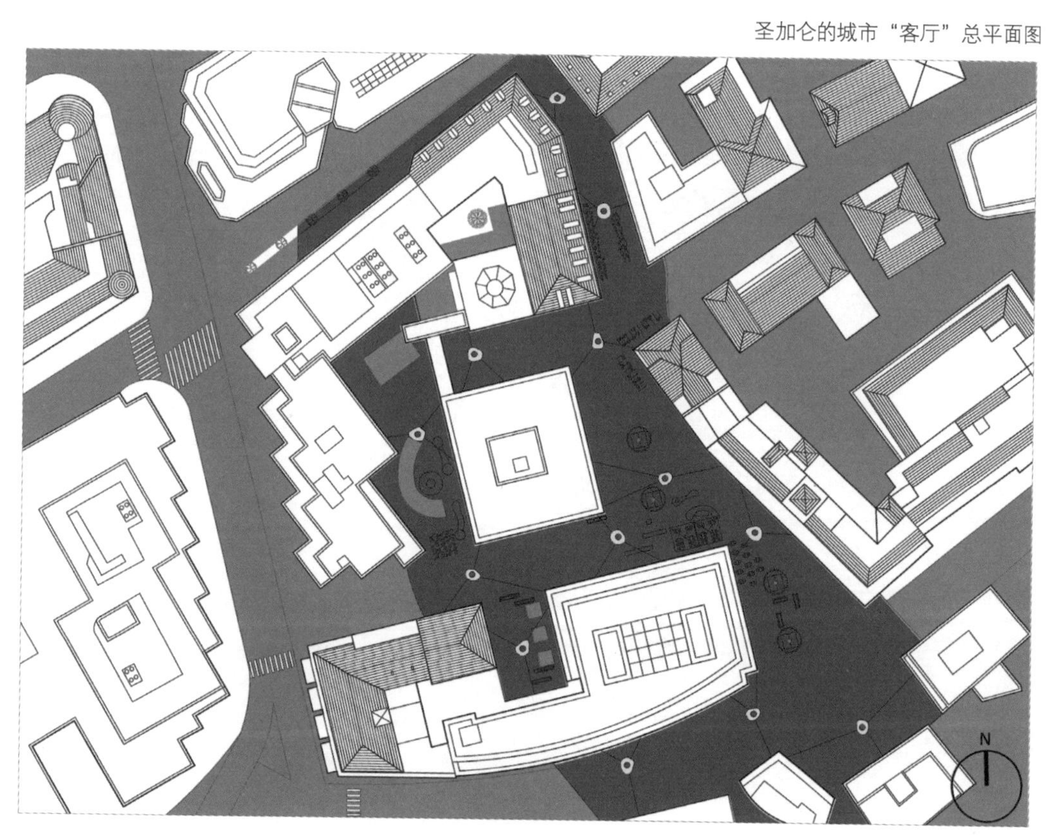

2.卡洛斯·马丁内斯图片来源：截自Google Earth并进行整理而成

从苏黎世乘火车向东行驶约 1 小时，便可到达位于瑞士东部博登湖畔的山谷之城——圣加仑（St.Gallen），它是瑞士东部地区的中心，素以纺织业享负盛名，并且拥有 8 世纪建成的圣加仑修道院和图书馆等世界文化遗产，被誉为中世纪欧洲的学术圣地。这样的城市往往是最新的文明成果和地区的文化遗产并存共融，传统与创新、在场的和不在场的时空交织在一起，呈现多样性的建筑氛围。

广义建筑学告诉我们，外部空间作为“没有屋顶的建筑”是广义建筑不可或缺的重要组成部分，越来越成为设计师倍受青睐的空间要素。城市往往被视作一个放大了的建筑或者是一组超越了单体的建筑群，如果把一个城市看作一座巨宅，形式多样的外部空间则成了城市中的会客厅。位于圣加伦市中心的瓦迪恩大街（Vadianstrasse）、施赖纳大街（Schreinerstrasse）、加滕大街（Gartenstrasse）、康豪斯大街（Kornhausstrasse）四条大街交汇的来富埃森 (Raifeissen) 银行办公地带，就有一处这样的城市“客厅”（图 1），

图 1 圣加仑的城市“客厅”鸟瞰图

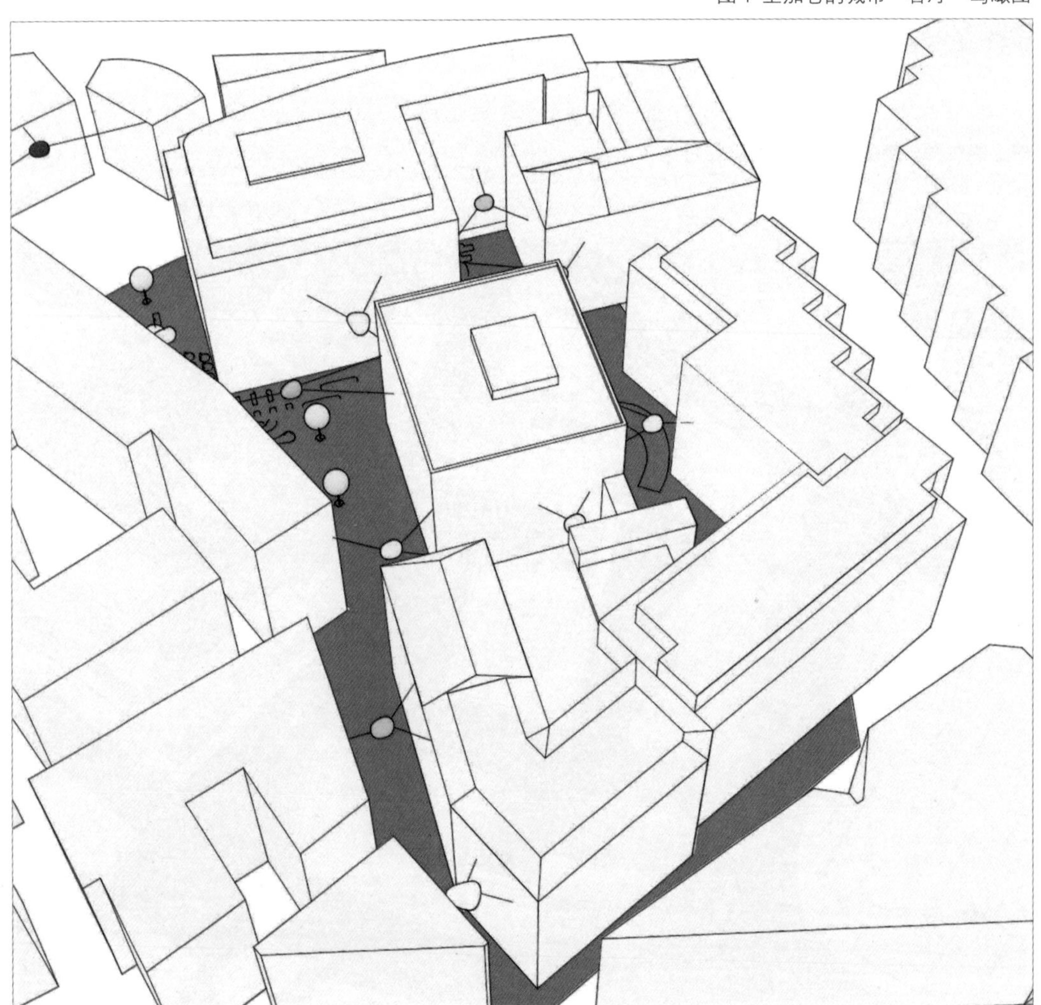

堪称教科书式的典范。这个惊艳的城市“客厅”建于2004～2006年，由瑞士影像艺术家皮皮洛蒂·瑞斯特（Pipilotti Rist）和建筑师卡洛斯·马丁内斯（Carlos Martinez）合作设计完成，他们的方案在瑞士来富埃森银行和圣加仑市联合举办的城市设计竞赛中脱颖而出。这场设计竞赛的主要目标是解决原金融商业区缺少城市组织结构的连贯性，不规则外部空间彼此缺少联系的突出问题，并为该区域支离破碎、复杂异构的街区空间寻求统一发展的出路，同时还应对毗连建筑的户外空间、绿化树木、公交线路等方面予以充分考虑。

建成后的来富埃森街区将艺术融入城市空间和公众生活中，试图从形态各异的单体建筑中寻求一种整体性，突破原场地的封闭与自律，采用统一的地面限定方式将广场与街道进行聚合，范围直至机动车道、人行道、停车场等每一处角落，创造出一个整体化的街区，使得场地的特质得到很好地表达。此外，柔软的塑胶铺地、热情的色彩与极具特色的装饰，不仅为由直线和单一灰色调塑造成的商务空间增添了活力与激情，还强有力地冲击着人们的视觉，以一种开放的姿态迎接、感染着每一个过往的人（图2～图6）。该街区不仅将瑞士当代设计师浪漫、感性的特点展露无遗，并且为都市生活起到了触媒作用，激活出城市中最具神采的街区景象。

2 | 3 | 4
5 | 6

图2 Gartenstrasse 图3 Kornhausstrasse 图4 Schreinerstrasse
图5 Vadianstrasse 图6 来富埃森街区中心

一、城市功能

对外来游客来说，城市“客厅”是城市品位、特色集中展示的场所；对久居于此的市民来说，城市“客厅”是日常交流、休闲、陶冶情操的共享空间。面对日益加快的生活节奏、与日俱增的工作压力，人的身心需要一种不同以往的纯净感受以及重获新生般的活力与愉悦，来富埃森街区靠近市中心，交通可达性强，这里既具有通衢大道的繁华，又兼备市井深巷的闲适，理应成为公众休憩、交往的愉悦之所。

与真正的会客厅不同的使用区域相似，这里也由一系列功能各异的分区组成（图 7）。接待区：这是各条道路进入该街区的开放空间，也是公众进入街区建筑群的休憩之所（图 8）；娱乐休闲区：这是位于街区中心道路交汇的休闲区域，功能与形态类似街区广场，诸如银杏树、喷泉等场地原有的景观要素被保留下来，抑或根据新的设计需要进行微改造（图 9、图 10）；商务休息区：该区域布局于金融办公建筑的外部凹形空间处，作为专属区域，为职场聚会以及银行业务活动更能贴近城市生活提供了可能（图 11、图 12）。在各个功能区域中，室内的空间要素被引入城市背景中，极具创造性、趣味感，生动地展示了外部空间与室内空间的可逆性。由于原停车场出入口设置于整个商务街区的中心，来往穿梭交汇的车辆还在强调着该街区空间承担的核心交通功能（图 13）。

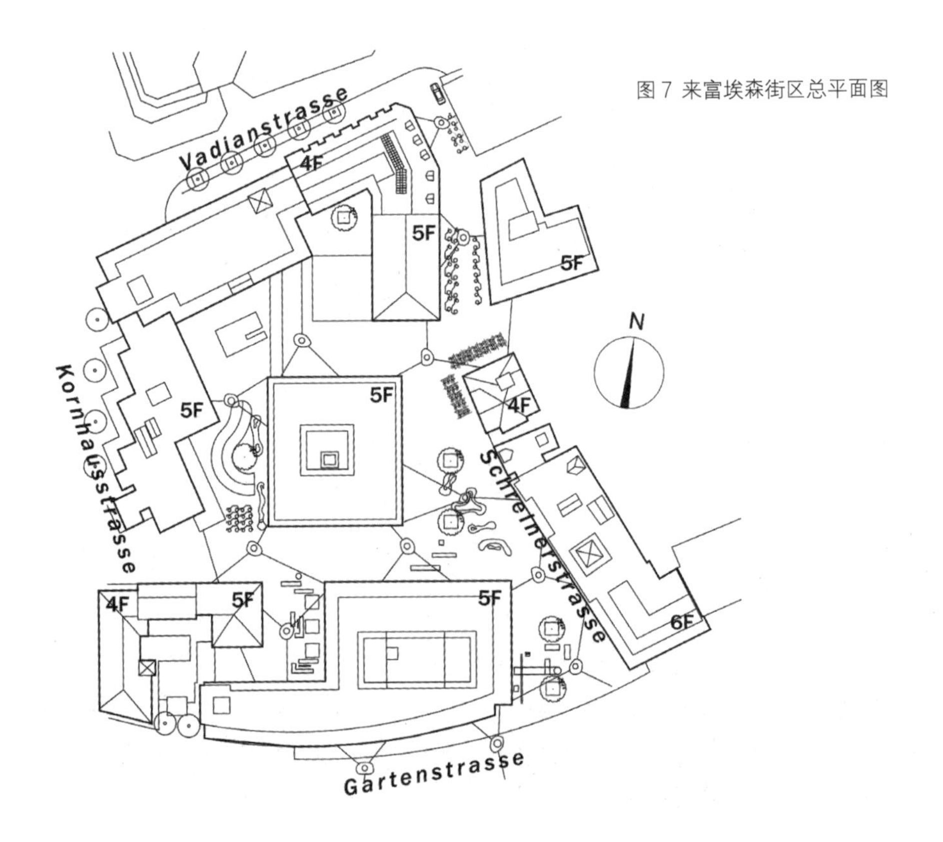

图 7 来富埃森街区总平面图

8	10	12
9	11	13

图 8 建筑入口处的接待区　图 9 娱乐休闲区　图 10 景观树池
图 11 商务休息区一　图 12 商务休息区二　图 13 地下车库出入口

作为聚合统一这些多元零散空间所应用于地表之上的铺地材料，设计师在选择与使用上也与空间功能紧密相关，体现出理性的设计观。例如，人行道路与休闲空间区域是由红色的颗粒状塑胶覆盖，车行道路与活动区域则为红色的沥青路面；临近城市道路交汇处与各建筑出入口的红色塑胶地面上，简化的图案符号标识出不同类别机动车与非机动车的停放区域（图 14 ~ 图 17）；而为了与街区内北部的犹太教堂功能相对应，其入口前区则被处理得平坦空旷（图 18）。

14	16	
15	17	18

图 14 机动车停车标识一　图 15 机动车停车标识二　图 16 非机动车停车区域
图 17 建筑边缘停车区域　图 18 犹太教堂入口区域

二、城市家具

圣加仑的城市“客厅”打破传统的视觉习惯，以再现艺术的方式重新建构了城市生活，即唤醒人们对熟悉生活的回忆但却呈现出一种全新的艺术画面。街区中统一延伸的红色地毯犹如一张尚未揭示的魔法布暗藏玄机一般，在所有的城市家具与固定装置之上铺展开来，各种造型独特的座椅、桌台、围栏、台阶等均暗藏于地面之下呼之欲出（图 19 ~ 图 21），仿佛永远停滞在魔术悬而未决、即将揭开神秘面纱的瞬间状态。抽象简化、自由轮廓的城市家具形态与周围严谨刻板、沉闷压抑的既有建筑环境也产生鲜明对比。

19

20 | 21

图 19 城市家具一
图 20 城市家具二
图 21 城市家具三

从不同的街道视角和街区的开放端口遥望来富埃森街区，在红色场域上空，我们还能惊异地发现通过钢丝绳悬挂着的 13 个形如飞艇般的气泡雕塑，它们体量巨大、形态各异，作为整个外部空间的照明设施，为来富埃森街区营造独一无二的光之环境。白天这些漂浮的气泡发光体在阳光下呈现闪银色，夜晚则照亮整个城市“客厅”的夜空，红、黄、蓝、紫、白——闪动着梦幻般的色彩，事实上，这里根据时间和季节的改变可提供多种照明方案，这些奇特元素与色调统一的红色地面相应生辉，既界定了此处城市空间的高度，又与地表连贯有机的形态形成强烈对比，为既有的灰色街区增添了光的流溢、色的笼罩（图 22 ~图 25）。

图 22 气泡雕塑一　图 23 气泡雕塑二　图 24 夜间照明一　图 25 夜间照明二

令人遗憾的是城市“客厅”中几乎未设置种植绿化，这或是出于街区主要交通功能的考虑，抑或是设计师所追求艺术的纯粹性使然，凭借沿着施赖纳大街所保留的四棵高大银杏树随着季节更替演绎，才为整个街区增添了几分真实感。

三、城市效应

城市空间的设计总是在不断调整和完善，以使功能与审美、旧形式与新元素有机结合，此外，由于每个城市都有自己的历史与文化积淀，每个基地都有既定的交通与建筑语境，因此城市空间的更新必须适时、适地的展开。来富埃森街区的空间塑造具有极其鲜明的时代性、创造性。具有柔软舒适触感的红色“地毯”不仅令人愉悦舒适，还能恰如其分地传递出会客厅之基调，并将这种闲适的格调一直延伸至街区中的每栋建筑边缘，它的美之精髓恰好符合帕拉第奥那句名言“美得之于形式，亦得之于统一”。

圣加仑的城市“客厅”设计理念打破了纯艺术创作与城市设计之间的隔阂。这样一个蕴含艺术探索的城市“客厅”概念不仅强调了特定场所的特殊性，还使用讽刺艺术和颠覆式的设计手法，为公众展示出多种城市影像。例如，漫步于街区之中，首先传递给人的影像是游乐场所、运动场所、星光大道，但当人环顾四周，喧闹的街区环境以及各种公共设施后，又会令人泛起对室内会客厅的联想，这就是设计的魔力给人带来的奇特空间体验。

圣加仑的城市“客厅”侧重关注的是对空间的再定义，一种确定和不确定的空间思考。就好像被蒙上细腻颗粒状塑胶的跑车，虽然永久失去了使用功能，但隐约可见的车身轮廓重新被赋予的意义就凸显出来，设计师根据汽车的尺寸、体量巧妙构思，将其转换成为供人们停留、游戏的设施（图 26、图 27）。作为曾经运动着的、代表速度的城市象征，在这块红色塑胶地表下原有功能属性被消解为静止的城市家具，这种时空倒转的艺术表达必然引发公众对于事物不确定的思考。

图 26 车形雕塑

图 27 功能转义

这还是一次大胆尝试，建筑内部空间与外部空间的关系在此仿佛发生了置换，它突破了明确界定公共空间类别的传统，模糊了街道、广场、建筑之间的界线。即便是人车混行，步行空间与机动车道合二为一，但色彩统一的地面特征与穿梭流连的行人形成强烈反差，这本身就为途经此处的汽车司机起到警示作用，在这里是人而不是汽车充当着街区生活的主角。此外，该街区的形态、功能分区、边界效应与城市家具也无不体现出对人体尺度的重视和对人心理影响的关注，使身处其中的人与建筑彼此互动，悠然自得。

作为城市里的公共空间，广义建筑的组成部分，圣加仑的城市“客厅” 通过强调某些与场地相关的特殊因素，突出强调城市建筑中最宝贵的场所感，重构了人们的观念与生活，弥补了原有街区空间的缺陷。统一的红色地表为城市背景下的日常生活提供了共同点，包容了所有外部空间的事物，作为该街区城市形态的重要元素，它不仅仅是场所中的时尚符号，更是向现实世界，向正统观念的一种挑战，通过与既有场所的融合，汇聚该特定情景的各种意义，从而获得超越物质和功能的需要。

参考文献

[1] JARI JETSONEN，SIRKKALIISA JETSONEN.Alvar Aalto Houses[M].New York：Princeton Architectural Press，2012.

[2] NORRI，MARJA-RIITTA. Alvar Aalto in seven buildings·interpretations of an architect's work[M]. Galgiani Phillip Publisher，1999.

[3]CLAIRE ZIMMERMAN. MIES VAN DER ROHE 1886—1969 The Structure of Space（Basic Art Series 2.0）[M]. Köln：Taschen GmbH，2007.

[4]STANISLAUS VON MOOS,ARTHUR RUEGG. Le Corbusier BEFORE Le Corbusier: applied arts • architecture • painting • photography • 1907-1922[M]. New Haven：Yale University Press，2002.

[5]SOFIA CHEVIAKOFF. Josep Lluis Sert / American Architects[M].Gloucester：Rockport Publishers，Inc，2003.

[6]M.Wörner,U.Hägele,S.kirchhof.Architekturf • hrer Hannover[M].Wiley:Stahlbau.2001.

[7]Magnago Lampugnani,Vittorio.Architektur und Stadtebau des20.Jahrhunderts[M].Hatje:Prentice Hall,1980.

[8] 肯尼斯・弗兰姆普敦 . 建构文化研究——论 19 世纪和 20 世纪建筑中的建造诗学 [M]. 王骏阳译 . 北京：中国建筑工业出版社，2007.

[9] 克里斯蒂安・诺伯格・舒尔兹 . 存在・空间・建筑 .[M]. 尹培桐译 . 北京：中国建筑工业出版社，1990.

[10] 克里斯蒂安・诺伯格・舒尔兹 . 西方建筑的意义 [M]. 李路珂，欧阳恬之译 . 北京：中国建筑工业出版社，2005.

[11] 彼得・柯林斯 . 现代建筑设计思想的演变 [M]. 英若聪译 . 北京：中国建筑工业出版社，2003.

[12] 勒・柯布西耶 . 走向新建筑 [M]. 陈志华译 . 西安：陕西师范大学出版社，2004.

[13] 芦原义信 . 外部空间设计 [M]. 尹培桐译 . 北京：中国建筑工业出版社，1985.

[14] 扬・盖尔 . 交往与空间 [M]. 何人可译 . 北京：中国建筑工业出版社，2002.

[15] 比尔・里斯贝罗 . 西方建筑：从远古到现代 [M]. 陈健译 . 南京：江苏人民出版社，2003.

[16] 保罗・克拉克，朱利安・弗里曼 . 速成读本——设计 [M]. 周绚隆译 . 北京：生活・读书・新知三联书店，2002.

[17] 阿兰・德波顿 . 幸福的建筑 [M]. 冯涛译 . 上海：上海译文出版社，2007.

[18] 肯特・C・布鲁姆，查尔斯・W・摩尔 . 身体，记忆与建筑——建筑设计的基本原则和基本原理 [M]. 成朝晖译 . 杭州：中国美术学院出版社，2008.

[19] 亚美・弗里瑟 . 约瑟普・路易斯・塞尔特 [M]. 付超译 . 沈阳：辽宁科学技术出版社，2005.

[20] 帕科·阿森修 . 米罗与塞尔特 [M]. 郑玮译 . 西安：陕西师范大学出版社，2004.
[21] Jaume Freixa. Josep II. sert[M]. 付超译 . 沈阳：辽宁科学技术出版社，2005.
[22] 肯尼斯·弗兰姆普敦 . 现代建筑：一部批判的历史 [M]. 张钦南等译北京：生活·读者·新知三联书店，2012.
[23] 王受之 . 世界现代建筑史 [M]. 北京：中国建筑工业出版社，1999.
[24] 郑光复 . 建筑的革命 [M]. 南京：东南大学出版社，2004.
[25] 吴焕加 . 建筑学的属性 [M]. 上海：同济大学出版社，2013.
[26] 荆其敏，张丽安 . 建筑大师作品精粹 [M]. 南昌：江西科学技术出版社，2000.
[27] 王超 . 理性主义在当代建筑创作中的表现 [D]. 哈尔滨工业大学硕士学位论文，2009.

后记

20世纪的今天，现代主义始于欧洲，从19世纪末的思潮伊始，20世纪初期的系统成熟，20世纪五六十年代在世界范围内建立属于自己的一席之地，再到后来的否定颠覆，各种流派穿梭流连，论文比剑、聚讼不休，迄今已历经百年的变迁。与主张“小国”优势不同，理论家们往往赞同的是一个没有领土边界的“大同世界”，作为曾经的“大同世界”——现代主义并没有淹没于时光长河，它曾为我们构建起建筑历史上前所未有的理想国度，带给我们众多美好回忆，乃至成了我们当下建筑思想的底流。

历史没有进步的捷径，建筑亦然。现代主义时期的欧洲是一个历经风雨、饱经战火的大陆，现代主义建筑先贤中的大多数人也曾经遭受过战争的影响，被迫离乡避难，但正如摇滚歌手许巍的呐喊：“没有什么能够阻挡你对自由的向往”一样，他们并没有因此而绝望，而是通过自己的努力，创造了一个个令人称赞的奇迹，留给后世无穷的智慧。这些现代主义建筑遗产已然成为一代代建筑师成长中的灯塔，是我们前行路上最明亮的引航灯。

当代学者大多不喜欢强烈的主张，何况强烈成主义的主张。抚古思今，当今的多元化时代开始对人和事物有各种各样的解构和反思，实际上大家真正再回头去看看历史，也没有什么是完美的，也没有多少是真正一无是处。“不薄今人爱古人，清词丽句必为邻”，在今天模仿与竞技的时代，面对形形色色、泥沙俱下的建筑环境和强烈的社会诉求，现代主义拒绝华而不实、背离本真的设计，确立设计中最基本最切实际的目标，必将成为建筑的永恒之道。

本书主要以笔者2007~2008年于德国汉诺威大学访问学习期间对欧洲诸多现代主义建筑的实地踏访，与笔者十载有余的从教积累为素材，解读的16个建筑涵盖工业建筑、独立式住宅、展览馆、文化中心、公寓、剧院、城市空间七种类型，并且多是建筑史中举足轻重、堪称经典的现代主义建筑典型，其中包含的两个21世纪初的作品：瑞士圣加仑的城市客厅与德国沃尔夫斯堡科技中心，则分别是以回应广义建筑的空间意义和追忆、致敬 2016年过世的扎哈·哈迪德为目的。选择的建筑集中体现了现代主义时期的建筑思想、设计理论以及建筑技术、材料、工艺的应用和发展，虽然历史已在它们身上留下不可磨灭的厚重感，但渐次过完这些熟悉又陌生的建筑，不难发现现代主义建筑并非非此即彼般的单纯，它们具有鲜明的时代特征，又具有和而不同的特点，许多地方诚然不足为训，但至今仍有着鼓舞人心向上的力量。

对于广大建筑学子、研究学者、相关艺术院校师生，该书不失为一本翔实的建筑资料，除叙述、评论内容外其中不乏一些建筑游历攻略与经验分享；书中选择解读的建筑大多已成为历史建筑遗产，书中还从侧面为大家提供了许多历史建筑遗产保护和再利用的经验借鉴。全书以一手资料为基础，结合历史背景、以严谨细致的叙述与平和易懂的评论，以期使读者更好地认识现代主义建筑，进而吸收到其中的精华与智慧并从中获得有益的启示。

本书主要由西安建筑科技大学建筑学院高博副教授撰写，设计师李熙和杨波、赵玺、杨梦娇、杨依明、吕渊芬等同学绘制了书中所有配图及完成全书初期排版，德国达姆施塔特工业大学硕士研究生张萌萌、夏雪同学，奥斯陆建筑与艺术学院硕士研究生周正同学，帮助搜集弥补了部分资料。感谢我的同事宋霖、王瑞鑫、王怡琼、王阳、吴文超等老师的鼎力相助。本书写作过程中参阅了大量的相关研究文献，在此谨向有关文献作者致以诚挚的谢意，如有疏漏引用，敬请谅解。感谢中国建筑工业出版社的责任编辑为本书出版付出的辛勤劳动。书能付梓，感谢西安建筑科技大学建筑学院院长刘加平院士所给予的勉励与教导，感谢清华大学建筑学院副院长、博士生导师、笔者在清华大学访问学习期间的导师单军教授所给予的鼓励和有益建议，尤其要感谢我的硕博导师李志民教授，是李老师领我走进了学术的殿堂，使我终身受益。

本书尽可能搜集了广博的见闻、详尽的事实，但笔者也许没有多少独出心裁的见解或深刻的理解力，个别观点未必能得到同时代宗师学者的认可，诚邀大家就本书中学术问题进行交流，以期共同进步。书中难免存在不足之处，敬请读者谅解并予以指正。

高博
2017 年春于西安建筑科技大学